高等教育安全工程专业规划教材

安 全 评 价

孙世梅　张智超　主　编
金佩剑　　　　　副主编

中国建筑工业出版社

图书在版编目（CIP）数据

安全评价/孙世梅，张智超主编. — 北京：中国建筑
工业出版社，2016.3
高等教育安全工程专业规划教材
ISBN 978-7-112-19088-1

Ⅰ. ①安… Ⅱ. ①孙… ②张… Ⅲ. ①安全评价-
高等学校-教材 Ⅳ. ①X913

中国版本图书馆 CIP 数据核字（2016）第 030195 号

本书以安全评价程序为主线，系统地介绍了七章内容。第一章安全评价基本概念
和技术发展简史；第二章安全评价基本原理和评价所依据的法律法规；第三章危险有
害因素辨识原则、方法和内容，重大危险源辨识、评价单元划分的原则和方法。第四
章常用的定性定量安全评价方法，包括评价方法分类、选择原则及每种评价方法的评
价过程及其应用；第五章安全评价技术文件，包括安全评价资料、数据采集分析处理
及各类安全评价报告的编写；第六章安全对策措施与事故应急救援预案；第七章安全
评价过程控制。

本书除适用于安全工程专业及其他相关专业的本科教学外，也可作为安全评价人
员、安全工程技术人员及企业安全管理人员的参考用书。

责任编辑：田启铭　张文胜
责任设计：李志立
责任校对：张　颖　赵　颖

高等教育安全工程专业规划教材
安　全　评　价
孙世梅　张智超　主　编
金佩剑　　　　副主编
*
中国建筑工业出版社出版、发行（北京西郊百万庄）
各地新华书店、建筑书店经销
北京红光制版公司制版
环球东方（北京）印务有限公司印刷
*
开本：787×1092 毫米　1/16　印张：17½　字数：426 千字
2016 年 3 月第一版　2016 年 3 月第一次印刷
定价：**39.00** 元
ISBN 978-7-112-19088-1
（28316）

前　言

　　人类进入工业社会以后，生产过程中的危险已成为威胁人类生命安全和健康的主要因素之一。恶性事故造成严重的人员伤亡和巨大的财产损失，促使各国政府、议会颁布法规，规定工程项目、技术开发项目都必须进行安全评价，并对安全设计提出明确的要求。

　　在我国，《中华人民共和国安全生产法》的颁布实施和《危险化学品安全管理条例》、《安全生产许可证条例》等配套法规的出台，为安全评价工作提供了可靠的法律依据。安全评价以实现系统安全为目的，充分体现了我国"安全第一，预防为主，综合治理"的安全生产方针，是现代安全生产管理的重要组成部分，为政府安全生产监督管理部门对安全生产进行宏观控制奠定基础，为生产经营单位提高管理水平和经济效益提供依据。国家安全生产监督管理总局已将安全评价体系作为安全生产六大技术支撑体系之一，安全评价体系将为保障我国的安全生产工作发挥巨大的作用。

　　安全评价是安全工程专业的必修课程之一。

　　本书结合作者多年从事安全评价教学和安全评价工作经验，在整理授课教案及讲义的基础上进一步充实提高编写而成。本书的特点是引用最新的安全法律法规和相关标准，应用实例较典型且能够体现安全评价的行业性特点。书中涵盖了安全评价基本概念、危险有害因素识别与分析、常用安全评价方法及其应用、安全对策措施与事故应急救援预案、安全评价报告编写、安全评价过程控制等相关内容。

　　本书由吉林建筑大学孙世梅、张智超主编，金佩剑副主编。本书共分为七章，第一章由孙世梅编写；第二章由张智超、金佩剑编写；第三章由张智超编写；第四章由孙世梅、金佩剑、张智超编写；第五章由金佩剑、吉林建筑大学城建学院于景晓编写；第六章由金佩剑、张智超、闫伟编写；第七章由金佩剑编写。全书由孙世梅、张智超统稿。

　　本书编写过程中，参阅了许多相关书刊、专著和文献资料，在此向相关作者表示衷心感谢。

　　由于编者水平有限，书中难免存在疏漏和不妥之处，敬请读者提出宝贵意见。

目　　录

第一章 安 全 评 价 概 论

第一节 安全评价定义及基本概念

一、安全评价定义

安全评价是安全系统工程的重要组成部分，在欧美各国被称为"风险评估"或"风险评价"，我国多称之为"安全评价"。它是以实现系统安全为目的，按照系统科学的方法，对系统中的危险因素进行预先识别、分析和评价，确认系统存在的危险性，并根据其形成事故的风险大小，采取相应的安全措施，以达到系统安全的全过程。安全评价就是对系统存在的安全因素进行定性和定量分析，通过与评价标准的比较得出系统的危险程度，提出改进措施。

安全评价定义中，包含有三层意思：第一，对系统存在的不安全因素进行定性和定量分析，这是安全评价的基础，这里面包括有安全测定、安全检查和安全分析；第二，通过与评价标准的比较得出系统发生危险的可能性或程度的评价；第三，提出改进措施，以寻求最低的事故率，达到安全评价的最终目的。

二、基本概念

（一）安全和危险

安全和危险是一对互为存在前提的术语，在安全评价中，主要是指人和物的安全和危险。

危险指系统中一个过程、一种行为、一种状态或一种环境存在导致发生不期望后果的可能性超过人的承受程度。

安全是指系统免遭不可接受危险的伤害。安全的实质就是防止事故，消除导致死亡、伤害、急性职业危害及各种财产损失发生的条件。例如，在生产过程中导致灾害性事故的原因有人的误判断、误操作、违章作业、设备缺陷、安全装置失效、防护器具故障、作业方法及作业环境不良等。所有这些又涉及设计、施工、操作、维修、储存、运输以及经营管理等许多方面，因此必须从系统的角度观察、分析，并采取综合方法消除危险，才能达到安全的目的。

（二）事故

事故是指造成人员死亡、伤害、职业病、财产损失或其他损失的意外事件。事件的发生可能造成事故，也可能并未造成任何损失。对于没有造成职业病、死亡、伤害、财产损失或其他损失的事件可称之为"未遂事件"或"未遂过失"。因此，事件包括事故事件，也包括未遂事件。

（三）风险

风险是危险、危害事故发生的可能性与危险、危害事故严重程度的综合度量。衡量风险大小的指标是风险率（R），它等于事故发生的概率（P）与事故损失严重程度（S）的乘积：

$$R = PS$$

由于概率值难于取得，常用频率代替概率，这时上式可表示为：

$$风险率 = \frac{事故次数}{单位时间} \times \frac{事故损失}{事故次数} = \frac{事故损失}{单位时间}$$

式中，单位时间可以是系统的运行周期，也可以是一年或几年；事故损失可以表示为死亡人数、事故次数、损失工作日数或经济损失等；风险率是二者之商，可以定量表示为百万工时死亡事故率、百万工时总事故率等，对于财产损失可以表示为千人经济损失率等。

（四）系统和系统安全

系统是指由若干相互联系的、为了达到一定目标而具有独立功能的要素所构成的有机整体。对生产系统而言，系统构成包括人员、物资、设备、资金、任务指标和信息六个要素。

系统安全是指在系统寿命期间内应用系统安全工程和管理方法，识别系统中的危险源，定性或定量表征其危险性，并采取控制措施使其危险性最小化，从而使系统在规定的性能、时间和成本范围内达到最佳的可接受安全程度。

（五）安全系统工程方法

安全系统工程方法是以预测和防止事故为中心，以识别、分析评价和控制安全风险为重点，研究开发出来的安全理论和方法体系。它将工程和系统中的安全作为一个整体系统，应用科学的方法对构成系统的各个要素进行全面分析，判明各种状况下危险因素的特点及其可能导致的灾害性事故，通过定性和定量分析对系统的安全性作出预测和评价，将系统事故降至最低的可接受限度。危险辨识、风险评价、风险控制是安全系统工程方法的基本内容，其中危险辨识是风险评价和风险控制的基础。

第二节　安全评价的现状与发展

安全评价最先是由保险业发展起来的，时间可追溯到 20 世纪 30 年代。保险公司为客户承担各种风险，要按照所承担风险的大小收取一定的费用。因此，就带来一个衡量风险程度的问题，这个衡量风险程度的过程就是当时美国保险协会所从事的风险评价。

一、国外安全评价发展概况

第二次世界大战结束后，由于制造业向规模化、集约化方向发展，系统安全理论应运而生。逐渐形成了安全系统工程的理论和方法。安全评价首先应用在美国军事领域，1962年第一次提出了《空军弹道导弹安全系统工程学》说明书，对民兵式导弹计划有关的承包商提出了具体要求。这是系统安全理论首次在实际中应用。继而制定了《武器系统安全标准》，对后来发展多弹头火箭的成功创造了条件。1969年美国国防部批准颁布了具有代表性的系统安全军事标准《系统安全大纲要点》MIL-STD-822，对完成系统在安全方面的目标、计划和手段，包括设计、措施和评价，提出了具体的要求和程序。在这项标准中，首次奠定了系统安全工程的概念，以及设计、分析、综合等基本原则。以后，随着对系统安全认识的不断深化，该标准于1977年和1984年进行了两次修订，扩大了它的应用范围。对系统整个寿命周期中的安全要求、安全工作项目都作了具体规定。MIL-STD-822系统安全标准从一开始实施就对世界安全和防火领域产生巨大的影响，迅速被日本、英国和欧洲其他国家引进使用。此后，系统安全方法陆续推广到航空、航天、核工业、石油、化工等领域，并不断发展完善，成为现代系统安全工程的一种新理论、方法体系。在当今安全科学与工程中占有非常重要的地位。

系统安全工程的发展和应用，为预测、预防事故的系统安全评价奠定了可靠的基础。安全评价的现实作用又促使许多国家政府、生产经营单位加强对安全评价的研究，开发自己的评价方法，对系统进行事先、事后的评价，分析、预测系统的安全可靠性，努力避免不必要的损失。

1964年，美国道化学公司根据化工生产的特点，开发出"火灾、爆炸危险指数评价法"，用于对化工装置进行安全评价。它是以工艺单元中重要危险物质在标准状态下的火灾、爆炸释放出危险性潜在的能量大小为基础，同时考虑过程的危险性，计算工艺单元火灾爆炸指数，确定危险等级，并确定安全对策，使危险降低到人们可以接受的程度，由于该评价方法科学合理、切合实际，而且提供了评价火灾、爆炸总体危险的关键数据，因此，已经被世界化学工业及石油化学工业公认为最主要的危险指数评价法。

1972年，美国组织了以麻省理工学院拉斯姆教授为首的十几名专家，用了两年多时间对原子能电站的危险性进行研究和评价。1974年美国原子能委员会发表了原子能电站风险评价报告——《拉氏报告》，并被后来核电站发生的事故所证实。在报告中收集了原子能电站各个部位历年发生的事故及其概率，采用了事故树和事件树的分析方法，作出了原子能电站的安全性评价，引起了世界各国的关注和重视。

1974年，英国帝国化学公司（ICI）蒙德（Mond）部在现有装置及计划建设装置的危险性研究中，认为道化学公司的方法在工程设计的初期阶段对装置潜在的危险性评价是相当有意义的，但是经过几次试验以后，验证了用该方法评价新设计项目的潜在危险性时有必要引入物质毒性概念，将道化学公司的"火灾爆炸指数"扩展到包括物质毒性在内的"火灾爆炸毒性指标"的初期评价，使装置潜在危险性的初期评价更加切合实际。其次，发展某些补偿系数进行装置的现实水平再评价，即采取安全对策措施加以补偿后进行最终评价，从而使评价较为恰当也更具有实际意义。

1976年，日本劳动省颁布了"化工厂六阶段安全评价法"，该方法采用了一整套安全系统工程的综合分析和评价方法，使化工厂的安全性在规划、设计阶段就能得到充分保障，随着安全评价技术的发展，安全评价已在现代安全管理中有重要的地位。

目前，大多数工业发达国家已将安全评价作为工业过程、系统设计、工厂设计和选址以及应急计划和事故预防措施的重要依据。一些国家还立法规定，工程项目必须进行安全评价。日本劳动省规定化工厂必须进行综合性的安全评价，英国规定新建企业凡没有进行安全评价的都不允许开工。安全评价成为当代安全管理中最有成效，正逐步完善的一种极为重要的方法。

随着信息处理技术和事故预防技术的进步，风险评价软件不断地进入市场。计算机危险评价软件包可以帮助人们找出导致事故发生的主要原因，认识潜在事故的严重程度，并确定减缓危险的方法。如 SAFETI、SAVE II、SIGEM、WHAZAN、EFFECTS、IR-IMS、PHAST、RISKCURVES、SAVEMODE、STAR 等。

SAFETI（Software for Assessment of Flammable，Explosive，Toxic Impact）系统是一种多功能的定量风险分析和危险评价软件包，适用于化工厂和其他类型工厂及交通运输行业。该系统是由英国 TECHNICA Ltd 公司于 1982 年开发的，至 1991 年已有 25 个 SAFETI 系统在运行中。该系统的评价结果可用数字或图形显示事故影响区，以及个人和社会的风险，可根据风险严重度对可能发生的事故进行分级，有利于制定降低风险的措施。

SIGEM 系统是由意大利 TEMA 公司于 1984 年开发的一种应急管理软件，主要用于风险评价，适用于风险管理者和应急计划制定者。它包括含有 1200 多种物质（每年新增 50 种）的危险物质数据库和 6 种可并行使用的模型。

EFFECTS 是由荷兰应用科学研究院（TNO）于 1985 年开发的，是一种定量风险分析软件包，具有危险辨识和建模功能。至 1991 年已有 170 多个 EFFECTS 系统在运行。该系统已具有 7 种事故模型，目前还在开发重（稠密）气体扩散模型，以改进 EFFECTS 的功能。

WHAZAN（World Bank Hazard Analysis Software）是定量评价石油、化工、天然气等过程工业危险性的计算机软件系统。该系统由危险物质数据库和一系列事故模型组成，可及时估计可能发生的火灾、爆炸、毒物泄漏事故的后果。该系统是由英国 TECH-NICA Ltd 公司于 1986 年开发的，含 13 种火灾、爆炸和毒物泄漏事故模型。

SAVE II 系统是一种定量风险分析（概率和严重度）软件包，有 15 个事故模型，可用于火灾、爆炸、毒物泄漏危险评价、工厂安全设计、安全报告以及事故预防等目的，评价结果可用数值或图形显示工厂的个人和群体风险率。系统中的危险物质数据库包括 9 种物质的物理化学性质和致死量等，此外还有气象条件数据库（72 种气象条件），还允许用户输入自己要用的特殊气象条件、储存的危险物质以及地理和人口分布情况。该系统是 1989 年由荷兰咨询科学家公司开发的，使用方便，适用于安全管理人员和应急计划制定人员。

PHAST（Process Hazard Analysis Screening Tool）系统是英国 TECHNICA Ltd 公司 1989 年在 SAFETI 系统的基础上开发的风险评价软件包。该系统有 8 个事故模型，能够计算出毒性水平、辐射水平、爆燃、火球、喷射火焰、池火及爆炸压力等结果，适用于应急计划制订者、安全人员，使用方便，用户可按需要增加新的物质。

SAFEMODE（Safety Assessment for Effective Management of Dangerous Events）系统是美国 Technology & Management System 公司 1989 年开发的定量风险评价软件。

STAR（Safety Techniques for Risk Assessment）系统是意大利 STA 公司 1989 年开发的风险评价软件，适用于制订安全计划、应急反应、居民迁移、安全报告等。RISKCURVES 系统是荷兰 TNO1990 年开发的概率危险评价软件，主要适用于工业活动定量危险分析。

一些发展中国家也对高危险作业场所火灾、爆炸和有害物质泄漏事故的危险评价技术和后果仿真进行了研究，如印度于 1998 年开发的 HAZDIG 系统，该系统主要应用于对有害物质意外泄漏的危险性和后果分析。

二、国内安全评价现状

20 世纪 80 年代初期，安全系统工程引入我国，受到许多大中型企业和行业管理部门的高度重视。通过对国外安全检查表和安全分析方法的翻译、消化和吸收，我国机械、冶金、化工、航空、航天等行业的有关企业开始应用简单的安全分析评价方法，如安全检查表（SCL）、事故树分析（FTA）、故障类型及影响分析（FMEA）、事件树分析（ETA）、预先危险性分析（PHA）、危险可操作性研究（HAZOP）、作业环境危险评价方法（LEC）等。这一期间的主要特点是安全系统分析方法的应用，解决的问题基本上是系统局部的安全问题。

1984 以后，我国开始研究安全评价理论和方法，在小范围内进行安全系统评价尝试。为推动和促进安全评价方法在我国企业安全管理中的实践和应用，1986 年，原国家劳动部分别向有关科研单位下达了"机械工厂危险程度分级"、"化工厂危险程度分级"、"冶金工厂危险程度分级"等科研项目。1987 年首先提出对整个企业系统进行安全评价，以利用安全系统工程原理开展安全管理工作，并着手制定部颁标准。随后，许多企业和一些产业部门开始着手安全评价理论、方法的研究与应用。现在，以安全检查表为依据进行企业安全评价已经比较成熟。1988 年，原国家机械电子工业部颁布了第一个部颁安全评价标准——《机械工厂安全性评价标准》，该标准分为两方面：一是工厂危险程度分级，通过对机械行业 1000 余家重点企业 30 余年事故统计分析结果，用 16 种设备（设施）及物品的拥有量来衡量企业固有的危险程度并作为划分危险等级的基础；二是机械工厂安全性评价（包括综合管理评价、危险性评价和作业环境评价），主要评价企业安全管理绩效，采用了以安全检查表为基础、打分赋值的评价方法。1990 年 10 月，国防科学技术工业委员会批准发布了类似美国军用标准 MIL-STD-882B 的军用标准《系统安全性通用大纲》GJB 900—900。辽宁省于 1991 年推出了地方标准《化工企业安全评价指南》。1992 年，国家技术监督局发布强制性国家标准《光气及光气化产品生产装置安全评价通则》GB 13548—92，成为我国工业生产中第一个以国家标准颁布的安全评价方法。标准中规定了安全评价的原则和综合性评价方法，鉴于光气生产中同时存在火灾、爆炸和中毒的危险，因此该评价原则对其他行业的评价也有借鉴意义。1992 年，原劳动部发布了《光气化产品生产安全规程》LD 31—92 部颁标准，标准规定"报批初步设计时，必须附安全和工业卫生评价报告"。1992 年中国石油化工公司推出检查表形式的《中国石油化工公司石化企业安全性综合评价方法》。此外，原化工部技术监督局推出《橡胶加工企业安全评价》。1994 年，北京燕山石油化工公司和原化工部劳动保护研究所共同制定了《石化装置安全评价细则》。1996 年，中国石油天然气总公司炼化局提出的《炼油（化工）厂安全性综合评价方法》，与中国石化公司的检查表类似。

1991 年国家"八五"国家科技攻关课题中，安全评价方法研究列为重点攻关项目。由原劳动部劳动保护科学研究所等单位完成的"易燃、易爆、有毒重大危险源辨识评价技术的研究"，将重大危险源评价分为固有危险性评价和现实危险性评价。后者是在前者的基础上考虑各种控制因素，反映了人对控制事故发生和事故后果扩大的主观能动作用。易燃、易爆、有毒重大危险源辨识评价方法填补了我国跨行业重大危险源评价方法的空白，在事故严重度评价中建立了伤害模型库，采用了定量的计算方法，使我国工业危险评价方法的研究从定性评价进入定量评价阶段。

2002年11月1日实施的《中华人民共和国安全生产法》，规定生产经营单位的建设项目必须实施"三同时"，同时还规定矿山建设项目和用于生产、储存危险物品的建设项目应进行安全条件论证和安全评价。经修订于2014年12月1日实施的《中华人民共和国安全生产法》提出了"矿山、金属冶炼建设项目和用于生产、储存、装卸危险物品的建设项目，应当按照国家有关规定进行安全评价"，对安全评价作出了相关规定。

2006年9月《危险化学品建设项目安全许可实施办法》（国家安全生产监督管理总局令第8号）的公布实施，使我国对危险化学品建设项目安全管理提升到一个新的高度。

无论是企业自身安全的需要、政府监督管理的要求，还是国际经济贸易形势对安全健康的高标准，安全评价的实施始终具有重要的战略意义。

我国安全评价软件也有一定程度的发展。1995年，原劳动部、北京理工大学合作完成了"易燃、易爆、有毒重大危险源的安全评价技术"的课题。该软件是此课题的成果之一。数据库软件用VISUAL FOXPRO 6.0开发，数据文件以DBF文件格式存储，重大危险源数据库包含重大危险源的有关信息。使用重大危险源数据库软件可以录入、修改、查询重大危险源信息，并可根据不同需求对重大危险源做出统计分析，可满足重大危险源信息管理的要求。重大危险源快速评价分级软件，与重大危险源数据库软件为配套使用软件。评价方法主要依据重大危险源可能导致的事故后果进行评价，以预测事故发生的死亡半径为主要评价指标，以死亡半径的大小进行重大危险源的分级。软件用Visual C++ 6.0开发，该软件读取重大危险源数据库中的有关信息，利用危险物质数据库中的物质物化特性数据，对重大危险源进行快速评价分级，并将结果写入数据文件，以DBF格式储存，并可为重大危险源数据库软件所用。

随着安全科学理论研究的深入，工程应用的推广，计算机技术和信息技术与安全科学越来越紧密的结合，已有将专家系统和人工神经网络应用到安全预评价方法的研究，如杨振宏的基于神经网络理论的安全预评价方法和杨振宏的建设项目（工程）安全预评价专家系统。前者应用人工神经网络理论的学习、联想、记忆和非线性并行分布处理功能，建立了基于神经网络理论的安全预评价方法。该方法对于非线性评价问题，其预评价结果精度高，具有较强的可判性。后者是基于专家系统原理建立的具有大量专业知识与经验并应用人工智能技术进行推理和判断的安全预评价专家系统，该系统与领域专家的决策过程一致，能科学地获得所需的最优评价方法。

第三节　安全评价内容和分类

一、安全评价的内容

安全评价是一个利用安全系统工程原理和方法识别和评价系统、工程存在的风险的过程，这一过程包括危险性识别和危险性评价两部分，如图 1-1 所示。

危险性辨识是指利用安全系统工程的理论和方法，分析系统及其各要素所固有的安全隐患，揭示系统的各种危险性。即通过一定的手段测定、分析和判明危险，包括固有的和潜在的危险，可能出现的新危险以及在一定条件下转化生成的危险，并且对系统中已查明的危险进行定量化处理，从而为评价提供数量依据。危险性评价是指根据危险性辨识的结果，采取各种措施减少或消除危险，并同既定的安全指标或目标相比较，判明所具有的安全水平，直至达到社会所允许的危险水平或规定的安全水平为止。在实际的安全评价过程中，这两个方面是不能截然分开、孤立进行的，而是相互交叉、相互重叠于整个评价工作中。

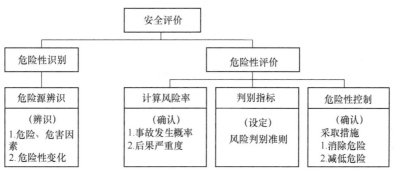

图 1-1　安全评价内容

二、安全评价的分类

目前国内将安全评价根据工程、系统生命周期和评价的目的分为安全预评价、安全验收评价、安全现状评价和专项安全评价 4 类。

（一）安全预评价

安全预评价是根据建设项目可行性研究报告的内容，分析和预测该建设项目可能存在的危险、有害因素的种类和程度，提出合理可行的安全对策措施及建议。

安全预评价以拟建建设项目作为研究对象，根据建设项目可行性研究报告提供的生产工艺过程、使用和产出的物质、主要设备和操作条件等，研究系统固有的危险及有害因素，应用系统安全工程的方法，对系统的危险性和危害性进行定性、定量分析，确定系统的危险、有害因素及其危险、危害程度；针对主要危险、有害因素及其可能产生的危险、危害后果提出消除、预防和降低的对策措施；评价采取措施后的系统是否能满足规定的安全要求，从而得出建设项目应如何设计、管理才能达到安全指标要求的结论。总之，对安全预评价可概括为以下 4 点：

1. 安全预评价是在研究事故和危害为什么会发生、怎样发生的和如何防止发生等问题的基础上，回答建设项目依据设计方案建成后的安全性如何、是否能达到安全标准的要求及如何达到安全标准、安全保障体系的可靠性如何等至关重要的问题。

2. 安全预评价的核心是对系统存在的危险、有害因素进行定性、定量分析，即针对特定的系统范围，对发生事故、危害的可能性及其危险、危害的严重程度进行评价。

3. 安全预评价依据安全生产和安全管理的可接受风险标准对系统进行分析、评价，说明系统的安全性。

4. 安全预评价的最终目的是确定采取哪些优化的技术、管理措施，使各子系统及建设项目整体达到安全标准的要求。

安全预评价报告可以作为项目报批的文件之一，也是项目最终设计的重要依据文件之一。在设计阶段，必须落实安全预评价所提出的各项措施，切实落实建设项目在设计中的"三同时"制度。

（二）安全验收评价

安全验收评价是在建设项目竣工验收之前、试生产运行正常之后，通过对建设项目的设施、设备、装置实际运行状况及管理状况的安全评价，查找该建设项目投产后存在的危险、有害因素，确定其程度，提出合理可行的安全对策措施及建议。

安全验收评价是在项目建成试生产正常运行后，在正式投产前进行的一种检查性安全评价。它通过对系统存在的危险和有害因素进行定性和定量的评价，判断系统在安全上的符合性和配套安全设施的有效性，从而作出评价结论并提出补救或补偿措施，以促进项目实现系统安全。

安全验收评价是为安全验收进行的技术准备，最终形成的安全验收评价报告将作为建设单位向政府安全生产监督管理机构申请建设项目安全验收审批的依据。另外，通过安全验收评价还可检查生产经营单位的安全生产保障、确认《中华人民共和国安全生产法》的落实。

（三）安全现状评价

安全现状评价是针对系统、工程的（某一个生产经营单位总体或局部的生产经营活动）安全现状进行的安全评价，通过评价查找其存在的危险、有害因素并确定危险程度，提出合理可行的安全对策措施及建议。

这种对在用生产装置、设备、设施、储存、运输及安全管理状况进行的全面综合安全评价，是根据政府有关法规的规定或根据生产经营单位职业安全、健康、环境保护的管理要求进行，主要包括以下内容：

1. 全面收集评价所需信息资料，采用合适的安全评价方法进行危险识别，给出量化安全状态参数值。

2. 对于可能造成重大后果的事故隐患，采用相应的数学模型，进行事故模拟，预测极端情况下的影响范围，分析事故的最大损失以及发生事故的概率。

3. 对发现的隐患，根据量化的安全状态参数值、整改的优先度进行排序。

4. 提出整改措施与建议。

评价形成的现状综合评价报告的内容应纳入生产经营单位安全隐患整改和安全管理计划，并按计划加以实施和检查。

（四）专项安全评价

专项安全评价一般是针对某一项活动或场所（如一个特定的行业、产品、生产方式、生产工艺或生产装置等）存在的危险、有害因素进行的安全评价。目的是查找其存在的危险、有害因素，确定其程度，提出合理可行的安全对策措施及建议。

专项安全评价属于安全现状评价的一种，是根据政府有关管理部门的要求进行的，是对专项安全问题进行的专题安全分析评价，如危险化学品专项安全评价、非煤矿山专项安全评价等。

第四节 安 全 评 价 程 序

安全评价程序主要包括：前期准备，危险、有害因素辨识与分析，定性、定量评价，提出安全对策措施，做出评价结论，编制安全评价报告，如图1-2所示。

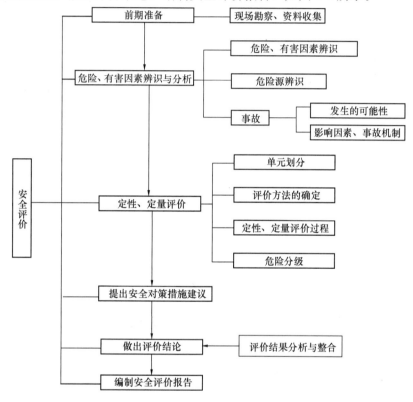

图 1-2 安全评价程序

一、前期准备

明确被评价对象和评价范围，收集国内外相关法律法规、技术标准及工程、系统的技术资料。

评价范围是指评价机构对评价项目实施评价时，评价所涉及的领域（内容和时效）及评价对象所处的地理界限，必要时还包括评价责任界定。如对某新建设项目进行安全预评价，其评价范围可以这样说明：评价内容仅涉及项目建设之前（说明时效）对新建项目的安全性进行预测并提出安全对策建议（说明内容）；评价地域为新建项目地址及周边区域；评价结论仅对实际施工建设落实设计上拟采用的安全措施和评价提出的安全对策建议时有效（说明责任）；评价结论因采用类比方法推理，带有或然性；评价安全对策属建议，并非强制要求，企业建设时应根据项目实际情况进行调整（说明责任）。

二、危险有害因素辨识与分析

根据被评价的工程、系统的情况，识别和分析危险有害因素，确定危险有害因素存在的部位、存在的方式、事故发生的途径及其变化的规律。

三、定性与定量评价

在危险有害因素识别和分析的基础上，划分评价单元，选择合理的评价方法，对工程、系统发生事故的可能性和严重程度进行定性、定量评价。

四、安全对策措施建议

根据危险有害因素辨识结果和定性、定量评价结果，提出消除或减弱危险、有害因素的技术和管理措施及建议。

五、评价结论

评价结论应着眼于整个被评价系统的安全状况，遵循客观公正、观点明确的原则，做到对评价结果的高度概括。

六、安全评价报告的编制

依据安全评价的结果编制相应的安全评价报告。

第五节　安全评价目的及意义

一、安全评价的目的

安全评价的目的是查找、分析和预测工程、系统存在的危险、有害因素及可能导致的危险、危害后果和程度，提出合理可行的安全对策措施，指导危险源监控和事故预防以达到最低事故率、最少损失和最优的安全投资效益。安全评价要达到的目的包括以下 4 个方面。

(一) 促进实现本质安全化生产

通过安全评价，系统地从工程、系统设计、建设、运行等过程对事故和事故隐患进行科学分析，针对事故和事故隐患发生的各种可能原因事件和条件，提出消除危险的最佳技术措施方案，特别是从设计上采取相应措施，实现生产过程的本质安全化，做到即使发生误操作或设备故障，系统存在的危险因素也不会因此导致重大事故发生。

(二) 实现全过程安全控制

安全评价可以帮助企业对生产设施系统地从计划、设计、制造、运行、储运和维修等全过程进行安全控制。在设计之前进行安全评价，能够避免选用不安全的工艺流程和危险的原材料以及不合适的设备、设施；当必须采用时，提出降低或消除危险的有效方法。设计之后进行安全评价，可以查出设计中的缺陷和不足，及早采取改进和预防措施。系统建成以后运行阶段进行的安全评价，能够了解系统的现实危险性，为进一步采取降低危险性的措施提供依据。

（三）为选择系统安全的最优方案提供依据

通过安全评价，分析系统存在的危险源及其分布部位、数量，预测事故发生的概率、事故严重程度，提出应采取的安全对策措施等，决策者可以根据评价结果选择系统安全最优方案和管理决策。

（四）为实现安全技术、安全管理的标准化和科学化创造条件

通过对设备、设施或系统在生产过程中的安全性是否符合有关技术标准、规范、相关规定的评价，对照技术标准、规范找出存在的问题和不足，以实现安全技术和安全管理的标准化、科学化。

二、安全评价的意义

安全评价的意义在于可有效地预防事故的发生，减少财产损失和人员伤亡。安全评价与日常安全管理和安全监督监察工作不同。安全评价是从系统安全的角度出发，分析、论证和评估可能产生的损失和伤害及其影响、严重程度，提出应采取的对策措施。

（一）有助于安全生产监督管理部门对生产经营单位实施安全监督

"安全第一，预防为主，综合治理"是我国的安全生产基本方针，安全评价是预测、预防事故的重要手段。通过安全评价可确认生产经营单位是否具备必要的安全生产条件。

（二）有助于安全生产监督管理部门对生产经营单位的安全生产实行宏观管理

安全评价能够客观地对生产经营单位的安全总体状况做出综合性判定。不仅使生产经营单位了解本单位可能存在的危险性，明确改进的方向，同时也为安全监督管理部门了解生产经营单位安全生产现状、实施宏观管理提供基础资料和管理依据。

（三）有助于生产经营单位合理选择安全投资

安全投资一般都会增加生产成本。虽然从原则上讲，当安全投资与经济效益发生矛盾时，应优先考虑安全投资，然而考虑到企业自身的经济、技术水平，按照过高的安全指标提出安全投资将使企业的生产成本大大增加，甚至陷入困境。因此，安全投资应是经济、技术、安全的合理统一，而要实现这个目标则要依靠安全评价。

安全评价不仅能确定系统的危险性，还能考虑危险性发展为事故的可能性及事故造成损失的严重程度，进而计算出风险的大小。以此说明系统可能出现负效益的大小，然后以安全法规、标准和指标为依据，结合企业的经济、技术状况，选择出适合企业安全投资的最佳方案，合理地选择控制、消除事故的措施，使安全投资和可能出现的负效益达到合理的平衡，从而实现用最少投资得到最佳的安全效果，大幅度减少人员伤亡和设备损坏事故。

（四）有助于提高生产经营单位的安全管理水平

安全评价可以使生产经营单位安全管理变事后处理为事先预测、预防。通过安全评价，可以预先识别系统的危险性，分析生产经营单位的安全状况，全面地评价系统及各部分的危险程度和安全管理状况，促使生产经营单位达到规定的安全要求。

通过安全评价可以使生产经营单位将安全管理从纵向单一管理变为全面系统管理，安全评价使生产经营单位所有部门都能按照要求认真评价本系统的安全状况，将安全管理范围扩大到生产经营单位各个部门、各个环节，使生产经营单位的安全管理实现全员、全面、全过程、全时空的系统化管理。

安全评价可以使生产经营单位安全管理变经验管理为目标管理，使各部门、全体职工明确各自的安全指标要求，在明确的目标下，统一步调、分头进行，从而使安全管理工作做到科学化、统一化、标准化。从而改变仅凭经验、主观意志和思想意识进行安全管理，没有统一的标准、目标的状况。

（五）有助于生产经营单位提高经济效益

安全预评价可减少项目建成后由于安全要求引起的调整和返工建设，安全验收评价可将一些潜在事故消除在设施开工运行前，安全现状评价可使生产经营单位更好地了解可能存在的危险并为安全管理提供依据。生产经营单位安全生产水平的提高无疑可带来经济效益的提高，使生产经营单位真正实现安全、生产和经济的同步增长。

第六节　安全评价限制因素

安全评价的目的是查找、分析和预测工程、系统存在的危险、有害因素及危险、危害程度，提出合理可行的安全对策措施，指导危险源监控和事故预防，以达到最低事故率、最少损失和最优的安全投资效益。高质量的安全评价工作对政府安全生产监督管理部门全面了解生产经营单位的安全状况，对落实安全生产技术措施及提高安全生产管理水平将起到良好的促进作用。然而，我们应该认识到在安全评价结果基础上作出的安全管理决策的质量与对被评价对象信息的掌握程度、对危险可能导致事故的认识程度等诸多因素有关。安全评价的限制因素主要体现在：

第一，对评价对象信息的掌握程度。掌握评价对象的相关信息是进行安全评价工作的基础，对评价对象信息的掌握可以通过前期准备和现场勘察来获得。前期准备的主要工作包括采集安全评价所需的法律、法规信息，采集与安全评价对象相关的事故案例信息，采集安全评价涉及的人、机、物、法、环基础技术资料。前期准备工作是否充分，直接关系到下一步的评价工作。现场勘查是整个安全评价过程中最重要的环节之一，现场勘查需要做现场记录和对现场情况的拍照来核实危险有害因素、发现新的危险有害因素、勘察安全设施等。

第二，危险有害因素辨识结果。危险有害因素辨识是划分评价单元和选择评价方法的前提，进行危险辨识时，必须结合工程项目的生产工艺、设备、区域、部位的具体情况，认真分析存在哪些危险因素，什么条件下会导致何种危险及其后果影响。危险有害辨识的结果将对评价结论产生重大影响，同时，危险有害因素辨识结果是制定安全对策措施和实现安全管理的重要依据。

第三，评价方法的使用。安全评价方法繁多且复杂，每种评价方法都有其适用对象、特点和局限性。使用时应根据评价目标和要得到的评价结果来选择评价方法。有些评价方法是利用过去发生过的事件的概率和危害程度做出推断，往往对高风险事件更为关注，而高风险事件通常发生概率很小，概率值误差很大，因此在预测低风险事件危险度时可能会得出不符合实际的判断。有时在利用定量评价方法计算绝对风险度时，选取事件的发生概率和事故严重度的基准标准不准时可能导致得出的结果会有高达数倍的不准确性。另外，评价方法误用也会导致评价结果产生偏差。

第四，评价人员的业务素质。安全评价人员是实施安全评价的主体，不同的评价人员使用相同的资料评价同一个对象，由于评价人员的业务素质不同，可能会得出不同的结果，因此，安全评价具有一定的主观性。尽管有很多经验性的预测方法，安全评价的质量在很大程度上还取决于判断正确与否，尤其是假设条件。只有训练有素且经验丰富的安全评价从业人员，才能得心应手地使用各种安全评价方法，辅以丰富的经验，得出正确的评价结论。在很多情况下，由于许多事故在评价前并未发生过，安全评价使用定性方法来确定潜在事故的危险性，依靠评价人员个人或集体的智慧来判断确定可能导致事故的原因及其产生的后果，评价结果的可靠性往往与评价人员的技术素质和经验相关。

思 考 题

1. 论述安全评价的内涵。
2. 安全评价分为哪几类，各类之间有何异同？
3. 安全预评价的目的是什么？
4. 某建设项目需要进行"安全验收评价"，如何确定其评价范围？
5. 试论述安全评价与事故预防的关系。
6. 简述安全评价程序。
7. 安全评价限制因素主要体现在哪些方面？

第二章 安全评价原理与依据

第一节 安全评价原理和原则

一、安全评价原理

在进行安全评价时，人们需要辨识工程或系统的危险、危害性及其程度，预测发生事故和职业危害的可能性，掌握其发生、发展的条件和规律，以便采取有效的对策措施防止事故发生，减少职业危害，实现安全生产。在进行安全评价时，虽然评价的领域、对象、方法、手段种类繁多，被评价系统的属性、特征及事件的随机性千变万化，各不相同，但安全评价所遵循的基本原理却是一致的。可归纳出安全评价的四个基本原理，即相关性原理、类推原理、惯性原理和量变到质变原理。

（一）相关性原理

一个系统，其属性、特征与事故和职业危害存在着因果的相关性，这是系统因果评价方法的理论基础。

1. 系统的基本特征

安全评价把研究的所有对象都视为系统。系统是指为实现一定的目标，由多种彼此有机联系的要素组成的整体。系统有大有小，千差万别，但所有的系统都具有以下普遍的基本特征：

（1）目的性：任何系统都具有目的性，要实现一定的目标（功能）。

（2）集合性：指一个系统是由若干个元素组成的一个有机联系的整体，或是由各层次的要素（子系统、单元、元素集）集合组成的一个有机联系的整体。

（3）相关性：一个系统内部各要素（或元素）之间存在着相互影响、相互作用、相互依赖的有机联系，通过综合协调，实现系统的整体功能。在相关关系中，二元关系是基本关系，其他复杂的相关关系是在二元关系基础上发展起来的。

（4）阶层性：在大多数系统中，存在着多阶层性，通过彼此作用，互相影响、制约，形成一个系统整体。

（5）整体性：系统的要素集、相关关系集、各阶层构成了系统的整体。

（6）适应性：系统对外部环境的变化有着一定的适应性。

每个系统都有着自身的总目标，而构成系统的所有子系统、单元都为实现这一总目标而实现各自的分目标。如何使这些目标达到最佳，这就是系统工程要研究解决的问题。

系统的整体目标（功能）是由组成系统的各子系统、单元综合发挥作用的结果。因此，不仅系统与子系统，子系统与单元有着密切的关系，而且各子系统之间、各单元之间、各元素之间也都存在着密切的相关关系。所以，在评价过程中只有找出这种相关关系，并建立相关模型，才能正确地对系统的安全性作出评价。

系统的结构可用下列公式表达：

$$E = \max f(X, R, C)$$

式中　E——最优结合效果；

　　　X——系统组成的要素集，即组成系统的所有元素；

　　　R——系统组成要素的相关关系集，即系统各元素之间的所有相关关系；

　　　C——系统组成的要素及其相关关系在各阶层上可能的分布形式；

　　　f——X，R，C 的结合效果函数。

对系统的要素集（X）、关系集（R）和层次分布形式（C）的分析，可阐明系统整体的性质。要使系统目标达到最佳程度，只有使上述三者达到最优结合，才能产生最优的结合效果 E。

对系统进行安全评价，就是要寻求 X，R 和 C 最合理的结合形式，即具有最优结合效果 E 的系统结构形式在对应系统目标集和环境因素约束集的条件，给出最安全的系统结合方式。例如，一个生产系统一般是由若干生产装置、物料、人员（X 集）集合组成的，其工艺过程是在人、机、物料、作业环境结合过程（人控制的物理、化学过程）中进行的（R 集），生产设备的可靠性、人的行为的安全性、安全管理的有效性等因素层次上存在各种分布关系（C 集）。安全评价的目的，就是寻求系统在最佳生产（运行）状态下最安全的有机结合。

因此，在评价之前要研究与系统安全有关的系统组成要素，要素之间的相关关系，以及它们在系统各层次的分布情况。例如，要调查、研究构成工厂的所有要素（人、机、物料、环境等），明确它们之间存在的相互影响、相互作用、相互制约的关系和这些关系在系统的不同层次中的不同表现形式等。

要对系统作出准确的安全评价，必须对要素之间及要素与系统之间的相关形式和相关程度给出量的概念。这就需要明确哪个要素对系统有影响，是直接影响还是间接影响；哪个要素对系统影响大，大到什么程度；彼此是线性相关，还是指数相关等。要做到这一点，就要求在分析大量生产运行、事故统计资料的基础上，得出相关的数学模型，以便建立合理的安全评价数学模型。例如，用加权平均法进行生产经营单位安全评价，确定各子系统安全评价的权重系数，实际上就是确定生产经营单位整体与各子系统之间的相关系数。这种权重系数代表了各子系统的安全状况对生产经营单位整体安全状况的影响大小，也代表了各子系统的危险性在生产经营单位整体危险性中的比重。一般地说，权重系数都是通过对大量事故统计资料的分析，权衡事故发生的可能性大小和事故损失的严重程度而确定下来的。

2. 因果关系

有因才有果，这是事物发展变化的规律。事物的原因和结果之间存在着类似函数一样的密切关系。若研究、分析各个系统之间的依存关系和影响程度，就可以探求其变化的特征和规律，并可以预测其未来状态的发展变化趋势。

事故和导致事故发生的各种原因（危险因素）之间存在着相关关系，表现为依存关系和因果关系；危险因素是原因，事故是结果，事故的发生是由许多因素综合作用的结果。

分析各因素的特征、变化规律，影响事故发生和事故后果的程度，以及从原因到结果的途径，揭示其内在联系和相关程度，才能在评价中得出正确的分析结论，采取恰当的对策措施。例如，可燃气体泄漏爆炸事故是由可燃气体泄漏、与空气混合达到爆炸极限和存在引燃能源3个因素综合作用的结果，而这3个因素又是设计失误、设备故障、安全装置失效、操作失误、环境不良、管理不当等一系列因素造成的，爆炸后果的严重程度又和可燃气体的性质（闪点、燃点、燃烧速度、燃烧热值等）、可燃性气体的爆炸量及空间密闭程度等因素有着密切的关系，在评价中需要分析这些因素的因果关系和相互影响程度，并定量地加以评述。

事故的因果关系是：事故的发生有其原因因素，而且往往不是由单一原因因素造成的，而是由若干个原因因素耦合在一起，当出现符合事故发生的充分与必要条件时，事故就必然会发生；多一个原因因素不需要，少一个原因因素事故就不会发生。而每一个原因因素又由若干个二次原因因素构成；依次类推，还有三次原因因素、四次原因因素等。消除一次原因因素、两次原因因素、三次原因因素……n次原因因素，破坏发生事故的充分与必要条件，事故就不会产生，这就是采取技术、管理、教育等方面的安全对策措施的理论依据。

在评价系统中，找出事故发展过程中的相互关系，借鉴历史、同类情况的数据、典型案例等，建立起接近真实情况的数学模型，模型越接近真实情况，评价效果越好，评价结果越准确。

（二）类推原理

"类推"亦称"类比"。类推推理是人们经常使用的一种逻辑思维方法，常用来作为推出一种新知识的方法。它是根据两个或两类对象之间存在着某些相同或相似的属性，从一个已知对象具有某个属性来推出另一个对象具有此种属性的一种推理。它在人们认识世界和改造世界的活动中，有着非常重要的作用，在安全生产、安全评价中同样也有着特殊的意义和重要的作用。其基本模式为：

若A、B表示两个不同对象，A有属性P_1，P_2，…，P_m，P_n，B有属性P_1，P_2，…，P_m，则对象A与B的推理可用如下公式表示：

A有属性P_1，P_2，…，P_m，P_n；

B有属性P_1，P_2，…，P_m；

所以，B也有属性P_n（$n > m$）。

类比推理的结论是或然性的。所以，在应用时要注意提高结论的可靠性，其方法有：

1. 要尽量多地列举两个或两类对象所共有或共缺的属性；

2. 两个类比对象所共有或共缺的属性愈本质，则推出的结论愈可靠；

3. 两个类比对象共有或共缺的对象与类推的属性之间具有本质和必然的联系，则推出结论的可靠性就高。

类比推理常常被人们用来类比同类装置或类似装置的职业安全的经验、教训，采取相应的对策措施防患于未然，实现安全生产。

类推评价法是经常使用的一种安全评价方法。它不仅可以由一种现象推测另一种现象，还可以依据已掌握的实际统计资料，采用科学的估计推算方法来推算得到基本符合实际的所需资料，以弥补调查统计资料的不足，供分析研究使用。

类推评价法的种类及其应用领域取决于评价对象事件与先导事件之间联系的性质。若这种联系可用数字表示，则称为定量类推；如果这种联系关系只能定性处理，则称为定性类推。常用的类推方法有如下几种。

1. 平衡推算法

平衡推算法是根据相互依存的平衡关系来推算所缺的有关指标的方法。例如，利用海因利希关于重伤、死亡、轻伤及无伤害事故比例 1：29：300 的规律，在已知重伤死亡数据的情况下，可推算出轻伤和无伤害事故数据；利用事故的直接经济损失与间接经济损失的比例为 1：4 的关系，可从直接经济损失推算间接经济损失和事故总经济损失；利用爆炸破坏情况推算离爆炸中心一定距离处的冲击波超压（Δp，单位为 MPa）或爆炸坑（漏斗）的大小，来推算爆炸物的 TNT 当量。这些都是一种平衡推算法的应用。

2. 代替推算法

代替推算法是利用具有密切联系（或相似）的有关资料、数据，来代替所缺资料、数据的方法。例如，对新建装置的安全预评价，可使用与其类似的已有装置资料、数据对其进行评价；在职业卫生的评价中，人们常常类比同类或类似装置的工业卫生检测数据进行评价。

3. 因素推算法

因素推算法是根据指标之间的联系，从已知因素的数据推算有关未知指标数据的方法。例如，已知系统事故发生概率 P 和事故损失严重度 S，就可利用风险率 R 与 P，S 的关系来求得风险率 R：

$$R=PS$$

4. 抽样推算法

抽样推算法是根据抽样或典型调查资料推算系统总体特征的方法。这种方法是数理统计分析中常用的方法，是以部分样本代表整个样本空间来对总体进行统计分析的一种方法。

5. 比例推算法

比例推算法是根据社会经济现象的内在联系，用某一时期、地区、部门或单位的实际比例，推算另一类似时期、地区、部门或单位有关指标的方法。

例如，控制图法的控制中心线的确定，是根据上一个统计期间的平均事故率来确定的。国外各行业安全指标的确定，通常也都是根据前几年的年度事故平均数值来进行确定的。

6. 概率推算法

概率是指某一事件发生的可能性大小。事故的发生是一种随机事件，任何随机事件，在一定条件下是否发生是没有规律的，但其发生概率是一客观存在的定值。因此，根据有限的实际统计资料，采用概率论和数理统计方法可求出随机事件出现各种状态的概率。可以用概率值来预测未来系统发生事故可能性的大小，以此来衡量系统危险性的大小、安全程度的高低。美国原子能委员会关于"商用核电站风险评估报告"采用的方法基本上是概率推算法。

（三）惯性原理

任何事物在其发展过程中，从其过去到现在以及延伸至将来，都具有一定的延续性，这种延续性称为惯性。利用惯性原理可以研究事物或一个评价系统的未来发展趋势。例如从一个单位过去的安全生产状况、事故统计资料，可以找出安全生产及事故发展变化趋势，以推测其未来安全状态。利用惯性原理进行评价时应注意以下两点。

1. 惯性的大小

惯性越大，影响越大；反之，则影响越小。

例如，一个生产经营单位如果疏于管理，违章作业、违章指挥、违反劳动纪律严重，事故就多，若任其发展则会愈演愈烈，而且有加速的态势，惯性越来越大。对此，必须立即采取相应对策措施，破坏这种格局，亦即中止或使这种不良惯性改向，才能防止事故的发生。

2. 惯性的趋势

一个系统的惯性是这个系统内的各个内部因素之间互相联系、互相影响、互相作用按照一定的规律发展变化的一种状态趋势。因此，只有当系统是稳定的，受外部环境和内部因素的影响产生的变化较小时，其内在联系和基本特征才可能延续下去，该系统所表现的惯性发展结果才基本符合实际。但是，绝对稳定的系统是没有的，因为事物发展的惯性在受外力作用时，可使其加速或减速甚至改变方向。这样就需要对一个系统的评价进行修正，即在系统主要方面不变、而其他方面有所偏离时，就应根据其偏离程度对所出现的偏离现象进行修正。

（四）量变到质变原理

任何事物在发展变化过程中都存在着从量变到质变的规律。同样，在一个系统中，许多有关安全的因素也都一一存在着量变到质变的规律；在评价一个系统的安全时，也都离不开从量变到质变的原理。例如：许多定量评价方法中，有关危险等级的划分无不一一应用着量变到质变的原理。如《道化学公司火灾、爆炸危险指数评价法》（第七版）中，关于按 F&EI（火灾、爆炸指数）划分的危险等级，从 1 至 $\geqslant 159$，经过了 $\leqslant 60$，$61 \sim 96$，$97 \sim 127$，$128 \sim 158$，$\geqslant 159$ 的量变到质变的不同变化层次，即分别为"最轻"级、"较轻"级、"中等"级、"很大"级、"非常大"级；而在评价结论中，"中等"级及其以下的级别是"可以接受的"，"很大"级、"非常大"级则是"不能接受的"。

因此，在安全评价时，考虑各种危险、有害因素对人体的危害，以及采用的评价方法进行等级划分等，均需要应用量变到质变的原理。

上述原理是人们经过长期研究和实践总结出来的。在实际评价工作中，人们综合应用这些基本原理指导安全评价，并创造出各种评价方法，进一步在各个领域中加以运用。

掌握评价的基本原理可以建立正确的思维程序，对于评价人员开拓思路、合理选择和灵活运用评价方法都是十分必要的。由于世界上没有一成不变的事物，评价对象的发展不是过去状态的简单延续，评价的事件也不会是自己的类似事件的机械再现，相似不等于相同。因此，在评价过程中，还应对客观情况进行具体细致的分析，以提高评价结果的准确程度。

二、安全评价的原则

安全评价是落实"安全第一，预防为主，综合治理"安全生产方针的重要技术保障，是安全生产监督管理的重要手段。安全评价工作以国家有关安全的方针、政策和法律、法规、标准为依据，运用定量和定性的方法对建设项目或生产经营单位存在的职业危险、有害因素进行识别、分析和评价，提出预防、控制、治理对策措施，为建设单位或生产经营单位减少事故发生的风险，为政府主管部门进行安全生产监督管理提供科学依据。

安全评价是关系到被评价项目能否符合国家规定的安全标准，能否保障劳动者安全与健康的关键性工作。这项工作不但具有较复杂的技术性，还有很强的政策性。因此，要做好这项工作，必须以被评价项目的具体情况为基础，以国家安全法规及有关技术标准为依据，用严肃的科学态度，认真负责的精神，强烈的责任感和事业心，全面、仔细、深入地开展和完成评价任务。在安全评价工作中必须自始至终遵循科学性、公正性、合法性和针对性原则。

（一）科学性

安全评价涉及学科范围广，影响因素复杂多变。为保证安全评价能准确地反映被评价项目的客观实际和结论的正确性，在开展安全评价的全过程中，必须依据科学的方法、程序，以严谨的科学态度全面、准确、客观地进行工作，提出科学的对策措施，作出科学的结论。

危险、有害因素产生危险、危害后果需要一定条件和触发因素，要根据内在的客观规律分析危险、有害因素的种类、程度，产生的原因及出现危险、危害的条件及其后果，才能为安全评价提供可靠的依据。

现有的评价方法均有其使用的局限性。评价人员应全面、仔细、科学地分析各种评价方法的原理、特点、适用范围和使用条件，必要时，还应用几种评价方法进行评价，进行分析综合、互为补充、互相验证，提高评价的准确性，避免局限和失真；评价时，切忌生搬硬套、主观臆断、以偏概全。

从收集资料、调查分析、筛选评价因子、测试取样、数据处理、模式计算和权重值的给定，直至提出对策措施、作出评价结论与建议等，每个环节都必须用科学的方法和可靠的数据，按科学的工作程序一丝不苟地完成各项工作，努力在最大程度上保证评价结论的正确性和对策措施的合理性、可行性和可靠性。

受一系列不确定因素的影响，安全评价在一定程度上存在误差。评价结果的准确性直接影响到决策的正确、安全设计的完善，运行是否安全可靠。因此，对评价结果进行验证十分重要。为不断提高安全评价的准确性，评价单位应有计划、有步骤地对同类装置、国内外的安全生产经验、相关事故案例和预防措施以及评价后的实际运行情况进行考察、分析、验证，利用建设项目建成后的事后评价进行验证，并运用统计方法对评价误差进行统计和分析，以便改进原有的评价方法和修正评价的参数，不断提高评价的准确性、科学性。

（二）公正性

评价结论是评价项目的决策依据、设计依据、能否安全运行的依据，也是国家安全生产监督管理部门在进行安全监督管理的执法依据。因此，对于安全评价的每一项工作都要做到客观和公正，既要防止受评价人员主观因素的影响，又要排除外界因素的干扰，避免出现不合理、不公正的现象。

评价的正确与否直接涉及被评价项目能否安全运行；涉及国家财产和声誉会不会受到

破坏和影响；涉及被评价单位的财产会否受到损失，生产能否正常进行；涉及周围单位及居民会否受到影响；涉及被评价单位职工乃至周围居民的安全和健康。因此，评价单位和评价人员必须严肃、认真、实事求是地进行公正的评价。

安全评价有时会涉及一些部门、集团、个人的某些利益。因此，在评价时，必须以国家和劳动者的总体利益为重，要充分考虑劳动者在劳动过程中的安全与健康，要依据有关标准法规和经济技术的可行性提出明确的要求和建议。评价结论和建议不能模棱两可、含糊其辞。

（三）合法性

安全评价是国家以法规形式确定下来的一种安全管理制度。安全评价机构和评价人员必须由国家安全生产监督管理部门予以资质核准和资格注册，只有取得了资质的单位才能依法进行安全评价工作。政策、法规、标准是安全评价的依据，政策性是安全评价工作的灵魂。所以，承担安全评价工作的单位必须在国家安全生产监督管理部门的指导、监督下严格执行国家及地方颁布的有关安全生产的方针、政策、法规和标准等；在具体评价过程中，全面、仔细、深入地剖析评价项目或生产经营单位在执行产业政策、安全生产和劳动保护政策等方面存在的问题，并且在评价过程中主动接受国家安全生产监督管理部门的指导、监督和检查，力争为项目决策、设计和安全运行提出符合政策、法规、标准要求的评价结论和建议，为安全生产监督管理提供科学依据。

（四）针对性

进行安全评价时，首先应针对被评价项目的实际情况和特征，收集有关资料，对系统进行全面的分析；其次要对众多的危险、有害因素及单元进行筛选，对主要的危险、有害因素及重要单元应进行有针对性的重点评价，并辅以重大事故后果和典型案例进行分析、评价，由于各类评价方法都有特定适用范围和使用条件，要有针对性地选用评价方法；最后要从实际的经济、技术条件出发，提出有针对性、操作性强的对策措施，对被评价项目作出客观、公正的评价结论。

第二节　安全评价的依据

安全评价是政策性很强的一项工作，必须依据我国现行的法律、法规和技术标准，以保障被评价项目的安全运行，保障劳动者在劳动过程中的安全与健康。这些法规、标准等可随法规、标准条文的修改或新法规、标准的出台而变动。

一、宪法

《宪法》是安全生产法律体系框架的最高层级。宪法的许多条文直接涉及安全生产和劳动保护问题，是有关安全生产方面最高法律效力的规定。

二、安全生产方面的法律

法律是由国家立法机构以法律形式颁布实施的。安全生产方面的法律包括安全生产基础法律、专门安全生产法律、安全生产相关法律。

1. 安全生产基础法律：《中华人民共和国安全生产法》是一部调整安全生产方面社会关系的法律，是我国安全生产的基本法。

2. 专门安全生产法律：专门安全生产法律是规范某一专业领域安全生产法律制度的法律。我国在专业领域的法律有《中华人民共和国矿山安全法》、《中华人民共和国海上交通安全法》、《中华人民共和国消防法》、《中华人民共和国道路交通安全法》等。

3. 安全生产相关法律：与安全生产有关的法律是指安全生产专门法律以外的其他法律中涵盖有安全生产内容的法律。如《中华人民共和国劳动法》、《中华人民共和国建筑法》、《中华人民共和国煤炭法》、《中华人民共和国铁路法》、《中华人民共和国民用航空法》、《中华人民共和国工会法》、《中华人民共和国全民所有制企业法》、《中华人民共和国乡镇企业法》、《中华人民共和国矿产资源法》等。还有一些与安全生产监督执法工作有关的法律，如《中华人民共和国刑法》、《中华人民共和国刑事诉讼法》、《中华人民共和国行政处罚法》、《中华人民共和国行政复议法》、《中华人民共和国国家赔偿法》和《中华人民共和国标准化法》等。

三、安全生产行政法规

安全生产行政法规是由国务院制定并批准公布的，是为实施安全生产法律或规范安全生产监督管理制度而制定并颁布的一系列具体规定，例如国务院发布的《危险化学品管理条例》、《女职工保护规定》、《国务院关于特大安全事故行政责任追究的规定》和《煤矿安全监察条例》等。

四、部门规章

指由国务院有关部门制定的专项安全规章，是安全法规各种形式中数量最多的。例如（原）劳动部发布的《建设项目（工程）劳动安全卫生监察规定》、《建设项目（工程）职业安全卫生设施和技术措施验收办法》等。部门安全生产规章作为安全生产法律法规的重要补充，在我国安全生产监督管理工作中起着十分重要的作用。

五、地方性法规和地方规章

地方法规是由各省、自治区、直辖市人大及其常务委员会制定的有关安全生产的规范性文件，以解决本地区某一特定的安全生产问题为目标，具有较强的针对性和可操作性。目前我国大部分省（自治区、直辖市）人大制定了《劳动保护条例》或《劳动安全卫生条例》，某些省（自治区、直辖市）人大制定了《矿山安全法》实施办法。

地方规章是由各省、自治区、直辖市政府，其首府所在地的市和经国务院批准的较大的市政府制定的有关安全生产的专项文件。

六、已批准的国际劳工安全公约

国际劳工组织自1919年创立以来一共通过了185个国际公约和建议书，这些公约和建议书统称国际劳工标准，其中70%的公约和建议书涉及职业安全卫生问题。我国政府为国际性安全生产工作已签订了国际性公约，当我国安全生产法律与国际公约有不同时，应优先采用国际公约的规定（除保留条件的条款外）。目前我国政府已批准加入的共有23

个，其中 4 个是与职业安全卫生相关的。

七、安全生产标准

安全生产标准是安全生产法规体系中的一个重要组成部分，也是安全生产管理的基础和监督执法工作的重要技术依据。安全生产标准大致分为设计规范类；安全生产设备、工具类；生产工艺安全卫生类；防护用品类四类标准。

第三节　安全评价法律法规

一、安全生产方面的法律

安全生产方面法律包括《中华人民共和国安全生产法》、《中华人民共和国刑法》、《中华人民共和国劳动法》、《中华人民共和国矿山安全法》、《中华人民共和国职业病防治法》、《中华人民共和国消防法》、《中华人民共和国道路交通安全法》、《中华人民共和国就业促进法》、《中华人民共和国突发事件应对法》等。

（一）中华人民共和国安全生产法

为了加强安全生产工作，防止和减少生产安全事故，保障人民群众生命和财产安全，促进经济社会持续健康发展，制定《中华人民共和国安全生产法》。2014 年 12 月 1 日起施行新《中华人民共和国安全生产法》（以下简称《安全生产法》）。《安全生产法》对从业人员权利和义务、生产安全事故的应急救援与调查处理、法律责任等方面进行了规定。

1. 总则对立法目的和使用范围、安全生产方针、生产经营单位主要负责人的安全责任、工会在安全生产工作中的地位和权力、各级人民政府的安全生产职责、安全生产综合监管部门与专项监管部门的职责分工、安全生产中介机构规定、对生产安全事故责任追究、安全生产标准、安全生产宣传教育、安全生产科技进步、安全生产奖励方面进行了规定。

2. 从业人员权利和义务中对从业人员的人身保障权利、从业人员安全生产义务两方面进行了规定。

3. 生产安全事故的应急救援与调查处理中对地方政府应急救援工作职责、生产经营单位生产安全事故的应急救援、生产安全事故报告和处置、生产安全事故调查处理等方面进行了规定。

在我国安全生产法律体系中，《安全生产法》是我国第一部安全生产领域的基本法律。只有科学的认识其法律性质及法律地位，才能处理好《安全生产法》与其他安全生产法律、法规的关系，使这部法律得以完整地、准确地贯彻实施。

其中涉及安全评价的法条包括：

第二十九条　矿山、金属冶炼建设项目和用于生产、储存、装卸危险物品的建设项目，应当按照国家有关规定进行安全评价。

第三十七条　生产经营单位对重大危险源应当登记建档，进行定期检测、评估、监控，并制定应急预案，告知从业人员和相关人员在紧急情况下应当采取的应急措施。生产经营单位应当按照国家有关规定将本单位重大危险源及有关安全措施、应急措施报有关地方人民政府安全生产监督管理部门和有关部门备案。

第六十九条　承担安全评价、认证、检测、检验的机构应当具备国家规定的资质条件，并对其作出的安全评价、认证、检测、检验的结果负责。

第八十九条　承担安全评价、认证、检测、检验工作的机构，出具虚假证明的，没收违法所得；违法所得在十万元以上的，并处违法所得二倍以上五倍以下的罚款；没有违法所得或者违法所得不足十万元的，单处或者并处十万元以上二十万元以下的罚款；对其直接负责的主管人员和其他直接责任人员处二万元以上五万元以下的罚款；给他人造成损害的，与生产经营单位承担连带赔偿责任；构成犯罪的，依照刑法有关规定追究刑事责任。对有前款违法行为的机构，吊销其相应资质。

（二）中华人民共和国刑法

《中华人民共和国刑法》（以下简称《刑法》）是用刑罚同一切犯罪行为作斗争，以保卫国家安全，保卫人民民主专政的政权和社会主义制度，保护国有财产和劳动群众集体所有的财产，保护公民私人所有的财产，保护公民的人身权利、民主权利和其他权利，维护社会秩序、经济秩序，保障社会主义建设事业的顺利进行。自2015年11月1日起施行《中华人民共和国刑法修正案（九）》。

1. 《刑法》关于安全生产犯罪的规定

安全生产刑事责任是指责任主体违反安全生产法律规定构成犯罪，由司法机关依照刑事法律处以刑罚的一种法律责任。如果违反了《安全生产法》中关于追究安全生产违法犯罪分子刑事责任的法条，都要依照《刑法》追究刑事责任。

2. 生产经营单位及其有关人员构成犯罪的罪名

《刑法》中关于安全生产犯罪的罪名有：重大责任事故罪、强令违章冒险作业罪、重大劳动安全事故罪、大型群众性活动重大安全事故罪、危险物品肇事罪、工程重大安全事故罪、消防责任事故罪、不报、谎报安全事故罪等。

3. 安全生产中介机构及其有关人员构成犯罪所应承担的刑事责任

《刑法》关于安全生产中介机构及其有关人员的犯罪主要是提供虚假证明文件罪，第二百二十九条进行了明确规定。

（三）中华人民共和国劳动法

《中华人民共和国劳动法》（以下简称《劳动法》）自1995年1月1日起施行。立法目的是为了保护劳动者的合法权益，调整劳动关系，建立和维护适应社会主义市场经济的劳动制度，促进经济发展和社会进步。

1. 单位劳动安全卫生的规定

（1）安全卫生的基本要求

1）劳动者的权利

《劳动法》第三条在劳动卫生方面赋予劳动者享有的权利：劳动者享有平等就业和选择职业的权利、取得劳动报酬的权利、休息休假的权利、获得劳动安全卫生保护的权利、接受职业技能培训的权利、享受社会保险和福利的权利、提请劳动争议处理的权利以及法律规定的其他劳动权利。

2）劳动者的义务

第三条在劳动卫生方面赋予劳动者享有的义务：劳动者应当完成劳动任务，提高职业技能，执行劳动安全卫生规程，遵守劳动纪律和职业道德。

3）用人单位的义务

第五十二条　用人单位必须建立、健全劳动安全卫生制度，严格执行国家劳动安全卫生规程和标准，对劳动者进行劳动安全卫生教育，防止劳动过程中的事故，减少职业危害。

第五十三条　劳动安全卫生设施必须符合国家规定的标准。

新建、改建、扩建工程的劳动安全卫生设施必须与主体工程同时设计、同时施工、同时投入生产和使用。

（2）女职工和未成年工特殊保护

女职工和未成年工由于生理等原因不适宜从事某些危险性较大或者劳动强度较大的劳动，属于弱势群体，应当在劳动就业上给予特殊的保护。《劳动法》明确规定，国家对女职工和未成年工实行特殊保护。

2. 有关劳动安全卫生监督检查的规定

对劳动监察、有关部门监督、工会监督作出了明确规定。

3. 劳动安全卫生违法行为实施行政处罚的决定机关

（1）劳动安全卫生监督管理体制的改革

根据1998年全国人大批准的国务院机构改革方案，国务院决定将由原劳动部负责的全国安全生产综合监督管理职能，改由国家经济贸易委员会行使。2003年，国务院又决定撤销国家经济贸易委员会，将其负责的全国安全生产综合监督管理职能，改由国家安全生产监督管理局行使。2005年2月23日，国务院决定将国家安全生产监督管理局改为国家安全生产监督管理总局，由其负责全国安全生产综合监督管理职能。国家的安全生产监督管理体制改革和职责分工调整后，各级人民政府劳动行政部门不再负责安全生产综合监督管理工作，改由各级人民政府安全生产综合监督管理部门负责。

（2）劳动安全卫生监管和行政执法的机关

依照《安全生产法》和国务院的规定，现由县级以上人民政府负责安全生产监督管理的部门负责履行《劳动法》赋予劳动行政部门负责的劳动卫生监督管理的职责，行使《劳动法》中有关劳动安全卫生监督管理和行政执法的职权。县级以上人民政府劳动行政部门依照法律和本级人民政府的规定，行使劳动安全卫生以外的其他劳动活动的监督管理和行政执法的职权。

（四）中华人民共和国矿山安全法

《中华人民共和国矿山安全法》（以下简称《矿山安全法》）是我国唯一的矿山安全单行法律。中华人民共和国领域和中华人民共和国管辖的其他海域从事矿产资源开采活动，必须遵守本法。

1. 关于矿山建设的安全保障规定

（1）矿山建设工程安全设施"三同时"

《矿山安全法》规定矿山建设工程的安全设施必须和主体工程同时设计、同时施工、同时投入生产和使用。

（2）矿山建设工程安全设施的设计和竣工验收

《矿山安全法》规定，矿山建设工程的设计文件，必须符合矿山安全规程和行业技术规范，并按照国家规定经管矿山企业的主管部门批准；不符合矿山安全规程和行业技术规范的，不得批准。矿山建设工程安全设施的设计必须由劳动行政主管部门（现为负责安全生产监督管理的部门）参加审查。矿山安全规定和行业技术规范，由国务院管理矿山企业的主管部门制定。

矿山建设工程必须按照管理矿山的主管部门批准的设计文件施工。矿山建设工程安全设施竣工后，由管理矿山企业的主管部门验收，并须有劳动行政主管部门参加；不符合矿山安全规程和行业技术规范的，不得验收，不得投入生产。

（3）矿井安全出口和运输通信设施

《矿山安全法》规定，每个矿井必须有两个以上能行人的安全出口，出口之间的直线水平距离必须符合矿山安全规程和行业技术规范。

该法对矿山建设的安全保障、矿山开采的安全保障、矿山生产经营单位的安全管理、矿山事故处理、矿山安全的行政管理及法律责任等做了明确规定。

2. 矿山开采的安全保障规定

矿山使用的特殊安全要求的设备、器材、防护用品和安全检测仪器，必须符合国家安全标准或者行业安全标准。矿山企业必须对机电设备及其防护装置、安全检测仪器定期检查、维修，保证使用安全。矿山企业必须对危害安全的事故隐患采取预防措施。

3. 矿山企业安全管理规定

（1）安全生产责任制

《矿山安全法》第二十条规定："矿山企业必须建立、健全安全生产责任制。矿长对本企业的安全生产工作负责"。

（2）矿山安全的内部监督

矿山安全的内部监督通过职代会、职工、工会的监督形式来形成矿山企业安全生产的内部管理机制。

（3）安全培训

《矿山安全法》第二十六条第一款规定："矿山企业必须对职工进行安全教育、培训；未经安全教育、培训的，不得上岗作业。"

《矿山安全法》第二十六条第二款规定："矿山企业安全生产的特种作业人员必须接受专门培训，经考核合格取得操作资格证书的，方可上岗作业。"

《矿山安全法》要求矿长必须经过考核，具备安全专业知识，具有领导安全生产和处理矿山事故的能力。

（4）未成年人和女职工的保护

《矿山安全法》第二十九条规定："矿山企业不得录用未成年人从事矿山井下劳动。矿山企业对女职工按照国家规定实行特殊劳动保护，不得分配女职工从事矿山井下劳动。"

（5）矿山事故防范和救护

第三十条　矿山企业必须制定矿山事故防范措施，并组织落实。

第三十一条　矿山企业应当建立由专职或者兼职人员组成的救护和医疗急救组织，配备必要的装备、器材和药物。

（6）安全技术措施专项费用

第三十二条　矿山企业必须从矿产品销售额中按照国家规定提取安全技术措施专项费用。安全技术措施专项费用必须全部用于改善矿山安全生产条件，不得挪作他用。

4. 矿山安全的监督与管理规定

（1）矿山安全监督

县级以上人民政府负责安全生产监督管理的部门负责矿山安全的监督管理和执行执法职责。

第三十三条　县级以上各级人民政府劳动行政主管部门对矿山安全工作行使下列监督职责：

（一）检查矿山企业和管理矿山企业的主管部门贯彻执行矿山安全法律、法规的情况；

（二）参加矿山建设工程安全设施的设计审查和竣工验收；

（三）检查矿山劳动条件和安全状况；

（四）检查矿山企业职工安全教育、培训工作；

（五）监督矿山企业提取和使用安全技术措施专项费用的情况；

（六）参加并监督矿山事故的调查和处理；

（七）法律、行政法规规定的其他监督职责。

（2）矿山安全的管理

第三十四条　县级以上人民政府管理矿山企业的主管部门对矿山安全工作行使下列管理职责：

（一）检查矿山企业贯彻执行矿山安全法律、法规的情况；

（二）审查批准矿山建设工程安全设施的设计；

（三）负责矿山建设工程安全设施的竣工验收；

（四）组织矿长和矿山企业安全工作人员的培训工作；

（五）调查和处理重大矿山事故；

（六）法律、行政法规规定的其他管理职责。

5. 矿山安全违法行为所应承担的法律责任

《矿山安全法》明确了矿山企业法律责任、矿山事故法律责任（包括违章指挥、强令冒险作业的事故责任、事故隐患不采取措施的事故责任）、矿山安全监管人员法律责任。

6. 矿山安全违法行为行政处罚的决定机关

（1）安全生产监督管理部门

《矿山安全法》规定由县级以上劳动行政主管部门决定的行政处罚，应由县级以上人民政府负责安全生产监督管理的部门决定。

（2）管理矿山企业的主管部门

《矿山安全法》规定由县级以上人民政府管理矿山企业的主管部门决定的行政处罚，按照现行职责分工由有关主管部门决定。

（五）中华人民共和国职业病防治法

2011年12月31日第十一届全国人民代表大会常务委员会第二十四次会议通过《关于修改〈中华人民共和国职业病防治法〉的决定》，新法于2011年12月31日起施行。为了预防、控制和消除职业病危害，防治职业病，保护劳动者健康及其相关权益，促进经济社会发展，根据宪法，制定本法。

1. 职业病范围

《中华人民共和国职业病防治法》（以下称《职业病防治法》）规定，职业病是指企业、事业单位和个体经济组织等用人单位的劳动者在职业活动中，因接触粉尘、放射性物质和其他有毒、有害因素而引起的疾病。职业病的分类和目录由国务院卫生行政部门会同国务院安全生产监督管理部门、劳动保障行政部门制定、调整并公布。

2. 用人单位在职业病防治方面的职责和职业病前期预防的规定

（1）用人单位在职业病防治方面的职责

1）职业卫生保护

用人单位应当为劳动者创造符合国家职业卫生标准和卫生要求的工作环境和条件，并采取措施保障劳动者获得职业卫生保护。

2）职业病防治责任制

第五条　用人单位应当建立、健全职业病防治责任制，加强对职业病防治的管理，提高职业病防治水平，对本单位产生的职业病危害承担责任。

第七条　用人单位必须依法参加工伤保险。

（2）职业病的前期预防

1）工作场所的职业卫生要求

第十五条　产生职业病危害的用人单位的设立除应当符合法律、行政法规规定的设立条件外，其工作场所还应当符合下列职业卫生要求：

（一）职业病危害因素的强度或者浓度符合国家职业卫生标准；

（二）有与职业病危害防护相适应的设施；

（三）生产布局合理，符合有害与无害作业分开的原则；

（四）有配套的更衣间、洗浴间、孕妇休息间等卫生设施；

（五）设备、工具、用具等设施符合保护劳动者生理、心理健康的要求；

（六）法律、行政法规和国务院卫生行政部门、安全生产监督管理部门关于保护劳动者健康的其他要求。

2）职业病危害项目申报

第十六条　用人单位工作场所存在职业病目录所列职业病的危害因素的，应当及时、如实向所在地安全生产监督管理部门申报危害项目，接受监督。

3）建设项目职业病危害预评价

第十七条　新建、扩建、改建建设项目和技术改造、技术引进项目（以下统称建设项目）可能产生职业病危害的，建设单位在可行性论证阶段应当向安全生产监督管理部门提交职业病危害预评价报告。安全生产监督管理部门应当自收到职业病危害预评价报告之日起三十日内，作出审核决定并书面通知建设单位。未提交预评价报告或者预评价报告未经安全生产监督管理部门审核同意的，有关部门不得批准该建设项目。

职业病危害预评价报告应当对建设项目可能产生的职业病危害因素及其对工作场所和劳动者健康的影响作出评价，确定危害类别和职业病防护措施。

4）职业病危害设施防护

第十八条　建设项目的职业病防护设施所需费用应当纳入建设项目工程预算，并与主体工程同时设计、同时施工、同时投入生产和使用。职业病危害严重的建设项目的防护设施设计，应当经安全生产监督管理部门审查，符合国家职业卫生标准和卫生要求的，方可施工。建设项目在竣工验收前，建设单位应当进行职业病危害控制效果评价。建设项目竣工验收时，其职业病防护设施经安全生产监督管理部门验收合格后，方可投入正式生产和使用。

5）职业卫生技术服务机构

第十九条　职业病危害预评价、职业病危害控制效果评价由依法设立的取得国务院安全生产监督管理部门或者设区的市级以上地方人民政府安全生产监督管理部门按照职责分工给予资质认可的职业卫生技术服务机构进行。职业卫生技术服务机构所作评价应当客观、真实。

3. 生产过程中职业病的防护与管理、职业病诊断与职业病病人保障的规定

（1）用人单位职业病防治措施

第二十一条　用人单位应当采取下列职业病防治管理措施：

（一）设置或者指定职业卫生管理机构或者组织，配备专职或者兼职的职业卫生管理人员，负责本单位的职业病防治工作；

（二）制定职业病防治计划和实施方案；

（三）建立、健全职业卫生管理制度和操作规程；

（四）建立、健全职业卫生档案和劳动者健康监护档案；

（五）建立、健全工作场所职业病危害因素监测及评价制度；

（六）建立、健全职业病危害事故应急救援预案。

（2）用人单位职业病管理

1）职业危害公告和警示

第二十五条　产生职业病危害的用人单位，应当在醒目位置设置公告栏，公布有关职业病防治的规章制度、操作规程、职业病危害事故应急救援措施和工作场所职业病危害因素检测结果。对产生严重职业病危害的作业岗位，应当在其醒目位置，设置警示标识和中文警示说明。警示说明应当载明产生职业病危害的种类、后果、预防以及应急救治措施等内容。

第二十六条　对可能发生急性职业损伤的有毒、有害工作场所，用人单位应当设置报警装置，配置现场急救用品、冲洗设备、应急撤离通道和必要的泄险区。对放射工作场所和放射性同位素的运输、储存，用人单位必须配置防护设备和报警装置，保证接触放射线的工作人员佩戴个人剂量计。对职业病防护设备、应急救援设施和个人使用的职业病防护用品，用人单位应当进行经常性的维护、检修，定期检测其性能和效果，确保其处于正常状态，不得擅自拆除或者停止使用。

2）劳动合同的职业危害内容

第三十四条　用人单位与劳动者订立劳动合同（含聘用合同，下同）时，应当将工作过程中可能产生的职业病危害及其后果、职业病防护措施和待遇等如实告知劳动者，并在劳动合同中写明，不得隐瞒或者欺骗。

劳动者在已订立劳动合同期间因工作岗位或者工作内容变更，从事与所订立劳动合同中未告知的存在职业病危害的作业时，用人单位应当依照前款规定，向劳动者履行如实告知的义务，并协商变更原劳动合同相关条款。

用人单位违反前两款规定的，劳动者有权拒绝从事存在职业病危害的作业，用人单位不得因此解除与劳动者所订立的劳动合同。

3）急性职业病危害事故

第三十八条　发生或者可能发生急性职业病危害事故时，用人单位应当立即采取应急救援和控制措施，并及时报告所在地安全生产监督管理部门和有关部门。安全生产监督管理部门接到报告后，应当及时会同有关部门组织调查处理；必要时，可以采取临时控制措施。卫生行政部门应当组织做好医疗救治工作。对遭受或者可能遭受急性职业病危害的劳动者，用人单位应当及时组织救治、进行健康检查和医学观察，所需费用由用人单位承担。

（3）职业病防治违法行为应负的法律责任

1）建设单位的法律责任

第七十条　建设单位违反本法有关规定的行为，由安全生产监督管理部门给予警告，责令限期改正；逾期不改正的，处十万元以上五十万元以下的罚款；情节严重的，责令停止产生职业病危害的作业，或者提请有关人民政府按照国务院规定的权限责令停建、关闭的行政处罚。

2）用人单位的法律责任

用人单位违反《职业病防治法》规定，由安全生产监督管理部门给予警告，责令限期改正，逾期不改正的，处五万元以上二十万元以下的罚款；情节严重的，责令停止产生职业病危害的作业，或者提请有关人民政府按照国务院规定的权限责令关闭。

3）职业卫生技术服务机构的法律责任

从事职业卫生技术服务的机构和承担职业健康检查、职业病诊断的医疗卫生机构违反《职业病防治法》规定，由安全生产监督管理部门和卫生行政部门依据职责分工责令立即停止违法行为，给予警告，没收违法所得；违法所得五千元以上的，并处违法所得二倍以上五倍以下的罚款；没有违法所得或者违法所得不足五千元的，并处五千元以上二万元以下的罚款；情节严重的，由原认可或者批准机关取消其相应的资格；对直接负责的主管人员和其他直接责任人员，依法给予降级、撤职或者开除的处分；构成犯罪的，依法追究刑事责任。

（六）中华人民共和国消防法

《中华人民共和国消防法》（以下简称《消防法》）自 2009 年 5 月 1 日起施行。立法目的是为了预防火灾和减少火灾危害，保护公民人身、公共财产和公民财产的安全，维护公共安全，保障社会主义现代化建设顺利进行。

1. 火灾预防、消防组织、灭火救援的法律规定

（1）消防规划

地方各级人民政府应当将包括消防安全布局、消防站、消防供水、消防通信、消防车通道、消防装备等内容的消防规划纳入城乡规划，并负责组织实施。

（2）安全设置

生产、储存、经营易燃易爆危险品的场所不得与居住场所设置在同一建筑物内，并当与居住场所保持安全距离。生产、储存、经营其他物品的场所与所设置在同一建筑物内的，应当符合国家工程建设消防技术标准。生产、储存、装卸易燃易爆危险品的工厂、仓

库和专用车站、码头的设置，应当符合消防技术标准。易燃易爆气体和液体的充装站、供应站、调压站，应当设置在符合消防安全要求的位置，并符合防火防爆要求。已经设置的生产、储存、装卸易燃易爆危险品的工厂仓库和专用车站、码头，易燃易爆气体和液体的充装站、供应站、调压站，不符合本法第二十二条第1款规定的，地方人民政府应当组织、协调有关部门、单位限期解决，消除安全隐患。

（3）建设工程的消防安全

建设工程的消防设计、施工必须符合国家工程建设消防技术标准。建设、设计、施工、工程监理等单位依法对建设工程的消防设计、施工质量负责。国务院公安部门规定的大型人员密集场所和其他特殊建设工程，建设单位应当将消防设计文件报送公安消防机构审核。公安消防机构依法对审核结果负责。

按照国家工程建设消防技术标准需要进行消防设计的建设工程竣工，依照规定进行消防验收、备案。

《消防法》第十一条规定的建设工程，建设单位应该向公安机关消防机构申请消防验收。其他建设工程，建设单位在验收后应当报公安机关消防机构备案，公安机关消防机构应当进行抽查。

（4）公共聚集场所和群众性活动的消防安全

公共聚集场所在投入使用、营业前，建设单位或者使用单位应当向场所所在地的县级以上人民政府公安机关消防机构申请消防安全检查。公安机关消防机构应当自受理申请之日起十个工作日内，根据消防技术标准和管理规定，对该场所进行消防安全检查。未经消防安全检查或者经检查不符合消防安全要求的，不得投入使用、营业。

（5）有关单位的消防安全职责

机关、团体、企事业等单位应该按照要求履行相应的消防安全职责。

（6）消防安全重点单位的安全管理

县级以上地方人民政府公安机关消防机构应当将发生火灾可能性较大以及发生火灾能造成重大人身伤亡或者财产损失的单位，确定为本行政区域内的消防安全重点单位，并由公安机关报本级人民政府备案。消防安全重点单位除应当履行《消防法》第十六条规定的职责外，还应当履行其他相应的消防安全职责。

（7）消防安全的监督检查

地方各级人民政府应当落实消防工作责任制，对本级人民政府有关部门履行消防安全职责的情况进行监督检查。县级以上人民政府有关部门应当根据本系统的特点，有针对性地开展消防安全检查，及时督促整改火灾隐患。公安机关消防机构应当对机关、团体、企业、事业等单位遵守消防法律、法规的情况依法进行监督检查。

2. 消防安全违法行为应负的法律责任

《消防法》对建设工程和公众聚集场所消防安全违法行为的法律责任、建筑物构件和建筑材料不符合标准的法律责任、生产、储存、经营易燃易爆危险品的场所与居住场所设置不符合标准的法律责任、作业场所及公共场所消防安全违法行为的法律责任、消防设施不符合消防技术标准和管理规定的法律责任、生产、销售、使用不合格的消防产品、消防安全重点单位的法律责任、消防技术服务机构出具虚假文件的法律责任、公安消防机构工作人员的法律责任进行了规定。

3. 消防安全违法行为行政处罚的裁决机关

（1）公安消防机构

《消防法》所规定的行政处罚，除其另有规定的外，均由公安机关消防机构决定，其中拘留处罚由县级以上公安机关依照《中华人民共和国治安管理处罚法》的有关规定决定。公安机关消防机构需要传唤消防安全违法行为人的，依照《中华人民共和国治安管理处罚法》的有关规定执行。

（2）公安机关

有下列行为之一的，公安机关依照《中华人民共和国治安管理处罚法》的规定做出处罚。

1）违反有关消防技术标准和管理规定生产、储存、运输、销售、使用、销毁易燃易爆危险品的。

2）非法携带易燃易爆危险品进入公共场所或者乘坐公共交通工具的。

3）谎报火警的。

4）阻碍消防车、消防艇执行任务的。

5）阻碍公安机关消防机构的工作人员依法执行职务的。

（七）中华人民共和国突发事件应对法

《中华人民共和国突发事件应对法》（以下简称《突发事件应对法》）自 2007 年 11 月 1 日起施行。立法目的是为了预防和减少突发事件的发生，控制、减轻和消除突发事件引起的严重社会危害，规范突发事件应对活动，保护人民生命财产安全，维护国家安全、公共安全、环境安全和社会秩序。

1. 突发事件的分级

突发事件是指突然发生，造成或者可能造成严重社会危害，需要采取应急处置措施予以应对的自然灾害、事故灾难、公共卫生事件和社会安全事件。按照社会危害程度、影响范围等因素，自然灾害、事故灾难、公共卫生事件分为特别重大、重大、较大和一般四级。法律、行政法规或者国务院另有规定的，从其规定。突发事件的分级标准由国务院或者国务院确定的部门制定。

2. 突发事件的应对

县级人民政府对本行政区域内突发事件的应对工作负责；涉及两个以上行政区域的，由有关行政区域共同的上一级人民政府负责，或者由各有关行政区域的上一级人民政府共同负责。

3. 预防与应急准备

所有单位应当建立健全安全管理制度，定期检查本单位各项安全防范措施的落实情况，及时消除事故隐患；掌握并及时处理本单位存在的可能引发社会安全事件的问题，防止矛盾激化和事态扩大；对本单位可能发生的突发事件和采取安全防范措施的情况，应当按照规定及时向所在地人民政府或者人民政府有关部门报告。

矿山、建筑施工单位和易燃易爆物品、危险化学品、放射性物品等危险物品的生产、经营、使用单位，应当制定具体应急预案，并对生产经营场所、有危险物品的建筑物、构筑物及周边环境开展隐患排查，及时采取措施消除隐患，防止发生突发事件。

公共交通工具、公共场所和其他人员密集场所的经营单位或者管理单位应当制定具体应急预案，为交通工具和有关场所配备报警装置和必要的应急救援设备、设施，注明其使用方法，并显著标明安全撤离的通道、路线，保证安全通道、出口的畅通。

国家建立健全应急物资储备保障制度，完善重要应急物资的监管、生产、储备、调拨和紧急配送体系。设区的市级以上人民政府和突发事件易发、多发地区的县级人民政府应当建立应急救援物资、生活必需品和应急处置装备的储备制度。县级以上地方各级人民政府应当根据本地区的实际情况，与有关企业签订协议，保障应急救援物资、生活必需品和应急处置装置的生产、供给。

4. 应急处置与救援措施

《突发事件应对法》对自然灾害、事故灾难或者公共卫生事件的应急处置、社会安全事件的应急处置和救援措施进行了规定。

5. 事后恢复与重建

《突发事件应对法》对突发事件停止后的工作和受突发事件影响地区人民政府的职责进行了规定。

6. 违反《突发事件应对法》规定的法律责任

《突发事件应对法》对违反法律规定的政府及相关责任人员的法律责任、有关单位违反规定的法律责任、编造并传播突发事件信息及明知虚假信息予以传播的法律责任进行规定。

7. 宣布进入紧急状态

发生特别重大突发事件，对人民生命财产安全、国家安全、公共安全、环境安全或者社会秩序构成重大威胁，采取《突发事件应对法》和其他有关法律、法规、规章规定的应急处置措施不能消除或者有效控制、减轻其严重社会危害，需要进入紧急状态的，由全国人民代表大会常务委员会或者国务院依照宪法和其他有关法律规定的权限和程序决定。

二、安全评价相关行政法规

安全评价相关行政法规包括《煤矿安全监察条例》、《危险化学品安全管理条例》、《安全生产许可证条例》、《工伤保险条例》、《建设工程安全生产管理条例》、《特种设备安全监察条例》、《国务院关于特大安全事故行政责任追究的规定》等。

（一）煤矿安全监察条例

《煤矿安全监察条例》的立法目的是为了保障煤矿安全，规范煤矿安全监察工作，保护煤矿职工人身安全和身体健康。

1. 煤矿安全监察机构及其职责

（1）煤矿安全监察机构的设置及其法律地位

1）煤矿安全监察机构的设置

第八条 煤矿安全监察机构是指国家煤矿安全监察机构和省、自治区、直辖市设立的煤矿安全监察机构（以下简称"地区煤矿安全监察机构"）及其在大中型矿区设立的煤矿安全监察办事处。

第四十九条 未设立地区煤矿安全监察机构的省、自治区、直辖市，省、自治区直辖市人民政府可以指定有关部门依照本条例的规定对本行政区域内的煤矿实施安全监察。

2）煤矿安全监察机构的法律地位

《煤矿安全监察条例》明确规定，国家对煤矿安全实行监察制度。国务院决定设立的煤矿安全监察机构按照国务院规定的职责，依照规定实施安全监察。地方人民政府应当加强煤矿安全管理工作，支持和协助煤矿安全监察机构依法对煤矿实施安全监察。煤矿安全监察机构应当及时向有关地方人民政府通报煤矿安全监察的有关情况，并可以提出加强和改善煤矿安全管理的建议。煤矿安全监察机构依法行使职权，不受任何组织和个人的非法干涉。煤矿及其有关人员必须接受并配合煤矿安全监察人员依法实施的安全监察，不得拒绝、阻挠。

（2）煤矿安全监察机构职责

依照《煤矿安全监察条例》的规定，煤矿安全监察机构的职责包括行政处罚权、安全检查权、建议报告权和事故调查处理权。

2. 煤矿安全监察员的职权

（1）煤矿安全监员资格条件

第十条　煤矿安全监察机构应当设煤矿安全监察员。煤矿安全监察员应当公道、正派、熟悉煤矿安全法律、法规和规章，具有影响的专业知识，并经考试录用。

（2）煤矿安全监察员的职权

《煤矿安全监察条例》和《煤矿安全监察员管理暂行办法》中对煤矿安全监察员依法履行的职责进行了规定。

3. 煤矿安全监察的基本内容

煤矿安全监察的内容是实施煤矿安全监察的重要事项，《煤矿安全监察条例》对此作出了以下七个方面的规定。

（1）煤矿安全生产责任制

煤矿安全监察机构发现煤矿未依法建立安全生产责任制的，有权责令限期整改。

（2）矿长安全任职资格

煤矿安全监察机构发现煤矿矿长不具备安全专业知识的，有权责令限期改正。

（3）安全技术措施费的提取和使用

煤矿安全监察机构对煤矿安全技术措施专项费用的提取和使用情况进行监督，对未依法提取或者使用的，应当责令限期改正。

（4）安全设施设计审查

煤矿建设工程设计必须符合煤矿安全规程和行业技术规范的要求。煤矿建设工程安全设施设计必须经煤矿安全监察机构审查同意；未经审查同意的，不得施工。煤矿安全监察机构审查煤矿建设工程安全设施设计，应当自收到申请审查的设计资料之日起30日内审查完毕，签署同意或者不同意的意见，并书面答复。

（5）安全设施验收和安全条件审查

煤矿建设工程竣工后或者投产前，应当经煤矿安全监察机构对其安全设施和条件进行验收；未经验收或者验收不合格的，不得投入生产。煤矿安全监察机构对建设工程安全设施和条件进行验收，应当自收到申请验收文件之日起30日内验收完毕，签署合格或者不合格意见并书面答复。

（6）作业现场检查和复查

煤矿安全监察机构对作业现场的安全设施和条件进行检查。按照《煤矿安全监察条例》的规定责令煤矿限期解决事故隐患、限期改正影响煤矿安全的违法行为或者限期使安全设施和条件达到要求的，应当在限期届满时及时对煤矿执行情况进行复查并签署复查意见；经有关煤矿申请，也可以在限期内进行复查并签署复查意见。

煤矿安全监察机构及其煤矿安全监察人员依照《煤矿安全监察条例》的规定责令煤矿立即停止作业，责令立即停止使用不符合国家安全标准或者行业安全标准的设备、器材、仪表、防护用品，或者责令关闭矿井的，应当对煤矿的执行情况随时进行检查。

（7）专用设备

煤矿安全监察机构发现煤矿矿井使用的设备、器材、仪器、仪表、防护用品不符合国家安全标准或者行业安全标准的，应当责令限期改正。

4. 煤矿事故调查处理的规定

（1）煤矿安全监察机构负责组织调查处理

煤矿发生伤亡事故的，由煤矿安全监察机构负责组织调查处理。

（2）事故调查程序和处理方法

煤矿安全监察机构组织调查处理事故，应当依照国家规定的事故调查程序和处理方法进行。

5. 煤矿安全违法行为应负的法律责任

《煤矿安全监察条例》中对煤矿安全违法行为应负的法律责任进行了规定：吊销采矿许可证和煤炭生产许可证；吊销营业执照；矿长、特种作业人员无证上岗的处罚；拒绝检查、提供虚假情况和隐瞒事故隐患的处罚；妨碍事故调查处理的处罚；安全监察人员违法行政处罚。

（二）危险化学品安全管理条例

为了加强危险化学品的安全管理，预防和减少危险化学品事故，保障人民群众生命财产安全，保护环境，制定《危险化学品安全管理条例》。

1. 对危险化学品安全管理的基本要求

（1）适用范围

危险化学品生产、储存、使用、经营和运输的安全管理，适用本条例。废弃危险化学品的处置，依照有关环境保护的法律、行政法规和国家有关规定执行。

（2）危险化学品单位安全责任

生产、储存、使用、经营、运输危险化学品的单位（以下统称危险化学品单位）的主要负责人对本单位的危险化学品安全管理工作全面负责。

危险化学品单位应当具备法律、行政法规规定和国家标准、行业标准要求的安全条件，建立、健全安全管理规章制度和岗位安全责任制度，对从业人员进行安全教育、法制教育和岗位技术培训。从业人员应当接受教育和培训，考核合格后上岗作业；对有资格要求的岗位，应当配备依法取得相应资格的人员。

（3）危险化学品监督管理部门职责

危险化学品生产、储存、使用、经营、运输实施安全监督管理的有关部门（以下统称负有危险化学品安全监督管理职责的部门）履行职责：

1）安全生产监督管理部门负责危险化学品安全监督管理综合工作，组织确定、公布、调整危险化学品目录，对新建、改建、扩建生产、储存危险化学品（包括使用长输管道输送危险化学品，下同）的建设项目进行安全条件审查，核发危险化学品安全生产许可证、危险化学品安全使用许可证和危险化学品经营许可证，并负责危险化学品登记工作。

2）公安机关负责危险化学品的公共安全管理，核发剧毒化学品购买许可证、剧毒化学品道路运输通行证，并负责危险化学品运输车辆的道路交通安全管理。

3）质量监督检验检疫部门负责核发危险化学品及其包装物、容器（不包括储存危险化学品的固定式大型储罐，下同）生产企业的工业产品生产许可证，并依法对其产品质量实施监督，负责对进出口危险化学品及其包装实施检验。

4）环境保护主管部门负责废弃危险化学品处置的监督管理，组织危险化学品的环境危害性鉴定和环境风险程度评估，确定实施重点环境管理的危险化学品，负责危险化学品环境管理登记和新化学物质环境管理登记；依照职责分工调查相关危险化学品环境污染事故和生态破坏事件，负责危险化学品事故现场的应急环境监测。

5）交通运输主管部门负责危险化学品道路运输、水路运输的许可以及运输工具的安全管理，对危险化学品水路运输安全实施监督，负责危险化学品道路运输企业、水路运输企业驾驶人员、船员、装卸管理人员、押运人员、申报人员、集装箱装箱现场检查员的资格认定。铁路主管部门负责危险化学品铁路运输的安全管理，负责危险化学品铁路运输承运人、托运人的资质审批及其运输工具的安全管理。民用航空主管部门负责危险化学品航空运输以及航空运输企业及其运输工具的安全管理。

6）卫生主管部门负责危险化学品毒性鉴定的管理，负责组织、协调危险化学品事故受伤人员的医疗卫生救援工作。

7）工商行政管理部门依据有关部门的许可证件，核发危险化学品生产、储存、经营、运输企业营业执照，查处危险化学品经营企业违法采购危险化学品的行为。

8）邮政管理部门负责依法查处寄递危险化学品的行为。

（4）危险化学品监督管理部门的日常监督检查权

负有危险化学品安全监督管理职责的部门依法进行监督检查，可以采取下列措施：

1）进入危险化学品作业场所实施现场检查，向有关单位和人员了解情况，查阅、复制有关文件、资料；

2）发现危险化学品事故隐患，责令立即消除或者限期消除；

3）对不符合法律、行政法规、规章规定或者国家标准、行业标准要求的设施、设备、装置、器材、运输工具，责令立即停止使用；

4）经本部门主要负责人批准，查封违法生产、储存、使用、经营危险化学品的场所，扣押违法生产、储存、使用、经营、运输的危险化学品以及用于违法生产、使用、运输危险化学品的原材料、设备、运输工具；

5）发现影响危险化学品安全的违法行为，当场予以纠正或者责令限期改正。

负有危险化学品安全监督管理职责的部门依法进行监督检查，监督检查人员不得少于2人，并应当出示执法证件；有关单位和个人对依法进行的监督检查应当予以配合，不得拒绝、阻碍。

2. 危险化学品生产和储存过程中的安全管理

（1）危险化学品生产与储存的规划与审批

国家对危险化学品的生产、储存实行统筹规划、合理布局。

国务院工业和信息化主管部门以及国务院其他有关部门依据各自职责，负责危险化学品生产、储存的行业规划和布局。

地方人民政府组织编制城乡规划，应当根据本地区的实际情况，按照确保安全的原则，规划适当区域专门用于危险化学品的生产、储存。

（2）生产装置和储存设施的选址

危险化学品生产装置或者储存数量构成重大危险源的危险化学品储存设施（运输工具加油站、加气站除外），与下列场所、设施、区域的距离应当符合国家有关规定：

1）居住区以及商业中心、公园等人员密集场所；

2）学校、医院、影剧院、体育场（馆）等公共设施；

3）饮用水源、水厂以及水源保护区；

4）车站、码头（依法经许可从事危险化学品装卸作业的除外）、机场以及通信干线、通信枢纽、铁路线路、道路交通干线、水路交通干线、地铁风亭以及地铁站出入口；

5）基本农田保护区、基本草原、畜禽遗传资源保护区、畜禽规模化养殖场（养殖小区）、渔业水域以及种子、种畜禽、水产苗种生产基地；

6）河流、湖泊、风景名胜区、自然保护区；

7）军事禁区、军事管理区；

8）法律、行政法规规定的其他场所、设施、区域。

已建的危险化学品生产装置或者储存数量构成重大危险源的危险化学品储存设施不符合上述规定的，由所在地设区的市级人民政府安全生产监督管理部门会同有关部门监督其所属单位在规定期限内进行整改；需要转产、停产、搬迁、关闭的，由本级人民政府决定并组织实施。

储存数量构成重大危险源的危险化学品储存设施的选址，应当避开地震活动断层和容易发生洪灾、地质灾害的区域。

（三）安全生产许可证条例

1. 安全生产许可证制度的适用范围

（1）空间范围

《安全生产许可证条例》的适用范围涵盖了在我国国家主权所及范围内从事矿产资源开发、建筑施工和危险化学品、烟花爆竹、民用爆炸物品生产等活动。

（2）时间范围

《安全生产许可证条例》第二十二条规定："本条例施行前已经进行生产的企业，应当自本条例施行之日起1年内，依照本条例的规定向安全生产许可证颁发管理机关申请办理安全生产许可证；逾期不办理安全生产许可证，或者经审查不符合本条例规定的安全生产条件，未取得安全生产许可证，继续进行生产的，依照本条例第十九条的规定处罚。"该条规定说明《安全生产许可证条例》对其生效之前的企业，也是适用的。

（3）主体及其行为范围

《安全生产许可证条例》对人的效力范围包括从事矿产资源开发、建筑施工和危险化学品、烟花爆竹、民用爆炸物品生产等活动的自然人，又包括法人和非企业法人单位。凡在中华人民共和国领域内从事矿产资源开发、建筑施工和危险化学品、烟花爆竹、民用爆炸物品生产等活动的所有企业法人、非企业法人单位和中国人、外籍人、无国籍人，不论其是否领取安全生产许可证，不论其所有制性质和生产方式如何，都要遵守《安全生产许可证条例》的各项规定。

2. 取得安全生产许可证的条件

（1）三类企业

所谓三类企业是指《安全生产法》重点规范的三类危险性较大的高危生产企业，即矿山企业、建筑施工企业和危险物品生产企业。《安全生产许可证条例》将法律所指的三类企业分为六种，矿山企业分为煤矿企业和非煤矿矿山企业两种，危险物品生产企业分为危险化学品生产企业、烟花爆竹生产企业和民用爆炸物品生产企业三种，加上建筑施工企业共六种。《安全生产许可证条例》规定三类六种生产（施工）企业必须具备法定的安全生产条件，依法申请领取安全生产许可证，方可从事生产建设活动。

（2）三类企业均应具备的基本安全生产条件

三类高危企业虽然各具特点，但都具有危险性较大的共性。《安全生产许可证条例》第六条规定的企业应当具备的安全生产条件，不是高危生产企业应当具备的全部安全生产条件，而是从有关安全生产法律、行政法规中概括出来的基本安全生产条件，这些条件是企业必须具备的共同安全生产条件。

《安全生产许可证条例》第六条规定：企业取得安全生产许可证，应当具备下列安全生产条件：

1）建立、健全安全生产责任制，制定完备的安全生产规章制度和操作规程；

2）安全投入符合安全生产要求；

3）设置安全生产管理机构，配备专职安全生产管理人员；

4）主要负责人和安全生产管理人员经考核合格；

5）特种作业人员经有关业务主管部门考核合格，取得特种作业操作资格证书；

6）从业人员经安全生产教育和培训合格；

7）依法参加工伤保险，为从业人员缴纳保险费；

8）厂房、作业场所和安全设施、设备、工艺符合有关安全生产法律、法规、标准和规程的要求；

9）有职业危害防治措施，并为从业人员配备符合国家标准或者行业标准的劳动防护用品；

10）依法进行安全评价；

11）有重大危险源检测、评估、监控措施和应急预案；

12）有生产安全事故应急救援预案、应急救援组织或者应急救援人员，配备必要的应急救援器材、设备；

13）法律、法规规定的其他条件。

3. 安全生产许可监督管理的规定

实行安全生产许可制度，必须建立相应的安全生产许可证颁发管理体制，确定安全生产许可证颁发管理的行政机关。《安全生产许可证条例》从实际出发，根据不同情况规定了安全生产许可证颁发管理机关的级别及其权限。

（1）煤矿企业安全生产许可证的颁发和管理

《安全生产许可证条例》第三条规定，国家煤矿安全监察机构负责中央管理的煤矿企业安全生产许可证的颁发和管理。在省、自治区、直辖市设立的煤矿安全监察机构负责中央管理的煤矿企业以外的其他煤矿企业安全生产许可证的颁发和管理，并接受国家煤矿安全监察机构的指导和监督。

（2）非煤矿矿山企业和危险化学品、烟花爆竹生产企业安全生产许可证的颁发和管理

《安全生产许可证条例》第三条规定，国务院安全生产监督管理部门负责中央管理的非煤矿矿山企业和危险化学品、烟花爆竹生产企业安全生产许可证的颁发和管理。省、自治区、直辖市人民政府安全生产监督管理部门负责中央管理的非煤矿矿山企业和危险化学品、烟花爆竹生产企业以外的非煤矿矿山企业和危险化学品、烟花爆竹生产企业安全生产许可证的颁发和管理。

（3）建筑施工企业安全生产许可证的颁发和管理

《安全生产许可证条例》第四条规定，省、自治区、直辖市人民政府建设主管部门负责建筑施工企业安全生产许可证的颁发和管理，并接受国务院建设主管部门的指导和监督。

（4）民用爆炸物品生产企业安全生产许可证的颁布和管理

《安全生产许可证条例》第五条规定，省、自治区、直辖市人民政府民用爆炸物品行业主管部门负责民用爆破器材生产企业安全生产许可证的颁发和管理，并接受国务院民用爆炸物品行业主管部门的指导和监督。

4. 安全生产许可违法行为应负的法律责任

《安全生产许可证条例》关于法律责任追究的规定，涵盖了对安全生产许可违法行为实施法律责任追究的原则、违法行为的界定、行政处罚和刑事处罚等方面的内容。

（四）工伤保险条例

为了保障因工作遭受事故伤害或者患职业病的职工获得医疗救治和经济补偿，促进工伤预防和职业康复，分散用人单位的工伤风险，制定本条例。

1. 工伤保险适用范围

第二条 中华人民共和国境内的企业、事业单位、社会团体、民办非企业单位、基金会、律师事务所、会计师事务所等组织和有雇工的个体工商户（以下称用人单位）应当依照本条例规定参加工伤保险，为本单位全部职工或者雇工（以下称职工）缴纳工伤保险费。

2. 工伤和劳动能力鉴定的规定

（1）工伤范围

第十四条 职工有下列情形之一的，应当认定为工伤：

（一）在工作时间和工作场所内，因工作原因受到事故伤害的；

（二）工作时间前后在工作场所内，从事与工作有关的预备性或者收尾性工作受到事故伤害的；

（三）在工作时间和工作场所内，因履行工作职责受到暴力等意外伤害的；

（四）患职业病的；

（五）因工外出期间，由于工作原因受到伤害或者发生事故下落不明的；

（六）在上下班途中，受到非本人主要责任的交通事故或者城市轨道交通、客运轮渡、火车事故伤害的；

（七）法律、行政法规规定应当认定为工伤的其他情形。

（2）视同工伤

第十五条　职工有下列情形之一的，视同工伤：

（一）在工作时间和工作岗位，突发疾病死亡或者在48小时之内经抢救无效死亡的；

（二）在抢险救灾等维护国家利益、公共利益活动中受到伤害的；

（三）职工原在军队服役，因战、因公负伤致残，已取得革命伤残军人证，到用人单位后旧伤复发的。

职工有前款第（一）项、第（二）项情形的，按照本条例的有关规定享受工伤保险待遇；职工有前款第（三）项情形的，按照本条例的有关规定享受除一次性伤残补助金以外的工伤保险待遇。

职工符合本条例第十四条、第十五条的规定，但是有下列情形之一的，不得认定为工伤或者视同工伤：

（一）故意犯罪的；

（二）醉酒或者吸毒的；

（三）自残或者自杀的。

（3）工伤认定申请

本条例规定了工伤保险申请时限、时效、申请责任和工伤认定需要提交的申请材料。

（4）劳动能力鉴定

《工伤保险条例》第二十一条规定，职工发生工伤，经治疗伤情相对稳定后存在残疾、影响劳动能力的，应当进行劳动能力鉴定。劳动功能障碍分为10个伤残等级，鉴定标准由国务院劳动保障行政部门会同国务院卫生行政部门制定。

3. 工伤保险违法行为应负的法律责任

《工伤保险条例》对挪用工伤保险基金的法律责任、社会保险行政部门工作人员的法律责任、经办机构的法律责任、用人单位的法律责任、劳动能力鉴定组织和人员的法律责任进行了规定。

（五）建设工程安全生产管理条例

为了加强建设工程安全生产监督管理，保障人民群众生命和财产安全，根据《中华人民共和国建筑法》、《中华人民共和国安全生产法》，制定本条例。

1. 建设单位的安全责任

《建设工程安全生产管理条例》规定了建设单位的安全责任：建设单位应当如实向施工单位提供有关施工资料；建设单位不得向有关单位提出非法要求，不得压缩合同工期；必须保证必要的安全投入；不得明示或者暗示施工单位购买不符合安全要求的设备、设施、器材和用具；开工前报送有关安全施工措施的资料；关于拆除工程的特殊规定。

2. 相关单位的安全责任

《建设工程安全生产管理条例》规定了勘察单位的安全责任、设计单位的安全责任、工程监理单位的安全责任和有关单位的安全责任。

3. 施工单位的安全责任

《建设工程安全生产管理条例》对施工单位的市场准入、施工单位的安全生产行为规范和安全生产条件以及施工单位主要负责人、项目负责人、安全管理人员和作业人员的安全职责，作出了明确规定。

（1）施工单位的安全资质

《建筑法》第二十六条规定，承包建筑工程的单位应当持有依法取得的资质证书，并在其资质等级许可的业务范围内承揽工程。禁止建筑施工企业超越本企业资质等级许可的业务范围或者以任何形式用其他施工企业的名义承揽工程。禁止施工企业以任何形式允许其他单位或者个人使用本企业的资质证书、营业执照，以本企业的名义承揽工程。

《建设工程安全生产管理条例》根据法律规定，对施工单位的安全资质作出了进一步的规定。施工单位从事建设工程的新建、扩建、改建和拆除等活动，应当具备国家规定的注册资本、专业技术人员、技术装备和安全生产等条件，依法取得相应等级的资质证书，并在其资质等级许可的范围内承揽工程。

（2）主要负责人和项目负责人的安全施工责任

《建设工程安全生产管理条例》第二十一条规定，施工单位主要负责人依法对本单位的安全生产工作全面负责。施工单位应当建立健全安全生产责任制度和安全生产教育培训制度，制定安全生产规章制度和操作规程，保证本单位安全生产条件所需资金的投入，对所承担的建设工程进行定期和专项安全检查，并做好安全检查记录。

施工单位的项目负责人应当由取得相应执业资格的人员担任，对建设工程项目的安全施工负责，落实安全生产责任制度、安全生产规章制度和操作规程，确保安全生产费用的有效使用，并根据工程的特点组织制定安全施工措施，消除安全事故隐患，及时、如实报告生产安全事故。

（3）安全管理机构和安全管理人员的配备

《安全生产法》第二十一条第一款规定，矿山、金属冶炼、建筑施工、道路运输单位和危险物品的生产、经营、储存单位，应当设置安全生产管理机构或者配备专职安全生产管理人员。

专职安全生产管理人员负责对安全生产进行现场监督检查。发现安全事故隐患，应当及时向项目负责人和安全生产管理机构报告；对违章指挥、违章操作的，应当立即制止。专职安全生产管理人员的配备办法由国务院建设行政主管部门会同国务院其他有关部门制定。

（4）总承包单位与分包单位的安全管理

《建设工程安全生产管理条例》第二十四条规定，建设工程实行施工总承包的，由总承包单位对施工现场的安全生产负总责。总承包单位应当自行完成建设工程主体结构的施工。总承包单位依法将建设工程分包给其他单位的，分包合同中应当明确各自的安全生产方面的权利、义务。总承包单位和分包单位对分包工程的安全生产承担连带责任。分包单位应当服从总承包单位的安全生产管理，分包单位不服从管理导致生产安全事故的，由分包单位承担主要责任。

（5）特种作业人员的资格管理

《建设工程安全生产管理条例》第二十五条规定，垂直运输机械作业人员、安装拆卸工、爆破作业人员、起重信号工、登高架设作业人员等特种作业人员，必须按照国家有关规定经过专门的安全作业培训，并取得特种作业操作资格证书后，方可上岗作业。

（6）安全警示标志和危险部位的安全防护措施

施工单位应当在施工现场入口处、施工起重机械、临时用电设施、脚手架、出入通道口、楼梯口、电梯井口、孔洞口、桥梁口、隧道口、基坑边沿、爆破物及有害危险气体和液体存放处等危险部位，设置明显的安全警示标志。安全警示标志必须符合国家标准。施工单位应当根据不同施工阶段和周围环境及季节、气候的变化，在施工现场采取相应的安全施工措施。施工现场暂时停止施工的，施工单位应当做好现场防护，所需费用由责任方承担，或者按照合同约定执行。

（7）施工现场的安全管理

《建设工程安全生产管理条例》第三十条至三十五条包括下列内容：

1）毗邻建筑物、构筑物和地下管线、现场围栏的安全管理；

2）现场消防安全管理；

3）保障施工人员的人身安全；

4）施工人员的安全生产义务；

5）施工现场安全防护用具、机械设备、施工机具和配件的管理；

6）起重机械、脚手架、模板等设施的验收、检验和备案。

（8）人身意外伤害保险

《建筑法》第四十八条规定，建筑施工企业必须为从事危险作业的职工办理意外伤害保险，并支付保险费。《建设工程安全生产管理条例》第三十八条规定，施工单位应当为施工现场从事危险作业的人员办理意外伤害保险。意外伤害保险费由施工单位支付。实行施工总承包的，由总承包单位支付意外伤害保险费。意外伤害保险期限自建设工程开工之日起至竣工验收合格止。

4. 建设工程安全生产违法行为应负的法律责任

《建设工程安全生产管理条例》明确了建设工程安全生产违法行为的责任主体、对建设工程安全生产违法行为的责任主体实施行政处罚的种类以及行政处罚的实施。

5. 建设工程安全生产监督管理的规定

（1）建筑施工安全生产的监督管理职责划分

1）建设施工的综合监督管理

《建设工程安全生产管理条例》第三十九条规定，国务院负责安全生产监督管理的部门依照《中华人民共和国安全生产法》的规定，对全国建设工程安全生产工作实施综合监督管理。县级以上地方人民政府负责安全生产监督管理的部门依照《中华人民共和国安全生产法》的规定，对本行政区域内建设工程安全生产工作实施综合监督管理。

2）建设施工的专项监督管理

《建设工程安全生产管理条例》第四十条规定，国务院建设行政主管部门对全国的建设工程安全生产实施监督管理。国务院铁路、交通、水利等有关部门按照国务院规定的职责分工，负责有关专业建设工程安全生产的监督管理。县级以上地方人民政府建设行政主管部门对本行政区域内的建设工程安全生产实施监督管理。县级以上地方人民政府交通、水利等有关部门在各自的职责范围内，负责本行政区域内的专业建设工程安全生产的监督管理。

（2）建设施工许可

《建设工程安全生产管理条例》第四十二条规定，建设行政主管部门在审核发放施工许可证时，应当对建设工程是否有安全施工措施进行审查，对没有安全施工措施的，不得颁发施工许可证。建设行政主管部门或者其他有关部门对建设工程是否有安全施工措施进行审查时，不得收取费用。

（3）日常监督检查措施

《建设工程安全生产管理条例》第四十三条规定，县级以上人民政府负有建设工程安全生产监督管理职责的部门在各自的职责范围内履行安全监督检查职责时，有权采取下列措施：

1）要求被检查单位提供有关建设工程安全生产的文件和资料；

2）进入被检查单位施工现场进行检查；

3）纠正施工中违反安全生产要求的行为；

4）对检查中发现的安全事故隐患，责令立即排除；重大安全事故隐患排除前或者排除过程中无法保证安全的，责令从危险区域内撤出作业人员或者暂时停止施工。

（六）国务院关于特大安全事故行政责任追究的规定

《国务院关于特大安全事故行政责任追究的规定》（以下简称《事故行政责任追究规定》）是我国第一部专门规范各级人民政府和有关部门安全事故行政责任追究的行政法规。这部行政法规的核心是建立了事故行政责任追究法律制度。

《事故行政责任追究规定》对安全生产行政责任的责任主体、特大安全事故行政责任追究的事故种类、特大安全事故的具体标准、追究行政审批和监督管理有关部门及其负责人的行政责任、追究行政责任和刑事责任进行了明确规定。

（七）生产安全事故报告和调查处理条例

为了规范生产安全事故的报告和调查处理，落实生产安全事故责任追究制度，防止和减少生产安全事故，制定《生产安全事故报告和调查处理条例》。

（1）关于生产安全事故报告和调查处理的基本内容

对《生产安全事故报告和调查处理条例》的适用范围、事故等级划分、事故应报告的内容、发生事故后各相关部门的职责作出了明确规定。

（2）事故调查、事故报告及事故处理的相关规定

对各级事故的调查机关、事故调查组的组成、事故调查组的职责、事故调查报告的内容、事故处理的批复期限作了规定。

（3）事故单位、人民政府及各职责部门违法行为的法律责任

对事故发生单位主要负责人违法行为的法律责任、事故发生单位及其有关人员违法行为的法律责任、事故发生单位对事故发生负有责任的法律责任、人民政府、安全生产监督管理部门和负有安全生产监督管理职责的有关部门违法行为的法律责任作出了明确规定。

三、安全评价相关标准

标准虽然没有纳入法的范畴，但在安全生产工作中起着十分重要的作用。法定的安全标准是我国安全生产法律体系的重要组成部分。根据《标准化法》的规定，标准分为国家标准、行业标准、地方标准和企业标准。国家标准又分为强制性标准和推荐标准。安全标

准主要指国家标准和行业标准，大部分是强制性标准。

安全评价所依据的标准众多，不同行业涉及不同的标准，与安全评价相关的安全标准有：

（一）煤矿安全生产标准体系

煤矿安全综合管理标准体系即煤矿企业必须遵守国家和煤矿主要部门有关安全生产的法律、规定、条例、规程和标准等，它是规范煤矿安全技术与管理行为的法规文献。井下开采煤矿安全生产标准系统包括建井安全、开采安全、瓦斯防治、粉尘防治、矿井通风、火灾防治、水害防治、机械安全、电气安全、爆破安全、矿山救援 11 个领域的安全标准。其中每一个专业领域的标准仍分为管理标准、技术标准和产品标准。露天开采安全标准系统包括露天开采安全标准、边坡稳定安全标准、露天机电安全标准 3 个领域安全标准。其中每一个专业领域的标准仍分为管理标准、技术标准和产品标准等。

（二）非煤矿山安全生产标准体系

非煤矿山安全生产标准体系包括固体矿山、石油天然气、冶金、建材、有色等多个领域，是一个多层次、多组合的标准体系。从标准内容上讲，标准体系包括非煤矿山安全生产方面的基础标准、管理标准、技术标准、方法标准和产品标准等。

（三）危险化学品安全生产标准体系

危险化学品安全生产标准体系包括通用基础安全生产标准、安全技术标准和安全管理标准。通用基础安全生产标准主要包括危险化学品分类、标识等。安全技术标准包括安全设计和建设标准、生产企业安全距离标准、生产安全标准、运输安全标准、储存和安装安全标准、作业和检修标准、使用安全标准等。安全管理标准主要包括生产企业安全管理、应急救援预案管理、重大危险源安全监控、职业危害防护配备管理等标准。

（四）烟花爆竹安全生产标准体系

烟花爆竹安全生产标准体系包括基础标准、管理标准、原辅材料使用标准、生产作业场所标准、生产技术工艺标准和生产设备设施标准等。基础标准主要包括烟花爆竹工程设计安全规范（如《烟花爆竹工厂设计安全规范》GB 50161）、烟花爆竹安全生产术语（如《烟花爆竹安全与质量》GB 10631）等。管理标准主要包括烟花爆竹企业安全评价导则、烟花爆竹储存条件、烟花爆竹装卸作业规范等。原辅材料使用标准主要包括烟花爆竹烟火药安全性能检测要求（如《烟花爆竹抽样检查检验标准》GB/T 10632）、烟花爆竹烟火药相容性要求等。生产作业场所标准主要包括烟花爆竹工程设计安全审查规范、烟花爆竹工程竣工验收规范。生产技术工艺标准主要包括烟花爆竹烟火药使用安全规范（如《烟花爆竹劳动安全技术规程》GB 11652）等。生产设备设施标准主要包括烟花爆竹机械设备通用技术要求等。

（五）职业危害安全标准系统

在职业危害和卫生方面有关的国家标准有：《工业企业卫生设计标准》、《体力劳动强度分级》、《作业场所呼吸性粉尘卫生标准》、《职业性接触毒物危害程度分级》等。煤炭行业制定的有关职业危害安全和卫生方面的标准有：《煤工尘肺病 X 射线诊断标准》、《煤矿井下工人滑囊炎诊断标准》、《煤中铀的测定和个体防护标准》等。

（六）个体防护装备安全生产标准体系

个体防护装备安全生产标准体系主要包括头部防护装备、听力防护装备、眼面部防护装备、呼吸防护装备、服装防护装备、手部防护装备、足部防护装备、皮肤防护装备和坠落防护装备 9 个部分。

四、安全评价导则

为了规范安全评价行为，确保安全评价的科学性、公正性和严肃性，国家安全生产监督管理部门制定发布了安全评价通则、各类安全评价导则及主要行业部门的安全评价导则。通则和导则为安全评价活动规定了基本原则、目的、要求、程序和方法，是安全评价工作必须遵循的指南。我国安全评价规范体系包括安全评价通则、各类安全评价导则及行业评价导则和各类安全评价细则。

（一）安全评价通则

安全评价通则是规范安全评价工作的总纲，是安全评价的总体指南。《安全评价通则》AQ 8001—2007 规定了安全评价工作的基本原则、目的、要求、程序和方法，对安全评价进行了分类和定义，对安全评价的内容、程序以及安全评价报告评审与管理程序作了原则性的说明，对安全评价导则和细则的规范对象作了原则性的规定，但这些原则性规定在具体实施时需要更详细的规范支持。

（二）安全评价导则

安全评价导则是根据安全评价通则的总体要求制定的，是安全评价通则总体指南的具体化和细化。导则使细化后的规范更具有可依据性和可实施性，为安全评价提供了易于遵循的规定。

1. 各类安全评价导则

各类安全评价导则是根据安全评价通则制定的，采用的格式和提出的基本要求是一致的。如《安全预评价导则》AQ 8002—2007 和《安全验收评价导则》AQ 8003—2007，其内容主要包括：适用范围、评价目的和基本原则、定义、评价内容、评价程序、评价报告主要内容、要求和格式、附件（评价所需主要资料清单、常用评价方法、评价报告封面格式、著录格式等）。

由于不同类型安全评价的评价对象不同，因此，导则在安全评价有关细节上各有针对自己情况的具体要求，这些具体要求的差异特别体现在定义、评价内容、评价程序、报告主要内容等方面。

2. 行业安全评价导则

由于不同行业的工艺、设备等各有自己的特点，也有各自不同的安全风险，因此行业安全评价导则在遵循安全评价通则总体要求和框架的基础上，在各类安全评价细节上突出各自的行业特点和要求，如煤矿安全评价导则、非煤矿山安全评价导则、陆上石油和天然气开采业安全评价导则、水库大坝安全评价导则等。这些导则为做好该行业的安全评价提供了适用指南，提供了更符合本行业特点的规范依据。

（三）安全评价细则

安全评价细则是依据安全评价导则的基本要求，为了实施特定领域的安全评价而制定的具体措施和办法。如《危险化学品建设项目安全评价细则（试行）》、《烟花爆竹经营企业安全评价细则（试行）》等。

思 考 题

1. 试分析我国安全生产法律、法规体系。
2. 安全评价的依据有哪些?
3. 如何理解安全评价的公正性原则?
4. 惯性原理对安全评价有哪些指导意义?
5. 《中华人民共和国安全生产法》对安全评价作了哪些规定?

第三章 危险有害因素辨识与评价单元划分

安全评价是为了找出生产工艺、设备及公用工程等方面存在的危险因素及可能导致的后果，制定出消除和控制危险的措施，预防或降低事故对人与财产造成的损失。因此，全面、正确地辨识危险有害因素是安全评价的关键。

第一节 危险有害因素定义及产生

一、危险有害因素定义

危险有害因素指可对人造成伤亡、影响人的身体健康甚至导致疾病的因素。危险有害因素可以拆分为危险因素和有害因素。

1. 危险因素：能对人造成伤亡或对物造成突发性损害的因素。
2. 有害因素：能影响人的身体健康，导致疾病，或对物造成慢性损害的因素。

通常情况下，对两者并不加以区分而统称为危险有害因素。

二、危险有害因素产生的原因

危险有害因素尽管表现形式不同，但从本质上讲，之所以能造成危险和有害后果（如发生伤亡事故、损害人身健康和造成物的损坏等），均可归结为客观存在的有害物质或超过临界值的能量意外释放。

（一）有害物质和能量的存在

有害物质是指在一定条件下能损伤人体的生理机能和正常代谢功能，破坏设备和物品的物质，比如腐蚀性物质、有毒气体、粉尘等。能量就是做功的能力。它既可以造福人类，也可能造成人员伤亡和财产损失。一切产生、供给能量的能源和能量的载体在一定条件下（超过临界值），都可能是危险有害因素。

有害物质和能量的存在是危险有害因素产生的根源，也是事故发生的根本原因。系统存在的有害物质的数量越多、具有的能量越大，系统的潜在危险性和危害性也越大。如果消除某种有害物质和能量，由此导致的事故就不会发生，可以实现真正的本质安全。但是，只要进行生产活动，就需要相应的物质（包括有害物质）和能量，因此生产活动中的危险有害因素是客观存在的，是不能完全消除的。

（二）人、机、环境和管理的缺陷

人、机、环境和管理的缺陷可能导致生产过程中的物质（包括有害物质）和能量失去控制，超越人们设置的约束或限制而意外地逸出或释放，进而发生事故。

如某施工工地高处有一工件，其具有一定的势能，属于危险有害因素，使工件停留在

高处的载体就是防护措施，对事故起着屏蔽作用，若被风吹下来或者被人不小心碰下来，此时风或人就是人、机、环境和管理的缺陷，若工件掉下来砸到地面人员，则发生了物体打击事故。

从上例可以看出，物质和能量的存在是事故发生的前提条件，人、机、环境和管理缺陷是物质和能量意外释放造成事故的触发条件。

1. 人的因素。人的因素是指在生产活动中，来自人员自身或人为性质的危险有害因素。人的因素实际就是"人的不安全行为"，主要指人的失误所产生不良后果的行为（即职工在劳动过程中违反劳动纪律、操作程序和方法等具有危险性的做法）。人员失误在生产过程中是不可避免的，它具有随机性和偶然性，往往是不可预测的意外行为，但发生人员失误的规律和失误率通过大量的观测、统计和分析是可以预测的。

由于不正确态度、技能或知识不足、健康或生理状态不佳和劳动条件（设施条件、工作环境、劳动强度和工作时间）影响造成的不安全行为，各国根据以往的事故分析、统计资料将某些类型的行为归纳为"人的不安全行为"。

生产过程中人的不安全行为有：误合开关使检修中的线路或电气设备带电、使检修中的设备意外启动；未经检测或忽视警告标志，不配戴呼吸器等护具进入缺氧作业、有毒作业场所；注意力不集中、反应釜压力越限时开错阀门使有害气体泄漏，汽车起重机吊装作业时吊臂误触高压线；不按规定穿戴工作服（帽）使头发或衣袖卷入运动工件；吊索具选用不当、吊重绑挂方式不当，使钢丝绳断裂、吊重失稳坠落等，这些都是人员失误形成的危险有害因素。

2. 物的因素。物的因素是指机械、设备、设施、材料等方面存在的危险有害因素。物的因素，实际就是"物的不安全状态"，主要指设备的故障，就是设备、元件等在运行过程中由于性能低下而不能实现预定功能的现象。在生产过程中故障的发生是不可避免的，迟早都会发生；故障的发生具有随机性、渐近性或突发性，故障的发生是一种随机事件。造成故障发生的原因很复杂（认识程度、设计、制造、磨损、疲劳、老化、检查和维修保养、人员失误、环境、其他系统的影响等），但故障发生的规律是可循的，通过定期检查、维修保养和分析总结可使多数故障在预定期间内得到控制（避免或减少）。物的不安全状态这类危险有害因素主要体现在防护、保险、信号等装置缺乏或有缺陷和设备（设施、工具、附件）有缺陷两方面。

生产过程中常见的物的不安全状态有：电气设备绝缘损坏、保护装置失效造成漏电伤人，短路保护装置失效造成变配电系统的破坏；控制系统失灵使化学反应装置压力升高，泄压安全装置故障使压力进一步上升，导致压力容器破裂、有毒物质泄漏散发或爆炸危险气体泄漏爆炸，造成巨大的伤亡和财产损失；管道阀门破裂、通风装置故障使有毒气体浸入作业人员呼吸道；超载限制或起升限位安全装置失效使钢丝绳断裂、重物坠落，围栏缺损、安全带及安全网质量低劣为高处坠落事故提供了条件。

3. 环境因素。环境因素是指生产作业环境中的危险有害因素。如作业场所狭窄、屋基沉降、采光不良、气温湿度、自然灾害、风量不足、缺氧、有害气体超限、建筑物结构不良、地下火、地下水等都是由于环境因素引起的危险有害因素。

4. 管理因素。管理因素是指管理和管理责任缺失所导致的危险有害因素，主要从职业安全健康的组织机构、责任制、管理规章制度、投入、职业健康管理等方面考虑。安全管理是为保证及时、有效地实现既定的安全目标，在预测、分析的基础上进行的计划、组织、协调、检查等工作，它是预防故障和人员失误发生的有效手段。

第二节 危险有害因素的分类

对危险有害因素分类便于安全评价时进行危险有害因素的分析与识别。安全评价中常按"导致事故的直接原因"和"参照事故类别、职业病类别"进行分类。

一、按导致事故和职业危害的直接原因分类

根据《生产过程危险和有害因素分类与代码》GB/T 13861—2009 的规定，将生产过程中的危险和有害因素分为四大类：人的因素、物的因素、环境因素和管理因素，并确定了代码。危险有害因素的分类，对于指导和规范行业在规划、设计和组织生产，对危险有害因素预测、预防，对伤亡事故原因的辨识和分析具有重要意义。危险有害因素分类代码用 6 位数字表示，共分四层，第一、二层分别用一位数字表示大类、中类；第三、四层分别用两位数字表示小类、细类。

【例 3-1】对某企业进行安全现状评价时进行现场勘查发现如下问题：（1）厂区有些建筑物之间的防火间距小于设计标准；（2）某设备表面有尖角利棱；（3）某作业部位受眩光影响；（4）地面沉降使固定式槽罐倾斜；（5）高处作业人员体格健康检查报告中发现有一名低血压患者；（6）本企业从未进行安全预评价和安全验收评价。

问题：根据《生产过程危险和有害因素分类与代码》GB/T 13861—2009，列出危险有害因素的名称、分类和代码，并说明理由。

答：按照 GB/T 13861—2009，将危险有害因素分类、代码及理由列于表 3-1。

危险有害因素分类与代码 表 3-1

序号	存在的问题	危险有害因素分类			理由
		名称	分类	代码	
1	厂区有些建筑物之间的防火间距小于设计标准	防护距离不够	第二类物的因素	210205	机械、电气、防火、防爆等安全距离不够
2	某设备表面有尖角利棱	外形缺陷	第二类物的因素	210107	设备设施表面存在尖角利棱和不应有的凸凹部分
3	某作业部位受眩光影响	有害光照	第二类物的因素	2114	存在直射光、反射光、眩光、频闪效应
4	地面沉降使固定式槽罐倾斜	作业场地基础下沉	第三类环境因素	3211	室外作业场地环境不良
5	高处作业人员体格健康检查报告中发现有一名低血压患者	从事禁忌作业	第一类人的因素	1103	低血压患者不得从事登高作业
6	本企业从未进行安全预评价和安全验收评价	建设项目"三同时"制度未落实	第四类管理因素	4301	安全预评价与同时设计相关；安全验收评价与同时投入生产和使用相关

二、参照事故类别、职业病类别分类

除了以导致事故和职业危害的直接原因进行危险有害因素辨识之外，还可以利用事故类别和职业危害分类来进行危险有害因素辨识。

（一）参照企业职工伤亡事故分类

参照《企业职工伤亡事故分类》GB 6441—1986，综合考虑起因物、引起事故的诱导性原因、致害物、伤害方式等，将危险有害因素分为20类。

1. 物体打击

物体在重力或其他外力的作用下产生运动，打击人体造成人身伤亡事故，如落物、滚石、砸伤等。不包括因机械设备、车辆、起重机械、坍塌等引发的物体打击。

2. 车辆伤害

企业机动车辆在行驶中引起的人体坠落和物体倒塌、下落、挤压伤亡事故。不包括起重设备提升、牵引车辆和车辆停驶时引发的事故。

3. 机械伤害

机械设备运动（静止）部件、工具、加工件直接与人体接触引起的夹击、碰撞、剪切、卷入、绞、碾、割、刺等伤害。不包括车辆、起重机械引起的机械伤害。

4. 起重伤害

各种起重作业（包括起重机安装、检修、试验）中发生的挤压、坠落、（吊具、吊重）物体打击和触电。

5. 触电

电流流过人体或人与带电体间发生放电引起的伤害，包括雷击伤亡事故。

6. 淹溺

水大量经口、鼻进入肺内，导致呼吸道阻塞，发生急性缺氧而窒息死亡的事故，包括高处坠落淹溺，不包括矿山、井下透水淹溺。

7. 灼烫

火焰烧伤、高温物体烫伤、化学灼伤（酸、碱、盐、有机物引起的体内外灼伤）、物理灼伤（光、放射性物质引起的体内外灼伤）。不包括电灼伤和火灾引起的烧伤。

8. 火灾

火灾引起的烧伤、窒息、中毒等伤害。

9. 高处坠落

在高处作业发生坠落造成的伤亡事故，包括由高处落地和由平地落入地坑。不包括触电坠落事故。

10. 坍塌

物体在外力或重力作用下，超过自身的强度极限或因结构稳定性破坏而造成的事故，如挖沟时的土石塌方、脚手架坍塌、堆置物倒塌等；不包括矿山冒顶、片帮和车辆、起重机械、爆破引起的坍塌。

11. 冒顶片帮

矿井工作面、巷道侧壁支护不当或压力过大造成的顶板冒落、侧壁垮塌事故。

12. 透水

从事矿山、地下开采或其他坑道作业时，因涌水造成的伤害。其中不包括地面水害事故。

13. 爆破

由爆破作业引起的伤害，包括因爆破引起的中毒（在 GB 644—1986 中为"放炮"，"放炮"在《煤炭科技名词》中已规范为"爆破"）。

14. 火药爆炸

指火药、炸药及其制品在生产、加工、运输、储存中发生的爆炸事故。

15. 瓦斯爆炸

可燃性气体瓦斯、煤尘与空气混合形成的混合物的爆炸。

16. 锅炉爆炸

适用于工作压力在 0.07MPa 以上、以水为介质的蒸汽锅炉的爆炸。

17. 容器爆炸

压力容器破裂引起的气体爆炸（物理性爆炸）以及容器内盛装的可燃性液化气体在容器破裂后立即蒸发，与周围的空气混合形成爆炸性气体混合物遇到火源时产生的化学爆炸。

18. 其他爆炸

可燃性气体、蒸汽、粉尘等与空气混合形成爆炸性混合物的爆炸，如炉膛、钢水包、亚麻粉尘等爆炸。

19. 中毒和窒息

职业性毒物进入人体引起的急性中毒事故，或缺氧窒息性伤害。

20. 其他伤害

上述范围之外的伤害事故，如扭伤、非机动车碰撞轧伤、滑倒碰倒、非高处作业跌落损伤等。

【例 3-2】 某机械加工企业的主要生产设备为金属切削机床，包括车床、铣床、磨床、钻床、冲床、剪床等，车间还安装了 3t 桥式起重机，配备了 2 辆叉车。该公司事故统计资料显示某一年内发生冲床断指的事故共有 14 起。

问题：根据《企业职工伤亡事故分类》对该企业的危险有害因素进行辨识，并说明产生危险有害因素的原因。

答：根据《企业职工伤亡事故分类》，该企业存在危险有害因素和产生原因列于表3-2。

危险有害因素类别及其产生原因　　　　　　　　　　　　　　　　　　表 3-2

序号	危险有害因素	产生原因
1	机械伤害	机械设备旋转部位（齿轮、联轴节、工具、工件等）无防护设施或防护装置失效，人员操作失误或操作不当等可能导致发生咬、绞、切等伤害；机械设备之间的距离或设备活动机件与墙、柱的距离过小，活动机件运动时造成人员挤压；冲剪压作业时由于防护装置失灵、人手误入冲剪压区等造成伤手事故；机械设备上的尖角、锐边等可能引起划伤
2	物体打击	由于机械设备防护不到位，工件装夹不牢固，操作失误等造成工件、工具或零部件飞出伤人

序号	危险有害因素	产生原因
3	起重伤害	由于起重设备质量缺陷、安全装置失灵、操作失误、管理缺陷等因素均可发生起重机械伤害事故
4	车辆伤害	由于场内叉车引起的事故
5	高处坠落	由于从事高处作业可能引起事故
6	触电	由于设备漏电，未采取必要的安全技术措施（如保护接零、漏电保护、安全电压、等电位联结等），或安全措施失效，操作人员的操作失误或违章作业等可能导致人员触电
7	火灾	机械设备使用的润滑油属于易燃物品，在有外界火源作用下可能会引起火灾；由于电气设备出现故障、电线绝缘老化、电气设备检查维护不到位等还可能引起电气火灾

（二）参照职业病类别

职业病类别以《职业病分类和目录》为依据，共 10 类 132 种职业病。

1. **职业性尘肺病及其他呼吸系统疾病（19 种）**

（1）尘肺病　包括：矽肺；煤工尘肺；石墨尘肺；炭黑尘肺；石棉肺；滑石尘肺；水泥尘肺；云母尘肺；陶工尘肺；铝尘肺；电焊工尘肺；铸工尘肺；根据《尘肺病诊断标准》和《尘肺病理诊断标准》可以诊断的其他尘肺病。

（2）其他呼吸系统疾病　包括：过敏性肺炎；棉尘病；哮喘；金属及其化合物粉尘肺沉着病（锡、铁、锑、钡及其化合物等）；刺激性化学物所致慢性阻塞性肺疾病；硬金属肺病。

2. **职业性皮肤病（9 种）**

包括：接触性皮炎；光接触性皮炎；电光性皮炎；黑变病；痤疮；溃疡；化学性皮肤灼伤；白斑；根据《职业性皮肤病的诊断总则》可以诊断的其他职业性皮肤病。

3. **职业性眼病（3 种）**

包括：化学性眼部灼伤；电光性眼炎；白内障（含放射性白内障、三硝基甲苯白内障）。

4. **职业性耳鼻喉口腔疾病（4 种）**

包括：噪声聋；铬鼻病；牙酸蚀病；爆震聋。

5. **职业性化学中毒（60 种）**

包括：铅及其化合物中毒（不包括四乙基铅）；汞及其化合物中毒；锰及其化合物中毒；镉及其化合物中毒；铍病；铊及其化合物中毒；钡及其化合物中毒；钒及其化合物中毒；磷及其化合物中毒；砷及其化合物中毒；铀及其化合物中毒；砷化氢中毒；氯气中毒；二氧化硫中毒；光气中毒；氨中毒；偏二甲基肼中毒；氮氧化合物中毒；一氧化碳中毒；二硫化碳中毒；硫化氢中毒；磷化氢、磷化锌、磷化铝中毒；氟及其无机化合物中毒；氰及腈类化合物中毒；四乙基铅中毒；有机锡中毒；羰基镍中毒；苯中毒；甲苯中毒；二甲苯中毒；正己烷中毒；汽油中毒；一甲胺中毒；有机氟聚合物单体及其热裂解物中毒；二氯乙烷中毒；四氯化碳中毒；氯乙烯中毒；三氯乙烯中毒；氯丙烯中毒；氯丁二烯中毒；苯的氨基及硝基化合物（不包括三硝基甲苯）中毒；三硝基甲苯中毒；甲醇中毒；酚中毒；五氯酚（钠）中毒；甲醛中毒；硫酸二甲酯中毒；丙烯酰胺中毒；二甲基甲酰胺中毒；有机磷中毒；氨基甲酸酯类中毒；杀虫脒中毒；溴甲烷中毒；拟除虫菊酯类中毒；铟及其化合物中毒；溴丙烷中毒；碘甲烷中毒；氯乙酸中毒；环氧乙烷中毒；上述条目未提及的与职业有害因素接触之间存在直接因果联系的其他化学中毒。

6. 物理因素所致职业病（7 种）

包括：中暑；减压病；高原病；航空病；手臂振动病；激光所致眼（角膜、晶状体、视网膜）损伤；冻伤。

7. 职业性放射性疾病（11 种）

包括：外照射急性放射病；外照射亚急性放射病；外照射慢性放射病；内照射放射病；放射性皮肤疾病；放射性肿瘤（含矿工高氡暴露所致肺癌）；放射性骨损伤；放射性甲状腺疾病；放射性性腺疾病；放射复合伤；根据《职业性放射性疾病诊断标准（总则）》可以诊断的其他放射性损伤。

8. 职业性传染病（5 种）

包括：炭疽；森林脑炎；布鲁氏菌病；艾滋病（限于医疗卫生人员及人民警察）；莱姆病。

9. 职业性肿瘤（11 种）

包括：石棉所致肺癌、间皮瘤；联苯胺所致膀胱癌；苯所致白血病；氯甲醚、双氯甲醚所致肺癌；砷及其化合物所致肺癌、皮肤癌；氯乙烯所致肝血管肉瘤；焦炉逸散物所致肺癌；六价铬化合物所致肺癌；毛沸石所致肺癌、胸膜间皮瘤；焦油、煤焦油沥青、石油沥青所致皮肤癌；β-萘胺所致膀胱癌。

10. 其他职业病（3 种）

包括：金属烟热；滑囊炎（限于井下工人）；股静脉血栓综合征、股动脉闭塞症或淋巴管闭塞症（限于刮研作业人员）。

第三节　危险有害因素辨识

一、危险有害因素辨识原则和方法

(一) 危险有害因素辨识原则

1. 科学性

危险有害因素的辨识是分辨、识别、分析确定系统内存在的危险，而并非研究防止事故发生或控制事故发生的实际措施。它是预测安全状态和事故发生途径的一种手段，这就要求进行危险有害因素识别必须要有科学的安全理论作指导，使之能真正揭示系统安全状况，危险有害因素存在的部位、存在的方式、事故发生的途径及其变化的规律，并予以准确描述，以定性、定量的概念清楚地显示出来，用严密的合乎逻辑的理论予以解释清楚。

2. 系统性

危险有害因素存在于生产活动的各个方面，因此要对系统进行全面、详细地剖析，研究系统和系统及子系统之间的相关和约束关系。分清主要危险有害因素及其相关的危险、有害性。

3. 全面性

识别危险有害因素时不要发生遗漏，以免留下隐患，要从厂址、自然条件、总平面布置、建（构）筑物、工艺过程、生产设备装置、特种设备、公用工程、安全管理系统、设施、制度等各方面进行分析、识别；不仅要分析正常生产运转、操作中存在的危险有害因素还要分析、识别开车、停车、检修、装置受到破坏及操作失误情况下的危险、有害后果。

4. 预测性

对于危险有害因素，还要分析其触发事件，亦即危险有害因素出现的条件或设想的事故模式。

（二）危险有害因素辨识方法

1. 直观经验分析法

（1）对照经验法：对照有关标准、法规、检查表或依靠分析人员的观察分析能力，借助经验和判断能力直接对评价对象的危险有害因素进行分析的方法。

（2）类比推断法：利用相同或相似的工程系统或作业条件的经验和劳动卫生的统计资料来类推、分析评价对象的危险有害因素。

2. 系统安全分析法

应用某些系统安全评价方法进行危险有害因素辨识。系统安全分析方法常用于复杂、没有事故经历的新开发系统，常用的系统安全分析方法有事件树、事故树等。

二、危险有害因素辨识内容

（一）总平面布置及建（构）筑物危险性辨识

1. 厂址

从厂址的工程地质、地形地貌、水文、气象条件、周围环境、交通运输条件、自然灾害、消防支持等方面分析识别。

2. 总平面布置

从功能分区、防火间距和安全间距、风向、建筑物朝向、危险有害物质设施（氧气站、乙炔气站、压缩空气站、锅炉房、液化石油气站等）、道路、储运设施等方面进行分析识别。

3. 道路及运输

从运输、装卸、消防、疏散、人流、物流、平面交叉运输等几方面进行分析识别。

4. 建（构）筑物

从厂房的生产火灾危险性分类、耐火等级、结构、层数、占地面积、防火间距、安全疏散等方面进行分析识别。

从库房储存物品的火灾危险性分类、耐火等级、结构、层数、占地面积、安全疏散、防火间距等方面进行分析识别。

（二）独立生产单元、辅助单元工艺危险性辨识

1. 对新建、改建、扩建项目设计阶段危险有害因素的辨识应从以下 6 方面进行：

（1）对设计阶段是否通过合理的设计，尽可能从根本上消除危险有害因素的发生进行考查。例如是否采用无害化工艺技术，以无害物质代替有害物质并实现过程自动化等，否则就可能存在危险。

（2）当消除危险有害因素有困难时，对是否采取了预防性技术措施来预防或消除危险危害的发生进行考查。例如是否设置安全阀、防爆阀（膜）；是否有有效的泄压面积和可靠的防静电接地、防雷接地、保护接地，漏电保护装置等。

（3）在无法消除危险或危险难以预防的情况下，对是否采取了减少危险危害的措施进行考查。例如是否设置防火堤、涂防火涂料；是否是敞开或半敞开式的厂房；防火间距、通风是否符合国家标准的要求等；是否以低毒物质代替高毒物质；是否采取了减振、消声和降温措施等。

（4）当在无法消除、预防、减弱的情况下，对是否将人员与危险有害因素隔离等进行考查。如是否实行遥控、设隔离操作室、安全防护罩、防护屏、配备劳动保护用品等。

（5）当操作者失误或设备运行达到危险状态时，对是否能通过联锁装置来终止危险、危害的发生进行考查。如锅炉极低水位时停炉连锁和冲剪压设备光电连锁保护等。

（6）在易发生故障和危险性较大的地方，对是否设置了醒目的安全色、安全标志和声、光警示装置等进行考查。如厂内铁路或道路交叉路口、危险品库、易燃易爆物质区等。

2. 对具有行业特征和专业特征的危险有害因素辨识

对安全现状综合评价可针对行业和专业的特点及行业和专业制定的安全标准、规程进行分析识别。

例如原劳动部曾会同有关部委制定了冶金、电子、化学、机械、石油化工、轻工、塑料、纺织、建筑、水泥、制浆造纸、平板玻璃、电力、石棉、核电站等一系列安全规程、规定，评价人员应根据这些规程、规定、要求对被评价对象可能存在的危险有害因素进行分析和识别。

（1）以化工、石油化工为例，工艺过程的危险、有害性识别有以下几种情况：

1）存在不稳定物质的工艺过程，这些不稳定物质有原料、中间产物、副产物品、添加物或杂质等；

2）含有易燃物料且在高温、高压下运行的工艺过程；

3）含有易燃物料且在冷冻状况下运行的工艺过程；

4）在爆炸极限范围内或接近爆炸性混合物的工艺过程；

5）有可能形成尘、雾爆炸性混合物的工艺过程；

6）有剧毒、高毒物料存在的工艺过程；

7）储有压力能量较大的工艺过程。

（2）对于一般的工艺过程也可以按以下原则进行工艺过程的危险、有害性识别。

1）能使危险物的良好防护状态遭到破坏或者损害的工艺；

2）工艺过程参数（如反应的温度、压力、浓度、流量等）难以严格控制并可能引发事故的工艺；

3）工艺过程参数与环境参数具有很大差异，系统内部或者系统与环境之间在能量的控制方面处于严重不平衡状态的工艺；

4）一旦脱离防护状态后的危险物会引起或极易引起大量积聚的工艺和生产环境，例如含危险气、液的排放，尘、毒严重的车间内通风不良等；

5）有产生电气火花、静电危险性或其他明火作业的工艺，或有炽热物、高温熔融物的危险工艺或生产环境；

6）能使设备可靠性降低的工艺过程，如低温、高温、振动和循环负荷疲劳影响等；

7）由于工艺布置不合理较易引发事故的工艺；

8）在危险物生产过程中有强烈机械作用影响（如摩擦、冲击、压缩等）的工艺；

9）容易产生混合危险的工艺或者有使危险物出现配伍禁忌可能性的工艺，详见表3-3～表3-5。

10）其他危险工艺。

混 合 危 险 配 伍   表 3-3

物质 A	物质 B	可能发生的某些现象	物质 A	物质 B	可能发生的某些现象
氧化剂	可燃物	生成爆炸性混合物	亚硝胺	酸	混触发火
氯酸盐	酸	混触发火	过氧化氢溶液	胺类	爆炸
亚氯酸盐	酸	混触发火	醚	空气	生成爆炸性的有机过氧化物
次氯酸盐	酸	混触发火	烯烃	空气	生成爆炸性的有机过氧化物
三氧化铬	可燃物	混触发火	氯酸盐	铵盐	生成爆炸性的铵盐
高锰酸钾	可燃物	混触发火	亚硝酸盐	铵盐	生成不稳定的铵盐
高锰酸钾	浓硫酸	爆炸	氯酸钾	红磷	生成对冲击、摩擦敏感的爆炸物
四氯化铁	碱金属	爆炸	乙炔	铜	生成对冲击、摩擦敏感的铜盐
硝机化合物	碱	生成高感度物质	苦味酸	铅	生成对冲击、摩擦敏感的铅盐
亚硝机化物	碱	生成高感度物质	浓硝酸	胺类	混触发火
碱金属	水	混触发火	过氧化钠	可燃物	混触发火

会发生激烈反应的不相容配伍   表 3-4

物 质 A	物 质 B
醋酸	铬酸、硝酸、含氢氧基的化合物、乙二醇、过氯酸、过氧化物、高锰酸盐
丙酮	浓硝酸和浓硫酸混合物
乙炔	氯、溴、铜、银、氟及汞
碱金属和碱土金属，如钠、钾、锂、镁、钙、铝粉	二氧化碳、四氯化碳及其他烃类氯化物（火场中有物质A时禁用水、泡沫及干粉，可用干砂灭火）
无水的氨	汞氯、次氯酸钙、碘、溴和氟
硝酸铵	酸、金属粉、易燃液体、氯酸盐
苯胺	硝酸、过氧化氢
氧化钙	水
溴	氨、乙炔、丁二烯、丁烷和其他石油气、氢、钠的碳化物、松节油、苯及金属粉屑
活性炭	次氯酸钙

物 质 A	物 质 B
氯酸盐	氨、乙炔
铬酸和三氧化铬	醋酸、萘、樟脑、甘油、松节油、醇及其他易燃液体
氯	氨、乙炔、丁二烯、丁烷和其他石油气、氢、钠的碳化物、松节油、苯及金属粉屑
二氧化氯	氨、甲烷、磷化氢
铜	乙炔、过氧化氢
氟	与每种物品隔离
肼（联氨）	过氧化氢、硝酸、其他氧化剂
烃（苯、丁烷、丙烷、汽油、松节油等）	氟、氯、溴、铬酸、过氧化物
氢氟酸及氟化氢	氨或氨的水溶液
过氧化氢	铜、铬、铁、大多数金属或它们的盐、任何易燃液体、可燃物、苯胺、硝基甲烷
硫化氢	发烟硝酸、氧化性气体
碘	乙炔、氨（无水的或水溶液）
硝基烷烃	无机碱、胺
草酸	银、汞
氧	油、脂、氢、易燃的液体、易燃气体和可硝化物质、纸、硬纸板、破布
过氯酸	酸酐、铋和其合金、醇、纸、木、脂、油
有机过氧化物	酸（有机或无机），避免摩擦，冷藏
黄磷	空气、氧
氯酸钾	酸（同氯酸盐）
过氯酸钾	酸（同过氯酸）
高锰酸钾	甘油、乙二醇、苯甲醛、硫酸
银	乙炔、草酸、酒石酸、雷酸、铵化合物
钠	同碱金属
硝酸钠	硝酸铵及其铵盐
过氧化钠	任何可氧化的物质，如乙醇、甲醇、冰醋酸、酸酐、苯甲醛、二硫化碳、甘油、乙二醇、醋酸乙酯、醋酸甲酯及糠醛
硫酸	氯酸盐、过氯酸盐、高锰酸盐
氢氰酸	硝酸、碱

混合产生有毒物的不相容配伍　　　　　　　　表 3-5

物质A	物质B	产生的有毒物	物质A	物质B	产生的有毒物
含砷化合物	还原剂	砷化三氢	亚硝酸盐	酸	过氧化氢
叠(迭)氮化合物	酸	叠氮化氢	磷	苛性碱或还原剂	磷化氢
氰化物	酸	氰化氢	硒化物	还原剂	硒化氢
硝酸盐	硫酸	二氧化氮	硫化物	酸	硫化氢
次氯酸盐	酸	氯或次氯酸	碲化物	还原剂	碲化氢
硝酸	铜、黄铜、重金属	二氧化氮			

3. 根据典型的单元过程（单元操作）进行危险有害因素的辨识

典型的单元过程是各行业中具有典型特点的基本过程或基本单元，如化工生产过程的氧化还原、硝化、电解、聚合、催化、裂化、氯化、磺化、重氮化、烷基化等；石油化工生产过程的催化裂化、加氢裂化、加氢精制乙烯、氯乙烯、丙烯腈、聚氯乙烯等；电力生产过程的锅炉制粉系统、锅炉燃烧系统、锅炉热力系统、锅炉水处理系统、锅炉压力循环系统、汽轮机系统、发电机系统等。

这些单元过程的危险有害因素已经归纳总结在许多手册、规范、规程和规定中，通过查阅均能得到。这类方法可以使危险有害因素的识别比较系统，避免遗漏。单元操作过程中的危险性是由所处理物料的危险性决定的。

（三）设备设施装置危险性辨识

1. 工艺设备、装置的危险有害因素辨识

设备、装置的危险有害因素辨识主要包括：设备本身是否能满足工艺的要求；标准设备是否由具有生产资质的专业工厂所生产、制造；特种设备的设计、生产、安装、使用是否具有相应的资质或许可证；是否具备相应的安全附件或安全防护装置，如安全阀、压力表、温度计、液压计、阻火器、防爆阀等；是否具备指示性安全技术措施，如超限报警、故障报警、状态异常报警等；是否具备紧急停车的装置；是否具备检修时不能自动投入运行，不能自动反向运转的安全装置。

2. 专业设备的危险有害因素辨识

化工设备的危险有害因素识别主要包括相应设备是否有足够的强度、刚度；密封是否安全可靠；是否有足够的抗高温蠕变性；是否有足够的抗疲劳性；是否有可靠的耐腐蚀性；安全保护装置是否配套。

机械加工设备的危险有害因素识别，可以根据以下的标准、规程进行查对：机械加工设备一般安全要求；磨削机械安全规程；剪切机械安全规程；电机外壳防护等级等。

3. 电气设备的危险有害因素辨识

电气设备的危险有害因素识别应紧密结合工艺的要求和生产环境的状况来进行，一般可考虑从以下几方面进行识别：

（1）电气设备的工作环境是否属于爆炸和火灾危险环境，是否属于粉尘、潮湿或腐蚀环境。在这些环境中工作时，对电气设备的相应要求是否满足。

（2）电气设备是否具有国家指定机构的安全认证标志，特别是防爆电气防爆等级。

（3）电气设备是否为国家颁布的淘汰产品。

（4）用电负荷等级对电力装置的要求。

（5）触电保护、漏电保护、短路保护、过载保护、绝缘、电气隔离、屏护、电气安全距离等是否可靠。

（6）是否根据作业环境和条件选择安全电压，安全电压值和设施是否符合规定。

（7）防静电、防雷击等电气连接措施是否可靠。

（8）管理制度方面的完善程度。

（9）事故状态下的照明、消防、疏散用电及应急措施用电的可靠性。

（10）自动控制系统的可靠性，如不间断电源、冗余装置等。

4. 特种机械的危险有害因素辨识

特种设备是指设计生命安全或危险性较大的锅炉、压力容器（含气瓶）、压力管道、起重机械等。

特种设备的设计、生产、安装、使用应具有相应的资质或许可证，应按相应的规程标准进行识别。如《蒸汽锅炉安全技术监察规程》、《热水锅炉安全技术监察规定》、《起重机械安全规程》以及《特种设备质量监督与安全监察规程》等。

锅炉与压力容器的主要的危险有害因素有：锅炉、压力容器内具有一定温度的带压工作介质、承压元件的失效、安全保护装置失效三类。由于安全防护装置失效或承压元件的失效，使锅炉、压力容器内的工作介质失控，从而导致事故的发生。

常见的锅炉、压力容器失效有泄漏和破裂爆炸。所谓泄漏是指工作介质从承压元件内向外漏出或其他物质由外部进入承压元件内部的现象。如果漏出的物质是易燃、易爆、有毒物质，不仅可以造成热（冷）伤害，还可能引发火灾、爆炸、中毒、腐蚀或环境污染。所谓破裂爆炸是承压元件出现裂缝、开裂或破碎现象。承压元件最常见的破裂形式有韧性破裂、脆性破裂、疲劳破裂、腐蚀破裂和蠕变破裂等。

起重机械主要的危险有害因素有：由于基础不牢、超机械工作能力范围运行和运行时碰到障碍物等原因造成的翻倒；超过工作载荷、超过运行半径等引起的超载；与建筑物、电缆线或其他起重机相撞；设备置放在坑或下水道的上方，支撑架未能伸展，未能支撑于牢固的地面上造成的基础破坏；由于视野限制、技能培训不足等造成的误操作；负载从吊轨或吊索上脱落等。

5. 企业内特种机械的危险有害因素辨识

（1）厂内机动车辆

厂内机动车辆应该制造良好、没有缺陷，载重量、容量及类型应与用途相适应。车辆所使用的动力类型应当是经过检查的，因为作业区域的性质可能决定了应当使用某一特定类型的车辆。在不通风的封闭空间内不宜使用内燃发动机的动力车辆，因为要排出有害气体。车辆应加强维护，以免重要部件（如刹车、方向盘及提升部件）发生故障。任何损坏均需报告并及时修复。操作员的头顶上方应有安全防护措施。应按制造者的要求来使用厂内机动车辆及其附属设备。

厂内机动车辆主要的危险有害因素有：提升重物动作太快，超速驾驶，突然刹车，碰撞障碍物，在已有重物时使用前铲，在车辆前部有重载时下斜坡、横穿斜坡或在斜坡上转弯、卸载，在不适的路面或支撑条件下运行等引起的翻车；超过车辆的最大载荷；与建筑物、管道、堆积物及其他车辆之间的碰撞；在使用车辆时，应查明楼板的承重能力（地面层除外）；如果设备不合适，会造成载荷从叉车上滑落的现象；运载车辆在运送可燃气体时，本身也有可能成为火源；在没有乘椅及相应设施时，不应载有乘员。

（2）传送设备

最常用的传送设备有胶带输送机、滚轴和齿轮传送装置。其主要的危险、有害因素有：肢体被夹入运动的装置中；肢体与运动部件接触而被擦伤；肢体绊卷到机器轮子、带子之中；不正确的操作或者物料高空坠落造成的伤害。

6. 登高装置的危险有害因素辨识

主要的登高装置有梯子、活梯、活动架，脚手架（通用的或塔式的）、吊笼、吊椅、升降工作平台、动力工作平台。其主要的危险有害因素有：登高装置自身结构方面的设计缺陷；支撑基础下沉或毁坏；不恰当地选择了不够安全的作业方法；悬挂系统结构失效；因承载超重而使结构损坏；因安装、检查、维护不当而造成结构失效；因为不平衡造成的结构失效；所选设施的高度及臂长不能满足要求而超限使用；由于使用错误或者理解错误而造成的不稳；负载爬高；攀登方式不对或脚上穿着物不合适、不清洁造成跌落；未经批准使用或更改作业设备；与障碍物或建筑物碰撞；电动、液压系统失效；运动部件卡住。

(四) 作业场所危险性辨识

1. 物质危险有害因素辨识

生产中的原料、材料、半成品、中间产品、副产品以及储运中的物质分别以气、液、固态存在，它们在不同的状态下分别具有相对应的物理、化学性质及危险危害特性。因此，了解并掌握这些物质固有的危险特性是进行危险识别、分析、评价的基础。

危险物品的识别应从其理化性质、稳定性、化学反应活性、燃烧及爆炸特性、毒性及健康危害等方面进行分析与识别。

物质特性可以从危险化学品安全技术说明书中获取，危险化学品安全技术说明书主要由成分/组成信息、危险性概述、理化特性、毒理学资料、稳定性和反应活性等内容构成。

在进行物质的危险有害因素辨识时，应考虑以下问题：

1）危险物料

危险物料主要包括原料、中间产品、产品、废物、事故反应产品、燃烧产品等，分析时考虑：哪些是剧毒物质；哪些是慢性有毒物质、致癌物质、诱导有机体突变的物质或导致胎儿畸形的物质；哪些是易燃物质；哪些是可燃物质；哪些是不稳定、震敏性或自燃性物质；是否形成蒸气云；是否是监控物质。

2）物料的性质

包括物理性质（如沸点、熔点、蒸汽压）；剧毒物质的性质及暴露的极限；慢性有毒物质的性质及暴露极限；反应性质（如不相容或腐蚀性物质、聚合等）；燃烧及爆炸性质（如闪点、自燃温度、爆炸极限等）；物质的反应或分解速度及热效应数据。

3）危险物料可能导致的危险性

急性中毒；火灾；爆炸；化学灼伤及腐蚀。

2. 工业毒物的危险有害因素

工业毒物的危害程度在《职业性接触毒物危害程度分级》GBZ 230—2010 中分为：Ⅰ级-极度危害；Ⅱ级-高度危害；Ⅲ级-中度危害；Ⅳ级-轻度危害。

工业毒物危害程度分级标准是以急性毒性、急性中毒发病情况、慢性中毒患病情况、慢性中毒后果、致癌性和最高容许浓度六项指标为基础的定级标准。

3. 生产性粉尘危险有害因素辨识

如果在粉尘作业环境中长时间吸入粉尘，就会引起肺部组织纤维化、硬化，丧失呼吸功能，导致肺病。尘肺病是无法治愈的职业病；粉尘还会引起刺激性疾病、急性中毒或癌症；爆炸性粉尘在空气中达到一定的浓度（爆炸下限浓度）时，遇火源会发生爆炸。

（1）生产性粉尘主要产生在开采、破碎、粉碎、筛分、包装、配料、混合、搅拌、散粉装卸及输送除尘等生产过程。对其识别应该包括以下内容：根据工艺、设备、物料、操作条件，分析可能产生的粉尘种类和部位；用已经投产的同类生产厂、作业岗位的检测数据或模拟实验测试数据进行类比识别；分析粉尘产生的原因，粉尘扩散传播的途径，作业时间，粉尘特性来确定其危害方式和危害范围。

（2）爆炸性粉尘的危险性主要表现为：与气体爆炸相比，其燃烧速度和爆炸压力均较低，但因其燃烧时间长、产生能量大，所以破坏力和损害程度大；爆炸时粒子一边燃烧一边飞散，可使可燃物局部严重炭化，造成人员严重烧伤；最初的局部爆炸发生之后，会扬起周围的粉尘，继而引起二次爆炸、三次爆炸，扩大伤害；与气体爆炸相比，易于造成不完全燃烧，从而使人发生一氧化碳中毒。

（3）在对爆炸性粉尘识别时，应根据粉尘的化学组成和性质、粉尘粒度和粒度分布、粉尘的形状与表面状态及粉尘中的水分4个形成爆炸性粉尘的必要条件进行。

爆炸性粉尘爆炸的条件为：可燃性和微粉状态；在空气中（或助燃气体）搅拌，悬浮式流动；达到爆炸极限；存在点火源。

4. 工业噪声与振动危险有害因素辨识

噪声能引起职业性噪声聋或引起神经衰弱、心血管疾病及消化系统等疾病的高发，会使操作人员的失误率上升，严重的会导致事故发生。

工业噪声可以分为机械噪声、空气动力性噪声和电磁噪声三类。噪声危害的识别主要根据已掌握的机械设备或作业场所的噪声确定噪声源、声级和频率。

振动危害有全身振动和局部振动，可导致中枢神经、植物神经功能紊乱、血压升高，也会导致设备、部件的损坏。振动危害的识别则应先找出产生振动的设备，然后根据国家标准，参照类比资料确定振动的危害程度。

5. 温度与湿度危险有害因素辨识

高温、高湿环境影响劳动者的体温调节、水盐代谢及循环系统、消化系统、泌尿系统等。当热调节发生障碍时，轻者影响劳动能力，重者可引起别的病变，如中暑。水盐代谢的失衡可导致血液浓缩、尿液浓缩、尿量减少，这样就增加了心脏和肾脏的负担，严重时引起循环衰竭和热痉挛。在比较分析中发现，高温作业工人的高血压发病率较高，而且随着工龄的增加而增加。高温还可以抑制中枢神经系统，使工人在操作过程中注意力分散，肌肉工作能力降低，有导致工伤事故的危险。低温可引起冻伤。

温度、湿度危险、危害的识别应主要从以下几方面进行：了解生产过程的热源、发热量、表面绝热层的有无，表面温度，与操作者的接触距离等情况；是否采取了防灼伤、防暑、防冻措施；是否采取了空调措施；是否采取了通风（包括全面通风和局部通风）换气措施；是否有作业环境温度、湿度的自动调节、控制措施等。

6. 辐射的危险有害因素识别

随着科学技术的进步，在化学反应、金属加工、医疗设备、测量与控制等领域，接触和使用各种辐射能的场合越来越多，存在着一定的辐射危害。辐射主要分为电离辐射（如 α 粒子、β 粒子、γ 粒子和中子、x 粒子）和非电离辐射（如紫外线、射频电磁波、微波等）两类。电离辐射伤害则由 α、β、x、γ 粒子和中子极高剂量的放射性作用所造成。射频辐射危害主要表现为射频致热效应和非致热效应两个方面。

（五）生产、使用与储存危险性辨识

原料、半成品及成品的生产、使用和储存是企业生产不可缺少的环节，这些物质中，有不少是易燃、可燃等危险品，一旦发生事故，必然造成重大的经济损失。

1. 爆炸品危险因素辨识

（1）爆炸品的危险特性

1）敏感易爆性。通常能引起爆炸品爆炸的外界作用有热、机械撞击、摩擦、冲击波、爆轰波、光、电等。爆炸品的起爆能越小，则敏感度越高，其危险性也就越大。

2）遇热危险性。爆炸品遇热达到一定的温度即自行着火爆炸。一般爆炸品的起爆温度较低，如雷汞为 165℃、苦味酸为 200℃。

3）机械作用危险性。爆炸品受到撞击、振动、摩擦等机械作用时就会爆炸着火。

4）静电火花危险。爆炸品是电的不良导体，在包装、运输过程中容易产生静电，一旦发生静电放电会引起爆炸。

5）火灾危险。绝大多数爆炸都伴有燃烧。爆炸时可形成数千度的高温，会造成重大火灾。

6）毒害性。绝大多数爆炸品爆炸时会产生 CO、CO_2、NO、NO_2、HCN、N_2 等有毒或窒息性气体，从而引起人体中毒、窒息。

（2）爆炸品储运危险因素辨识

1）从单个仓库中最大允许储存量的要求进行识别；

2）从分类存放的要求方面进行识别；

3）从装卸作业是否具备安全条件的要求进行识别；

4）从铁路运输的安全条件是否具备进行识别；

5）从公路运输的安全条件是否具备进行识别；

6）从水上运输的安全条件是否具备进行识别；

7）从爆炸品储运作业人员是否具备资质、知识进行识别。

2. 易燃液体储运危险因素辨识

（1）易燃液体的危险特性

1）易燃性。闪点越低，越容易点燃，火灾危险性就越大。

2）易产生静电。易燃液体中多数都是电介质，电阻率高，易产生静电积聚，火灾危险性较大。

3）流动扩散性

（2）易燃液体储运危险因素识别

1）整装易燃液体的储存危险识别：从易燃液体的储存状况、技术条件方面去识别其危险性；从易燃液体储罐区、堆垛的防火要求方面去识别其危险性。

2）散装易燃液体储存危险识别：散装易燃液体储存危险的识别，宜从防泄漏、防流散、防静电、防雷击、防腐蚀、装卸操作、管理等方面识别其危险性。

3）整装易燃液体运输危险识别：整装易燃液体水路运输危险的识别主要应从装载量、配装位置、桶与桶之间、桶与舱板和舱壁之间的安全要求方面进行识别。

4）散装易燃液体运输危险识别：公路运输防泄漏、防溅洒、防静电、防雷击、防交通事故及装卸操作等方面识别；铁路运输的编组隔离、溜放连挂、运行中的急刹车、安全附件、装卸操作方面的危险识别；水路运输的危险识别；管道输送的危险识别。

3. 易燃物品储运危险辨识

（1）易燃物品的分类

易燃物品包括易燃固体、自燃物品及遇湿易燃物品。易燃固体种类繁多、数量极大，根据其燃点的高低分为易燃固体和可燃固体。自燃物品根据氧化反应速度和危险性大小分成一级自燃物品和二级自燃物品。遇湿易燃物品按其遇水受潮后发生化学反应的激烈程度产生可燃气体和放出热量的多少分成一级遇湿易燃物品和二级遇湿易燃物品。

（2）易燃物品的危险特性

1）易燃固体的危险特性为：燃点低；与氧化剂作用易燃易爆；与强酸作用易燃易爆；受摩擦撞击易燃；本身或其燃烧产物有毒；阴燃性。

2）自燃物品不需外界火源，会在常温空气中由物质自发的物理和化学作用放出热量，如果散热受到阻碍，就会蓄积而导致温度升高，达到自燃点而引起燃烧。其自行的放热方式有氧化热、分解热、水解热、聚合热、发酵热等。

3）遇湿易燃物品的危险特性为：活泼金属及合金类、金属氢化物类、硼氢化物类、金属粉末类的物品遇湿反应剧烈放出 H_2 和大量热，致使 H_2 燃烧爆炸；金属碳化物类、有机金属化合物类如 K_4C、Na_4C、Ca_2C、Al_4C_3 等遇温会放出 C_2H_2、CH_4 等极易着火爆炸的物质；金属磷化物与水作用会生成易燃、易爆、有毒的 PH_3；金属硫化物遇湿会生成有毒的可燃的 H_2S 气体；生石灰、无水氯化铝、过氧化钠、苛性钠、发烟硫酸、氯磺酸、三氯化磷等遇水会放出大量热，会将邻近可燃物引燃。

4. 毒害品储运危险辨识

（1）毒害品的分类

1）无机剧毒、有毒物品：包括氰及其化合物，如 KCN、NaCN 等；砷及其化合物，如 As_2O_3 等；硒及其化合物，如 SeO_2 等；汞、锑、铍、氟、铊、铅、钡、磷、碲及其化合物。

2）有机剧毒、有毒物品：包括卤代烃及其卤化物类，如氯乙醇、二氯甲烷等；有机金属化合物类，如二乙基汞、四乙基铅等；有机磷、硫、砷及腈、胺等化合物类，如对硫磷、丁腈等；某些芳香环、稠环及杂环化合物类，如硝基苯、糠醛等；天然有机毒品类，如鸦片、尼古丁等；其他有毒品，如硫酸二甲酯、正硅酸甲酯等。

（2）毒害品的危险特性

毒害品的危险特性主要有：

1）氧化性。在无机有毒物品中，汞和铝的氧化物大都具有氧化性，与还原性强的物质接触，易引起燃烧爆炸，并产生毒性极强的气体。

2）遇水、遇酸分解性。大多数毒害品遇酸或酸雾分解并放出有毒的气体，有的气体还具有易燃和自燃危险性，有的甚至遇水会发生爆炸。

3）遇高热、明火、撞击会发生燃烧爆炸。芳香族的二硝基氯化物、萘酚、酚钠等化合物遇高热、撞击等都可能引起爆炸并分解出有毒气体，遇明火会发生燃烧爆炸。

4）闪点低、易燃。目前列入危险品的毒害品共 536 种，有火灾危险的为 476 种，占总数的 89%，而其中易燃烧液体为 236 种，有的闪点极低。

5）遇氧化剂发生燃烧爆炸。大多数有火灾危险的毒害品，遇氧化剂都能发生反应，此时遇火就会发生燃烧爆炸。

（3）毒害品的储存危险识别

1）储存技术条件方面的危险因素有：是否针对毒害品具有的危险特性，如易燃性、腐蚀性、挥发性、遇湿反应性等采取相应的措施；是否采取分离储存、隔开储存和隔离储存的措施；毒害品包装及封口方面的泄漏危险；储存温度、湿度方面的危险；操作人员作业中失误等危险因素；作业环境空气中有毒物品浓度方面的危险。

2）储存毒害物品库房的危险因素识别包括：有防火间距方面的危险因素；耐火等级方面的危险因素；防爆措施方面的危险因素；潮湿的危险因素；腐蚀的危险因素；疏散的危险因素；占地面积与火灾危险等级要求方面的危险因素。

（4）毒害品运输危险识别

1）毒害品配装原则方面的危险因素；

2）毒害品公路运输方面的危险因素；

3）毒害品铁路运输方面的危险因素，包括溜放的危险、连挂时的速度的危险、编组中的危险；

4）毒害品水路运输方面的危险因素，包括装载位置方面的危险、容器封口的危险、易燃毒害品的火灾危险。

5. 危险化学品包装物的危险有害因素辨识

（1）包装的结构是否合理、有一定的强度，防护性能是否好。包装的材质、形式、规格、方法和单件质量（重量），是否与所装危险货物的性质和用途相适应，以便于装卸、运输和储存。

（2）包装的构造和封闭形式是否能承受正常运输条件下的各种作业风险，不应因温度、湿度或压力的变化而发生任何渗（撒）漏，包装表面不允许粘附有害的危险物质。

（3）包装与内装物直接接触部分，是否有内涂层或进行防护处理，包装材质是否与内装物发生化学反应而形成危险产物或导致削弱包装强度。内容器是否固定。

（4）盛装液体的容器是否能经受在正常运输条件下产生的内部压力。灌装时是否留有足够的膨胀余量（预留容积），除另有规定外，能否保证在温度 55℃时，内装液体不致完全充满容器。

（5）包装封口是否根据内装物性质采用严密封口、液密封口或气密封口。

（6）盛装需浸湿或加有稳定剂的物质时，其容器封闭形式是否能有效地保证内装液体（水、溶剂和稳定剂）的百分比在储运期间保持在规定的范围以内。

（7）有降压装置的包装，其排气孔设计和安装是否能防止内装物泄漏和外界杂质进入，排出的气体量不得造成危险和污染环境。

（8）复合包装的内容器和外包装是否紧密贴合，外包装是否有擦伤内容器的凸出物。

（9）盛装爆炸品包装的附加危险有害因素识别：

1）盛装液体爆炸品容器的封闭形式，是否具有防止渗漏的双重保护；

2）除内包装能充分防止爆炸品与金属物接触外，铁钉和其他没有防护涂料的金属部件是否能穿透外包装；

3）双重卷边接合的钢桶、金属桶或以金属作衬里的包装箱是否能防止爆炸物进入隙缝；钢桶或铝桶的封闭装置是否有合适的垫圈；

4）包装内的爆炸物质和物品，包括内容器，必须衬垫受实，在运输中不得发生危险性移动；

5）盛装有对外部电磁辐射敏感的电引发装置的爆炸物品，包装应具备防止所装物品受外部电磁辐射源影响的功能。

（六）与手工操作有关的危险有害因素辨识

在从事手工操作，搬、举、推、拉及运送重物时，有可能导致的伤害有：椎间盘损伤，韧带或筋损伤，肌肉损伤，神经损伤，挫伤，擦伤，割伤等。能够引起这些危害的主要原因包括：

1. 远离身体躯干拿取或操纵重物；
2. 超负荷的推、拉重物；
3. 不良的身体运动或工作姿势，尤其是躯干扭转、弯曲、伸展取东西；
4. 超负荷的负重运动，如举起或搬下重物的距离过长，搬运重物的距离过长；
5. 负荷有突然运动的风险；
6. 手工操作的时间及频率不合理；
7. 没有足够的休息及恢复体力的时间；
8. 工作的节奏及速度安排不合理。

（七）建筑和拆除过程的危险有害因素辨识

1. 建筑过程的危险有害因素识别

在建筑过程中的危险有害因素集中于高处坠落、物体打击、机械伤害和触电伤害。建筑行业还存在职业卫生问题，首先是尘肺病，此外还有因寒冷、潮湿的工作环境导致的早衰、短寿，因长期户外工作导致的皮肤癌，因重复的手工操作过多导致的外伤，以及因噪声造成的听力损失。

2. 拆除过程的危险有害因素识别

在拆除过程中的危险有害因素是建筑物、构筑物过早倒塌以及从工作地点和进入通道上坠落，根本原因是工作不按严格、适用的计划和程序进行。

第四节　重大危险源辨识

一、重大危险源定义

20 世纪 70 年代以来，预防重大工业事故引起国际社会的广泛重视。随之产生了"重大危害（major hazards）"、"重大危害设施（国内通常称为重大危险源）（major hazard installations）"等概念。

重大危险源的概念源自 1993 年 6 月第 80 届国际劳工大会通过的《预防重大工业事故公约》（174 号公约），即重大危害设施是指不论长期或临时的加工、生产、处理、搬运、使用或储存数量超过临界量的一种或多种危险物质，或多类危险物质的设施（不包括核设施、军事设施以及设施现场之外的非管道的运输）。

1993 年国际劳工局通过的《预防重大工业事故公约》中，将重大工业事故定义为"在重大危险设施内的一项生产活动中突然发生的，涉及一种或多种危险物质的严重泄漏、火灾、爆炸等导致职工、公众或环境急性或慢性严重危害的意外事故。"

根据重大工业事故的定义，重大危险源是指那些一旦泄漏可能导致火灾、爆炸、中毒等重大工业事故的危险物质，实际工作中往往把生产、加工处理、储存这些危险物质的装置看作危险源，称其为重大危险装置。

按照国际劳工局的规定，如果相距 500m 以内且属于同一工厂的全部装置中的危险物质的量超过了临界量表中的规定值，则这些装置被确定为重大危险装置。

目前国内外都是根据危险物质及其临界量表来确定重大工业事故危险源，危险物质及其临界量是按照"国家级"重大危险源建议的，各国、各地区之间应根据具体情况规定各自的危险物质及其临界量，作为重大工业事故危险源辨识依据。

我国 2014 年 12 月 1 日颁布实施的《中华人民共和国安全生产法》中对"重大危险源"进行了明确定义：重大危险源，是指长期地或者临时地生产、搬运、使用或者储存危险物品，且危险物品的数量等于或者超过临界量的单元（包括场所和设施）。《危险化学品重大危险源辨识》GB 18218—2009 中提出了"危险化学品重大危险源"的概念，长期或临时地生产、加工、使用或储存危险化学品，且危险化学品的数量等于或超过临界量的单元。

二、重大危险源辨识标准

（一）国外重大危险源辨识标准

英国是最早系统地研究重大危险源控制技术的国家。英国卫生与安全委员会设立了重大危险咨询委员会（ACMH），并在 1976 年向英国卫生与安全监察局提交了第一份重大危险源控制技术研究报告。英国政府于 1982 年颁布了《关于报告处理危害物质设施的报告规程》，1984 年颁布了《重大工业事故控制规程》。1992 年美国劳工部职业安全卫生管理局（OSHA）颁布了《高度危害化学品处理过程的安全管理》标准（PMS），该标准定义的处理过程是指涉及一种或一种以上高危险化学品的使用、储存、制造、处理、搬运等任何一种活动或这些活动的结合，在标准中提出了 130 多种化学物质及其临界量。美国环境保护署（EPA）颁布了《预防化学泄漏事故的风险管理程序》（RMP）标准，对重大危险源辨识提出了规定。

（二）我国重大危险源辨识标准

参考国外同类标准，结合我国工业生产特点和火灾、爆炸、毒物泄漏重大事故的发生情况，以及 1997 年由原劳动部组织实施的重大危险源普查试点工作中对重大危险源辨识进行试点的情况，国家经济贸易委员会安全科学技术研究中心提出了国家标准《重大危险源辨识》GB 18218—2000。

《危险化学品重大危险源辨识》GB 18218—2009 对《重大危险源辨识》GB 18218—2000 进行了修订，GB 18218—2009 与 GB 18218—2000 相比作了如下变化：

1. 将标准名称改为《危险化学品重大危险源辨识》；
2. 将采矿业中涉及危险化学品的加工工艺和储存活动纳入了适用范围；
3. 不适用范围增加了海上石油天然气开采活动；
4. 对部分术语和定义进行了修订；
5. 对危险化学品的临界量进行了修订；
6. 取消了生产场所与储存区之间临界量的区别。

《危险化学品重大危险源辨识》将构成重大危险源的危险化学品分为爆炸品、易燃气体、毒性气体、易燃液体、自燃物质、遇水放出易燃气体的物质、氧化性物质、有机过氧化物、毒性物质9类物质。该标准给出了危险化学品的名称和临界量（详见附录一），表中没有列出的危险化学品的临界量根据其危险特性确定。

1) 单元内存在的危险物质为单一品种时：其数量等于或超过《危险化学品重大危险源辨识》标准中规定的临界量，则定为重大危险源。

2) 单元内存在的危险物质为多品种时：每种危险物质实际存在量与其相对应的临界量之比的和大于或等于1，则定为重大危险源。即：

$$\frac{q_1}{Q_1} + \frac{q_2}{Q_2} + \cdots\cdots + \frac{q_n}{Q_n} \geqslant 1$$

式中　q_1、q_2……q_n——每种危险化学品实际存在量，t；

　　　Q_1、Q_2……Q_n——与各种危险化学品相对应的临界量，t。

三、重大危险源分类与申报范围

（一）重大危险源分类

重大危险源分类是重大危险源申报、普查的基础，科学、合理的分类有助于客观的反映重大危险源的本质特征，有利于重大危险源普查工作的顺利进行。

重大危险源共有五个大类：危险化学品；企业危险建（构）筑物；压力管道；锅炉；压力容器。如图3-1所示。

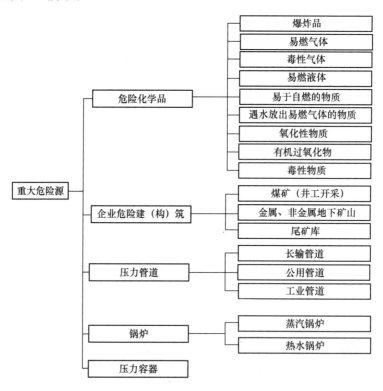

图 3-1　重大危险源分类

（二）重大危险源申报范围

需要申报和登记的重大危险源范围如下：

（1）储罐区（储罐）；

（2）库区（库）；

（3）生产场所；

（4）压力管道；

（5）锅炉；

（6）压力容器；

（7）煤矿（井工开采）；

（8）金属非金属地下矿山；

（9）尾矿库。

第五节 评价单元划分

一、评价单元的概念

我国对于安全评价单元的最早定义出自于原劳动部颁布的标准《建设项目（工程）劳动安全卫生预评价导则》，定义评价单元为：根据评价的要求而划定的在工艺和设备布置上相对独立的作业区域。而在具体的安全评价过程中，由于突破了仅评价工艺装置的固有危险度范围，所以1999年版的《建设项目（工程）劳动安全卫生预评价指南》作了补充定义：评价单元就是在危险、有害因素分析的基础上，根据评价目标和评价方法的需要，将系统分为若干有限、确定范围和需要评价的单元。

《安全预评价导则》（国家安监局2003）第3.5条对评价单元的定义是：评价单元是为了安全评价需要，按照建设项目生产工艺或场所的特点，将生产工艺或场所划分成若干相对独立的部分。

《危险化学品生产企业安全评价导则（试行）》对评价单元的定义是：根据被评价单位的实际情况和安全评价的需要而将被评价对象划分为一些相对独立部分进行安全评价，其中每个相对独立部分称为评价单元。

《非煤矿山安全评价导则》中评价单元的定义是：根据评价工作需要，按生产工艺功能、生产设备、设备相对空间位置和危险、有害因素类别及事故范围划分单元。评价单元应相对独立，具有明显的特征界限，便于进行危险、有害因素识别分析和危险度评价。

《煤矿安全评价导则》中评价单元的定义是：对于生产系统复杂的煤矿建设项目（或煤矿），为了安全评价的需要，可以按安全生产系统、开采水平、生产工艺功能、生产场所、危险与有害因素类别等划分评价单元。评价单元应相对独立，便于进行危险、有害因素识别和危险度评价，且具有明显的特征界限。

《陆上石油和天然气开采业安全评价导则》中评价单元的定义是：在危险、有害因素识别和分析的基础上，根据评价的需要，将评价对象按油气生产工艺功能、生产设施设备相对空间位置、危险有害因素类别及事故范围划分评价单元，使评价单元相对独立，具有明显的特征界限。

根据近年来陆续颁布的行政文件定义，表述上确实存在一定偏差，但基本沿用了《建设项目（工程）劳动安全卫生预评价导则》和《建设项目（工程）劳动安全卫生预评价指南》中关于安全评价单元的定义内容。其中早期文件定义存在仅强调评价工艺装置、生产场所的固有危险度的倾向。随着评价范围的延伸和评价要求的提高，正在逐步强调根据评价目标和评价方法的需要，合理延伸评价单元划定范围。

一个作为评价对象的建设项目、装置（系统），一般是由相对独立、相互联系的若干部分（子系统、单元）组成，各部分的功能、含有的物质、存在的危险因素和有害因素、危险性和危害性以及安全指标均不尽相同。以整个系统作为评价对象实施评价时，一般先按一定原则将评价对象分成若干有限、确定范围的单元分别进行评价，然后再综合为整个系统的评价。

二、评价单元划分的目的和意义

将系统划分为不同类型的评价单元进行评价，不仅可以简化评价工作、减少评价工作量、避免遗漏，而且由于能够得出各评价单元危险性（危害性）的比较，避免了以最危险单元的危险性（危害性）来表征整个系统的危险性（危害性），夸大整个系统的危险性（危害性）的可能性，从而提高了评价的准确性，降低了采取对策措施的安全投资费用。

三、评价单元划分的原则和方法

（一）评价单元划分原则

划分评价单元是为评价目标和评价方法服务的，要便于评价工作的进行，有利于提高评价工作的准确性。评价单元的划分，一般将生产工艺、工艺装置、物料的特点和特征与危险、有害因素的类别、分布有机结合进行划分，还可以按评价的需要将一个评价单元再划分为若干子评价单元或更细致的单元。由于很难用明确通用的"规则"来规范单元的划分方法，因此会出现不同的评价人员对同一个评价对象划分出不同的评价单元的现象。

由于评价目标不同、各评价方法均有自身特点，只要达到评价的目的，评价单元的划分并不要求绝对一致。《安全预评价导则》AQ 8002—2007 要求"评价单元划分应考虑安全预评价的特点，以自然条件、基本工艺条件、危险有害因素分布及状况、便于实施评价为原则进行"。《安全验收评价导则》AQ 8003—2007 要求"划分评价单元应符合科学、合理的原则"。

（二）评价单元划分方法

划分评价单元可以将评价对象分解为"人、机、物、法、环"作为一般思路，同时考虑是否能与已有的评价方法相对应，便于实施评价。对于不同的评价单元，可根据评价的需要和单元特征选择不同的评价方法。

划分评价单元的方法很多，最基础的方法有：以危险有害因素类别划分评价单元、以装置和物质特征划分评价单元、依据评价方法的有关规定划分评价单元等。

对于安全预评价和安全验收评价导则，对评价单元划分已有相关要求，应按照导则要求执行。

1. 以危险有害因素的类别划分评价单元

（1）综合评价单元

对工艺方案、总体布置及自然条件、环境对系统影响等综合方面的危险、有害因素的分析和评价，可将整个系统作为一个评价单元。

（2）共性评价单元

将具有共性危险因素和有害因素的场所和装置划为一个评价单元。

1）按危险因素类别各划归一个单元，再按工艺、物料、作业特点（即其潜在危险因素不同）划分成子单元分别评价。例如，炼油厂可将火灾爆炸作为一个评价单元，按馏分、催化重整、催化裂化、加氢裂化等工艺装置和储罐区划分成子评价单元，再按工艺条件、物料的种类（性质）和数量更细分为若干评价单元。

2）将存在起重伤害、车辆伤害、高处坠落等危险因素的各码头装卸作业区作为一个评价单元；有毒危险品、矿砂等装卸作业区的毒物、粉尘危害部分则列入毒物、粉尘有害作业评价单元；燃油装卸作业区作为一个火灾爆炸评价单元，其车辆伤害部分则在通用码头装卸作业区评价单元中评价。

3）进行安全评价时，可按有害因素（有害作业）的类别划分评价单元。例如，将噪声、辐射、粉尘、毒物、高温、低温、体力劳动强度危害等场所各划归一个评价单元。

2. 以装置特征和物质特征划分评价单元

（1）按装置工艺功能划分

对于化工生产的评价对象，按生产装置的区域划分，基本上可以反映出化工生产的工艺过程，各装置的功能特征区别也较分明，以装置划分单元更有利于评价结果的准确性。例如：原料储存区域；反应区域；产品蒸馏区域；吸收或洗涤区域；中间产品储存区域；产品储存区域；运输装卸区域；催化剂处理区域；副产品处理区域；废液处理区域；通入装置区的主要配管桥区；其他（过滤、干燥、固体处理、气体压缩等）区域。

（2）按布置的相对独立性划分

1）以安全距离、防火墙、防火堤、隔离带等与（其他）装置隔开的区域或装置部分可作为一个单元；

2）储存区域内通常以一个或共同防火堤（防火墙、防火建筑物）内的储罐、储存空间作为一个单元。

（3）按工艺条件划分

按操作温度、压力范围的不同划分为不同的单元；按开车、加料、卸料、正常运转、添加触剂、检修等不同作业条件划分单元。

（4）按储存、处理危险物品的潜在化学能、毒性和危险物品的数量划分

1）一个储存区域内（如危险品库）储存不同危险物品，为了能够正确识别其相对危险性，可作不同单元处理；

2）为避免夸大评价单元的危险性，评价单元的可燃、易燃、易爆等危险物品最低限量为2270kg（5000磅）或2.73m^3（600加仑），小规模实验工厂上述物质的最低限量为454kg（1000磅）或0.545m^3（120加仑）（该限制为道化学公司《火灾、爆炸危险指数评价法》第七版的要求，其他评价方法如ICI蒙德火灾、爆炸、毒性危险指数计算法，没有此限制）。

（5）按重点危险划分

根据以往事故资料，将发生事故能导致停产、波及范围大、造成巨大损失和伤害的关

键设备作为一个单元；将危险性大且资金密度大的区域作为一个单元；将危险性特别大的区域、装置作为一个单元；将具有类似危险性潜能的单元合并为一个大单元。

3. 依据评价方法的有关具体规定划分评价单元

评价单元划分原则并不是孤立的，而是有内在联系的，划分评价单元时应综合考虑各方面因素。若应用火灾爆炸指数法、单元危险性快速排序法等评价方法进行火灾爆炸危险性评价时，除按评价单元划分的一般原则外，还应依据评价方法有关具体规定划分评价单元。

四、划分评价单元应注意的问题

（一）评价单元划分中存在的误区

评价单元划分是安全评价中一项极为重要的环节。在系统存在的各种危险有害因素得到全面辨识后，需要针对具体对象作进一步格外细致的分析，所以要进行评价单元的划分。在评价单元划分环节，应该避免出现以下几个理解误区。

1. 把评价单元等同于工艺单元

有些安全评价报告列出工艺流程中的工艺单元并直接认定为安全评价单元，仅仅照搬可研阶段工艺流程中提出的工艺单元而不作延伸。也有些报告中的评价单元划分，仅列出物理概念上的系统，而作业条件安全性、作业现场职业危害程度、工程环境条件、项目周边的安全影响等其他需要相对独立评价的部分往往都被忽略。把评价单元等同于工艺单元往往是由于熟悉工艺设计、熟悉工程技术而不理解评价单元划分的真正作用，是最常见的错误。

2. 评价单元划分与实际评价脱节

某些安全评价报告，章节安排完全按照安全评价导则中的要求进行编制，虽然也划分了评价单元，但是划分出来的评价单元与实际评价过程采用的评价单元没有逻辑关系，甚至自相矛盾，这可能是由于没有理解安全评价过程中单元划分的意义所在。

3. 评价单元划分层次不清晰

对于一些比较复杂的工艺系统，评价单元的划分必须分层进行，往往给评价者带来麻烦，随意划分会造成混淆，忽略复杂系统在逻辑分析上的统一性。

4. 把评价单元等同于定量分析的指数评价单元

有些评价人员错误地将评价单元仅仅理解为火灾、爆炸、中毒指数评价方法中所使用的指数评价单元。其实安全评价的范围远远不止火灾、爆炸、中毒因素，切忌以偏概全，类似的错误对于过于偏重理论计算、定量计算的评价者来说比较普遍。

（二）评价单元划分与评价结果的相关性

在划分作业活动单元时，一般不会单一采用某种方法，往往是多种方法同时使用，但是应注意，在同一划分层次上，一般不使用第二种划分方法。因为如果这样做，很难保证危险、有害因素识别的全面性。

以某种原则划分评价单元，实际上就确定了评价结果的形式，划分评价单元方法不同，导致评价结果反映的角度不同，评价单元划分与所表现的评价结果密切相关。

若按有害作业的类别划分评价单元，则将这个单元中噪声、辐射、粉尘、毒物、高温、低温、体力劳动强度等检测结果与对应标准比较，查看各个因素是否超标，得出"单项评价结果"。例如：若粉尘浓度超标，则粉尘这个单项的评价结果为"不合格"。由于各种因素对人体健康损害的后果不同，相互比较时最好置入"权"值（整合条件），各单项评价结果经过整合，得到的是"单元评价结果"。

若按某种评价方法的要求划分单元，单元中包含不同类型的危险有害因素，按评价方法的标准（评价方法一般都带有判别标准）进行评价后，得到的可能不是"单项评价结果"，而是不同因素的"综合评价结果"，再根据评价方法的要求得出"单元评价结果"。

采用以上两种单元划分方法，出现不可比较的两种"单元评价结果"。因此，在确定评价单元划分方法的同时，需要认真考虑能否与评价要求相一致。

思 考 题

1. 什么是危险因素和有害因素？
2. 试分析危险有害因素辨识在安全评价中的作用。
3. 对新建、改建、扩建项目设计阶段危险、有害因素的辨识应从哪几个方面进行？
4. 如何判断某一单元是否构成重大危险源？
5. 划分评价单元的目的是什么，应该注意哪些问题？

第四章 安全评价方法

第一节 安全评价方法概述

安全评价方法是进行定性、定量安全评价的工具,安全评价内容十分丰富,安全评价目的和对象的不同,安全评价的内容和指标也不同。目前,安全评价方法有很多种,每种评价方法都有其适用范围和应用条件。在进行安全评价时,应该根据安全评价对象和要实现的安全评价目标,选择适用的安全评价方法。

一、安全评价方法分类

安全评价方法分类的目的是为了根据安全评价对象选择适用的评价方法。安全评价方法的分类方法很多,常用的有按评价结果的量化程度分类法、按评价的推理过程分类法、按针对的系统性质分类法、按安全评价要达到的目的分类法等。

(一)按评价结果的量化程度分类法

按照安全评价结果量化程度,安全评价方法可分为定性安全评价法和定量安全评价法。

1. 定性安全评价方法

定性安全评价方法主要是根据经验和直观判断能力对生产系统的工艺、设备、设施、环境、人员和管理等方面的状况进行定性的分析判断的一类方法。安全评价的结果是一些定性的指标,如是否达到了某项安全指标、事故类别和导致事故发生的因素等。属于定性安全评价方法的有安全检查表、专家现场询问观察法、作业条件危险性评价法(格雷厄姆—金尼法或 LEC 法)、故障类型和影响分析、危险与可操作性研究等。

定性安全评价方法的特点是容易理解、便于掌握,评价过程简单。目前定性安全评价方法在国内外企业安全管理工作中被广泛使用。但定性安全评价方法往往依靠经验,带有一定的局限性,安全评价结果有时因参加评价人员的经验和经历等有相当的差异。同时由于安全评价结果不能给出量化的危险度,所以不同类型的对象之间安全评价结果缺乏可比性。

2. 定量安全评价方法

定量安全评价方法是运用基于大量的实验结果和广泛的事故资料统计分析获得的指标或规律(数学模型),对生产系统的工艺、设备、设施、环境、人员和管理等方面的状况按有关标准应用科学方法构造数学模型进行定量化评价的一类方法。安全评价的结果是一些定量的指标,如事故发生的概率、事故的伤害(或破坏)范围、定量的危险性、事故致因因素的事故关联度或重要度等。

按照安全评价给出的定量结果的类别不同,定量安全评价方法还可以分为概率风险评价法、伤害（或破坏）范围评价法和危险指数评价法。

（1）概率风险评价法

概率风险评价法是根据事故的基本致因因素的事故发生概率，应用数理统计中的概率分析方法，求取事故基本致因因素的关联度（或重要度）或整个评价系统的事故发生概率的安全评价方法。事故树分析、逻辑树分析、概率理论分析、马尔可夫模型分析、模糊矩阵法、统计图表分析法等都可以由基本致因因素的事故发生概率计算整个评价系统的事故发生概率。

概率风险评价法是建立在大量的实验数据和事故统计分析基础之上的，因此评价结果的可信程度较高，由于能够直接给出系统的事故发生概率，因此便于各系统可能性大小的比较。特别是对于同一个系统，概率风险评价法可以给出发生不同事故的概率、不同事故致因因素的重要度，便于不同事故可能性和不同致因因素重要性的比较。但该类评价方法要求数据准确、充分，分析过程完整，判断和假设合理，特别是需要准确地给出基本致因因素的事故发生概率，显然这对一些复杂、存在不确定因素的系统是十分困难的。因此该类评价方法不适应基本致因因素不确定或基本致因因素事故概率不能给出的系统。但是，随着计算机在安全评价中的应用，模糊数学理论、灰色系统理论和神经网络理论已经应用到安全评价之中，弥补了该类评价方法的一些不足，扩大概率风险评价法的应用范围。

（2）伤害（或破坏）范围评价法

伤害（或破坏）范围评价法是根据事故的数学模型，应用计算数学方法，求取事故对人员的伤害范围或对物体的破坏范围的安全评价方法。液体泄漏模型、气体泄漏模型、气体绝热扩散模型、池火火焰与辐射强度评价模型、火球爆炸伤害模型、爆炸冲击波超压伤害模型、蒸气云爆炸超压破坏模型、毒物泄漏扩散模型和锅炉爆炸伤害 TNT 当量法都属于伤害（或破坏）范围评价法。

伤害（或破坏）范围评价法是应用数学模型进行计算，只要计算模型以及计算所需要的初值和边值选择合理，就可以获得可信的评价结果。评价结果是事故对人员的伤害范围或（和）对物体的破坏范围，因此评价结果直观、可靠。评价结果可用于危险性分区，同时还可以进一步计算伤害区域内的人员及其伤害程度，以及破坏范围内物体损坏程度和直接经济损失。但该类评价方法计算量比较大，一般需要使用计算机进行计算，特别是计算的初值和边值选取往往比较困难，而且评价结果对评价模型和初值和边值的依赖性很大，评价模型或初值和边值选择稍有不当或偏差，评价结果就会出现较大的失真。因此，该类评价方法适用于系统的事故模型、初值和边值比较确定的安全评价。

（3）危险指数评价法

危险指数评价法应用系统的事故危险指数模型，根据系统及其物质、设备（设施）和工艺的基本性质和状态，采用推算的办法，逐步给出事故的可能损失、引起事故发生或使事故扩大的设备、事故的危险性以及采取安全措施的有效性的安全评价方法。常用的危险指数评价法有：道化学公司火灾、爆炸危险指数评价法，蒙德火灾、爆炸、毒性指数评价法，易燃、易爆、有毒重大危险源评价法等。

（二）其他安全评价分类法

1. 按照安全评价的逻辑推理过程，安全评价方法可分为归纳推理评价法和演绎推理评价法。

（1）归纳推理评价法是从事故原因推论结果的评价方法，即从最基本危险、有害因素开始，逐渐分析导致事故发生的直接因素，最终分析到可能的事故。

（2）演绎推理评价法是从结果推论原因的评价方法，即从事故开始，推论导致事故发生的直接因素，再分析与直接因素相关的间接因素，最终分析和查找出致使事故发生的最基本危险、有害因素。

2. 按照安全评价要达到的目的，安全评价方法可分为事故致因因素安全评价方法、危险性分级安全评价方法和事故后果安全评价方法。

（1）事故致因因素安全评价方法是采用逻辑推理的方法，由事故推论最基本危险、有害因素或由最基本危险、有害因素推论事故的评价法。该类方法适用于识别系统的危险、有害因素和分析事故，这类方法一般属于定性安全评价法。

（2）危险性分级安全评价方法是通过定性或定量分析给出系统危险性的安全评价方法。该类方法适用于系统的危险性分级，可以是定性安全评价法，也可以是定量安全评价法。

（3）事故后果安全评价方法可以直接给出定量的事故后果，给出的事故后果可以是系统事故发生的概率、事故的伤害（或破坏）范围、事故的损失或定量的系统危险性等。

此外，按照评价对象的不同，安全评价方法可分为设备（设施或工艺）故障率评价法、人员失误率评价法、物质系数评价法、系统危险性评价法等。

二、安全评价方法选择

任何一种安全评价方法都有其适用条件和范围，在安全评价中如果使用了不适用的安全评价方法，不仅浪费工作时间，影响评价工作正常开展，而且导致评价结果严重失真，使安全评价失败。因此，在安全评价中，合理选择安全评价方法是十分重要的。

（一）安全评价方法的选择原则

在进行安全评价时，应该在认真分析并熟悉被评价系统的前提下，选择安全评价方法。选择安全评价方法应遵循充分性、适应性、系统性、针对性和合理性的原则。

1. 充分性原则

充分性是指在选择安全评价方法之前，应该充分分析被评价的系统，掌握足够多的安全评价方法，并充分了解各种安全评价方法的优缺点、适用条件和范围，同时为安全评价工作准备充分的资料。也就是说，在选择安全评价方法之前，应准备好充分的资料，供选择时参考和使用。

2. 适应性原则

适应性是指选择的安全评价方法应该适应被评价的系统。被评价的系统可能是由多个子系统构成的复杂系统，各子系统评价的重点可能有所不同，各种安全评价方法都有其适应的条件和范围，应该根据系统和子系统、工艺的性质和状态，选择与之相适应的安全评价方法。

3. 系统性原则

系统性是指安全评价方法与被评价的系统所能提供安全评价初值和边值条件应互相协调一致，也就是说，安全评价方法获得的可信的安全评价结果，是必须建立真实、合理和系统的基础数据之上的，被评价的系统应该能够提供所需的系统化数据和资料。

4. 针对性原则

针对性是指所选择的安全评价方法应该能够提供所需的结果。由于评价的目的不同，需要安全评价提供的结果可能是危险有害因素识别、事故发生的原因、事故发生概率、事故后果、系统的危险性等，安全评价方法能够给出所要求的结果才能被选用。

5. 合理性原则

在满足安全评价目的、能够提供所需的安全评价结果的前提下，应该选择计算过程最简单、所需基础数据最少和最容易获取的安全评价方法，使安全评价工作量和要获得的评价结果都是合理的，不要使安全评价出现无用的工作和不必要的麻烦。

（二）安全评价方法的选择过程

不同的被评价系统，选择不同的安全评价方法，安全评价方法选择过程有所不同，一般可按如图 4-1 所示的步骤选择安全评价方法。

在选择安全评价方法时，应首先详细分析被评价的系统，明确通过安全评价要达到的目标，即通过安全评价需要给出哪些、什么样的安全评价结果；然后应收集尽量多的安全评价方法，将安全评价方法进行分类整理，明确被评价的系统能够提供的基础数据、工艺和其他资料；最后根据安全评价要达到的目标以及所需的基础数据、工艺和其他资料，选择适用的安全评价方法。

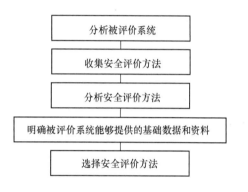

图 4-1　安全评价方法选择过程

（三）选择安全评价方法应注意的问题

选择安全评价方法时应根据安全评价的特点、具体条件和需要，针对被评价系统的实际情况、特点和评价目标，经过认真地分析、比较。必要时，要根据评价目标的要求，选择几种安全评价方法进行安全评价，互相补充、分析综合和相互验证，以提高评价结果的可靠性。在选择安全评价方法时应该特别注意以下几方面的问题。

1. 充分考虑被评价的系统特点

根据被评价的系统规模、组成、复杂程度、工艺类型、工艺过程、工艺参数以及原料、中间产品、产品、作业环境等情况的特点，选择安全评价方法。随着被评价的系统规模、复杂程度的增大，有些评价方法的工作量、工作时间和费用相应地增大，甚至超过容许的条件，在这种情况下，有些评价方法即使很适合，也不能采用。

任何安全评价方法都有一定的适用范围和条件。如危险指数评价法一般都适用于化工类工艺过程（系统）的安全评价，故障类型和影响因素分析适用于机械、电气系统的安全评价，而故障树评价法适用于分析基本的事故致因因素等。

一般而言，对危险性较大的系统可采用系统的定性、定量安全评价方法，工作量也较大，如故障树、危险指数评价法、TNT 当量法等。反之，可采用经验的定性安全评价方法或直接引用分级（分类）标准进行评价，如安全检查表、直观经验法等。

被评价系统若同时存在几类危险、有害因素，往往需要用几种安全评价方法分别进行评价。对于规模大、复杂、危险性高的系统可先用简单的定性安全评价方法进行评价筛选，然后再对重点部位（设备或设施）采用系统的定性或定量安全评价方法进行评价。

2. 评价的具体目标和要求的最终结果

在安全评价中，由于评价目标不同，要求的评价最终结果是不同的。如查找引起事故的基本危险有害因素、由危险有害因素分析可能发生的事故、评价系统的事故发生可能性、评价系统的事故严重程度、评价系统的事故危险性、评价某危险有害因素对发生事故的影响程度等，因此需要根据被评价目标选择适用的安全评价方法。

3. 评价资料的占有情况

如果被评价系统技术资料、数据齐全，可进行定性、定量评价并选择合适的定性、定量评价方法。反之，如果是一个正在设计的系统、缺乏足够的数据资料或工艺参数不全，则只能选择较简单的、需要数据较少的安全评价方法。

4. 安全评价的人员

安全评价人员的知识、经验、习惯，对安全评价方法的选择是十分重要的。一个企业进行安全评价的目的是为了提高全体员工的安全意识，树立"以人为本"的安全理念，全面提高企业的安全管理水平。安全评价需要全体员工的参与，使他们能够识别出与自己作业相关的危险有害因素，找出事故隐患。这时应采用较简单的安全评价方法，并且便于员工掌握和使用，同时还要能够提供危险性的分级，因此作业条件危险性分析方法或类似评价方法是适用的。

第二节 安 全 评 价 方 法

一、安全检查表法

(一) 方法概述

安全检查表法是按照相关的标准、规范等对已知的危险类别、设计缺陷以及与一般工艺设备、操作、管理有关的潜在危险性和有害性进行判别检查的方法。可适用于工程、系统的各个阶段。常用于对熟知的工艺设计进行分析，也能用在新工艺（装置）的早期开发阶段，判定和估测危险，还可以对已经运行多年的在役（装置）的危险进行检查。

(二) 方法步骤

安全检查表法包括四个主要步骤，如图 4-2 所示。

1. 编制安全检查表应收集研究的主要资料

有关标准、规程、规范及规定；同类企业的安全管理经验及国内外事故案例；通过系统安全分析已确定的危险部位及其防范措施；装置的有关技术资料等。

2. 编制安全检查表

危险分析人员从现有的检查表中选取一种适宜的检查表（已有的机械工厂安全检查表、非煤矿山安全检查表、石油化工安全检查表等），如果没有具体的、现有的安全检查表可用，分析人员必须借助已有的经验，编制出合适的安全检查表。编制安全检查表的评价人员应有丰富的经验，最好具备丰富生产工艺操作经验、熟悉相关的法规、标准和规程。

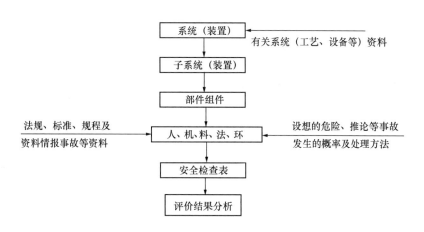

图 4-2　安全检查表编制程序图

安全检查表的条款应尽可能完善，以便可以有针对性地对系统的设计和操作检查。工艺部分安全检查表应比一般的安全检查表增添一些细节部分内容，以便检查更彻底。

3. 现场安全检查

对现有系统装置的安全检查，应包括巡视和自检检查主要工艺单元区域。在巡视过程中，检查人员按检查表的项目条款对工艺设备和操作情况逐项比较检查。检查人员依据系统的资料，对现场巡视检查、与操作人员的交谈以及凭个人主观判断来回答检查条款。当检查的系统特性或操作有不符合检查表条款上的具体要求时，分析人员应记录下来（新工艺的安全检查表分析，在开工之后，通常检查小组应开会研究，针对工艺流程图进行检查，与检查表条款相比较，对设计不足之处进行讨论）。

4. 评价结果分析

检查完成后，将检查的结果汇总和计算，最后列出的具体安全建议和措施。基于检查结果的定性化、半定量化或定量化而形成不同类型的安全检查表。

（1）检查结果定性化

安全检查表应列举需查明的所有导致事故的不安全因素，通常采用提问方式，并以"是"或"否"来回答，"是"表示符合要求，"否"表示还存在问题，有待于进一步改进，"部分符合"表示有一部分符合条件另一部分不符合条件。回答是的符号表示为："√"，表示否的符号"×"，"≈"表示"部分符合"。所以在每个提问后面也可以设有改进措施栏，每个检查表均需要注明检查时间、检查者、直接责任人，以便分清责任。为了使提出的问题有所依据，可以收集有关的此项问题的规章制度、规范标准，在有关条款后面注明名称和所在章节。提问型安全检查表如表 4-1 所示。

提问型安全检查表　　　　　　　　　　　　　　　　　　　　表 4-1

序号	检查项目和内容	检查结果		标准依据	备注
		是	否		

（2）检查结果的半定量化

采用三级判分系列 0-1-2-3、0-1-3-5、0-1-5-7，其中评判的"0"表示不能接受的条款，低于标准较多的判给"1"；稍低于标准的条件判给刚低于最大值的分数；符合标准条件的判给最大的分数。

判分的分数是一种以检查人员的知识和经验为基础的判断意见，检查表中分成不同的检查单元进行检查，为了便于得到更为有效的检查结果，用所得总分数除各种类别的最大总分数的比值。在汇总表上，分数的总和除以所检查种类的数目，此数表示所检查的有效的平均百分数。安全检查表如表 4-2 所示。

半定量打分法的安全检查表 表 4-2

序号	检查项目和内容	检查结果		备注
		可判分数	判给分数	
	检查条款	0-1-2-3（低度危险） 0-1-3-5（中度危险） 0-1-5-7（高度危险）		
		总的满分	总的判分	
百分比＝总的分数÷总的可能的分数＝判分/满分				

注：选取 0-1-2-3 时条款属于低危险程度。

0-1-2-3 对条款的要求为"允许稍有选择，在条件许可的情况下首先应该这样做"；0-1-3-5 时条款属于中等危险程度，对条款的要求为"严格，在正常的情况下均应这样"；0-1-5-7 时条款属于高危险程度，对于条款的要求为"很严格，非这样作不可"。

（3）检查结果的定量化

根据安全检查表检查结果及各分系统或子系统的权重系数，按照检查表的计算方法，首先计算出各子系统或分系统的评价分数值，再计算出各评价系统的评价得分，最后计算出评价系统（装置）的评价得分，确定系统（装置）的安全评价等级。

首先，划分系统。

1）以装置作为总系统，例如将评价系统划分为生产运行、储存运输、公用动力、生产辅助、厂区与作业环境、职业卫生、检测和综合安全管理 8 个系统，其中综合安全管理系统对其余 7 个系统起制约和控制作用。

2）每个系统又依次分为若干分系统和子系统，对最后一层各子系统（或分系统）根据不同的评价对象制定出相应的安全检查表。

其次，确定评分方法。

1）采用安全检查表赋值法，安全检查表按检查内容和要求逐项赋值，每张检查表以 100 分计。

2）不同层次的系统、分系统、子系统给予权重系数，同一层次各系统权重系数之和为 1。

3）评价时从安全检查表开始，按实际得分逐层向前推算，根据子系统的分数值和权重系数计算上一层分系统的分数值，最后得到系统的评价得分。系统满分应为 100 分。

第三，安全检查表检查的实施办法。

每张检查表归纳了子系统（或分系统）内应检查的内容和要求，并制定评分标准和应得分。依照制订的安全检查表中各项检查的内容及要求，采取现场检查或查资料、记录、档案或抽考有关人员等方法，对评价对象进行检查。对不符合要求之项，根据"评分标准"给予扣分，扣完为止，不计负分。

根据检查表检查的实得分，按系统划分图逐层向前推算，计算出评价系统的最终得分，并根据分数值划分安全等级，最后，汇总安全检查中发现的隐患，提出相应的整改措施。

第四，安全评价结果计算方法。

1）子系统或分系统评价分数值计算

$$m_i = \sum_{j=1}^{n} k_{ij} m_{ij} \tag{4-1}$$

式中　m_i——分系统或子系统分数值；

　　　m_{ij}——分系统或子系统的评价分数值；

　　　k_{ij}——分系统或子系统权全系数。

2）缺项计算

用检查表如出现缺项情况，其检查结果由实得分与应得分之比乘以 100 得到，即：

$$m_i = \frac{\sum_{j=1}^{n} k_{ij} m_{ij}}{\sum_{j=1}^{n} k_{ij}} \tag{4-2}$$

m_i——安全检查表评价得分

3）装置最终评价结果计算

$$A = \frac{g}{100} \sum_{i=1}^{7} K_i M_i \tag{4-3}$$

式中　A——装置最终评价分数值；

　　　g——综合安全管理分系统分数值；

　　　K_i——各系统权重系数；

　　　M_i——各系统评价分数值。

装置满分应为 100 分。

第五，系统（装置）安全等级划分。

根据评价系统最终的评价分数值，按表 4-3 确定系统（装置）的安全等级。

系统（装置）安全评价等级划分　　　　　　　　　　　　　　表 4-3

安全等级	系统安全评价分值范围	安全等级	系统安全评价分值范围
特级安全级	$A \geqslant 95$	临界安全级	$50 \leqslant A < 80$
安全级	$80 \leqslant A < 95$	危险级	$A < 50$

（三）方法特点和适用范围

安全检查表是进行安全检查，发现潜在危险的一种简单、经济、有效、可行的常用方法。常用于对安全生产管理，对熟知的工艺设计、物料、设备或操作规程进行分析；也可用于新开发工艺过程的早期阶段，识别和消除在类似系统的多年操作中所发现的危险。

安全检查表可用于项目发展过程的各个阶段。安全检查表常用于安全验收评价、安全现状评价、专项安全评价，而很少推荐用于安全预评价。安全检查表法受检查表编制者经验、水平、素质的影响。

（四）应用实例

图 4-3 所示为生产 DAP 的工艺流程图，磷酸溶液和液氨通过流量控制阀 A 和 B 加入搅拌釜中，氨和磷酸反应生成磷酸二铵（DAP）无害的产物。DAP 从反应釜中通过底阀 C 放入一个敞口的磷酸二铵储槽内。储槽上有放料阀 D，将反应器出料放入单元之外。

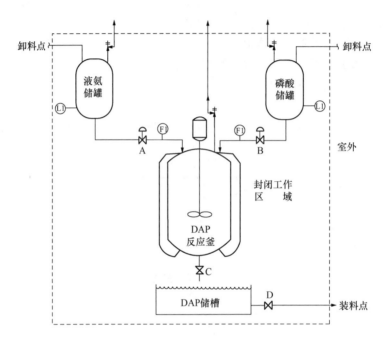

图 4-3　DAP 工艺流程图

如果向反应釜投入的磷酸过量（与氨投料速度比较而言），则不合格产品会增加，但反应本身是安全的；如果氨和磷酸投料流速同时增加，则反应热释放速度加快，按照设计，反应釜就有可能承受不住所引起的温度和压力的增高；如果向反应釜中投入的液氨过量（与磷酸投料速度比较而言），未反应的氨就会被带入 DAP 储槽。DAP 槽中残留的（未反应的）氨将会释放到作业场区，引起人员中毒。在作业场区应适当装设氨检测仪或报警器。

参照工艺流程图和操作规程编制提问型的安全检查表如表 4-4 所示。

DAP 工艺安全检查表　　　　　　　　　　　　　　　　　　　表 4-4

物质	1. 所有原材料都始终符合原规定的规范要求吗？ 否，氨溶液中的氨浓度已增加，不需要频繁采购，去反应釜的流量已适应更高的氨溶液浓度
	2. 物料的每个单据都核算吗？ 是，在此之前，原材料供应商提供的货源一直很可靠，在卸料前，罐车的标志和驾驶员身份都检查过。但是，没有对物料取样和分析物料的浓度
	3. 操作人员使用物料安全技术说明书（MSDS）吗？ 是，在操作现场和安全办公室每天 24h 放置，随时可用

物质	4. 灭火器及安全器材放置是否正确、维护得当吗？ 否，灭火器和安全器材放置没有变化，但是工艺单元增设了内部墙，因为新墙的原因，工艺单元内有些地方无法放置灭火器，保持现有装置处于良好状态，定期进行检测和测验
设备	1. 所有的设备按检查表检查了吗？ 是，维修小组按照工厂检查表标准对工艺单元区域的设备进行了检查。但是，故障树数据和维修部门反映，酸处理设备的检查可能太频繁
	2. 对安全阀是否按规定制度进行了检查？ 是，检查规定已经得到遵守
	3. 是否对安全系统和联锁装置定期进行测试？ 是，与检查规范没有不一致的地方。但是，安全系统和联锁的维修和检查工作是在工艺操作过程中进行的，这不符合公司政策规定
	4. 维修保养材料（如备用零部件）能及时保证？ 能。公司本着节约原则维持着低的库存。然而，预防性维护保养材料和低值易耗品是随时保证的。除了重大设备以外的其他所有（设备）都可由当地供应商在 4h 之内提供
规程	1. 有操作规程吗？ 有，现行操作规程是 6 个月之前制订的，某些地方作了一些小的变动
	2. 操作人员遵守操作规程吗？ 否，最近改动的操作步骤执行起来很缓慢。操作人员认为变动个别条款没有考虑操作人员个人的安全
	3. 新工人进行正确培训吗？ 是，有详细的培训计划定期检查和测试，所有工人都接受培训
	4. 交接班交流联系如何？ 两班之间交接时，操作者有 39min 时间了解到目前生产工艺情况
	5. 服务是否周到？ 是，服务比较令人满意
	6. 有安全作业许可证吗？ 有。但有些作业活动并不一定要求工艺停止运行（例：测试或维修安全系统部件）

二、预先危险分析法

（一）方法概述

预先危险分析也称初步危险分析，是在每项生产活动之前，特别是在设计的开始阶段，对系统存在的危险类别、出现条件、事故后果等进行概略地分析，尽可能评价出潜在的危险性。

1. 预先危险分析目的：识别与系统有关的主要危险；鉴别产生危险的原因；预测事故出现对人体及系统产生的影响；判定已识别的危险性等级，提出消除或控制危险的措施。

2. 预先危险分析内容：识别危险的设备、零部件，并分析其发生的可能性条件；分析系统中各子系统、各元件的交接面及其相互关系与影响；分析原材料、产品、特别是有害物质的性能与储运；分析工艺过程及其工艺参数或状态参数；人、机关系（操作、维修等）；环境条件；用于保证安全的设备、防护装置等。

（二）方法步骤

1. 分析程序

（1）通过经验判断、技术诊断或其他方法调查确定危险源，对所需分析系统的生产目的、物料、装置及设备、工艺过程、操作条件以及周围环境等，进行详细充分的了解。

（2）根据过去的经验教训及同类行业生产中发生的事故情况，对系统的影响、损坏程度，类比判断所要分析的系统中可能出现的情况，查找能够造成系统故障、物质损失和人员伤害的危险，分析事故的可能类型。

（3）对确定的危险源分类，制成预先危险性分析表。

（4）转化条件，即研究危险因素转变为危险状态的触发条件和危险状态转变为事故的必要条件，进一步寻求对策措施，检验对策措施的有效性。

（5）进行危险性分级，排列出重点和轻、重、缓、急次序，以便处理。

（6）制定事故的预防性对策措施。

预先危险分析的程序如4-4图所示。

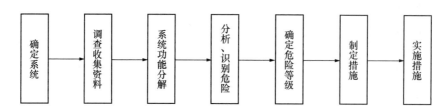

图 4-4　预先危险分析的程序

2. 危险性等级划（见表4-5）。

危险性等级划分表

表 4-5

级别	危险程度	可能导致的后果
Ⅰ	安全的	不会造成人员伤亡及系统损坏
Ⅱ	临界的	处于事故的边缘状态，暂时还不至于造成人员伤亡、系统损坏或降低系统性能，但应予以排除或采取控制措施
Ⅲ	危险的	会造成人员伤亡和系统损坏，要立即采取防范对策措施
Ⅳ	灾难性的	造成人员重大伤亡及系统严重破坏的灾难性事故，必须予以果断排除并进行重点防范

3. 预先危险分析结果

预先危险分析结果记录表格如表4-6所示。

预先危险分析记录表

表 4-6

单元：　　　　　　　　　　　　编制人员：　　　　　　　　　　　日期：

危险	原因	后果	危险等级	改进措施/预防方法

（三）方法特点和适用范围

预先危险分析是一种宏观的概略定性分析方法，能识别可能的危险，用较少的费用或时间就能进行改正；能帮助项目开发组分析或设计操作指南，该方法简单易行、经济有效。

固有系统中采取新的操作方法、接触新的危险物质、工具或设备时，进行预先危险分析比较合适，从一开始就能消除、减少或控制主要的危险（分析原料、主要装置以及能量失控时出现的危险）。

（四）应用实例

对某新建化工码头项目进行安全预评价，由分析可知，该项目存在火灾、爆炸、中毒、淹溺、噪声等危险有害因素。对码头装卸作业中的物料泄漏进行预先危险分析并提出防范措施，分析结果见表4-7。

危险危害因素	触发事件	现象	形成事故原因事件	事故模式	事故后果	危险等级	措施
物料泄漏	①液货码头设备运行泄漏；②液货船接卸结束时接卸臂洒漏；③阀门、法兰等泄漏；④泵破裂或泵、转动设备等动密封处泄漏；⑤阀门、泵、管道、流量计、仪表连接处泄漏；⑥阀门、泵、管道等因质量或安装不当泄漏；⑦撞击或人为破坏等造成管道等破裂而泄漏；⑧由自然灾害造成的破裂泄漏，如雷击等	1. 易燃易爆物料蒸汽浓度达到爆炸极限；2. 易燃易爆物料泄漏	火花①穿带钉皮鞋；②用钢制工具敲打设备、管道产生撞击火花；③电器火花；④电气线路陈旧老化或受到损坏产生短路火花；⑤静电放电；⑥雷击（直接雷击、雷电二次作用、沿着电气线路、金属管道侵入）；⑦车辆未戴阻火器等	可能引起火灾、爆炸	财产损失、人员伤亡、停产、造成严重经济损失	Ⅳ	1. 控制与消除火源①严禁吸烟、携带火种、穿带钉皮鞋等进入易燃易爆区；②动火必须严格按动火手续办理动火证，并采取有效防范措施；③使用防爆型电器，如防爆手电；使用安全电压（12V）防爆灯；④使用青铜或镀铜工具，严禁钢质工具敲打、撞击、抛掷；⑤按规定要求采取防静电措施，安装避雷装置；⑥加强门卫，严禁机动车辆进入火灾、爆炸危险区；⑦运送物料的机动车辆必须配戴完好的阻火器；⑧转动设备部位要保持清洁，防止因摩擦引起杂物等燃烧；⑨周围居民区在一定范围内不能燃放烟花爆竹。2. 严格控制设备质量及其安装质量①泵、阀、管线等设备及其配套仪表要选用合格产品，并把好安装质量关；②管道等有关设施在投产前要按要求进行试压；③对设备、管线、泵、阀、仪表等要定期检查、保养、维修，保持完好状态

三、危险与可操作性研究

（一）方法概述

危险和可操作性研究法（Hazard and Operability Study，以下简称 HAZOP）是以系统工程为基础，主要针对化工装置而开发的一种定性的安全评价方法。它是以关键词为引导，找出生产过程中工艺状态的变化（即偏差），然后分析偏差产生的原因、后果及提出可采取的对策措施。

HAZOP 分析对工艺或操作的特殊点进行分析，这些特殊点称为分析节点，又称工艺单元或操作步骤。通过分析每个节点，识别出那些具有潜在危险的偏差，这些偏差通过引导词（或关键词）引出。一套完整的引导词，可使每个可识别的偏差不被遗漏。

1. HAZOP 术语

（1）分析节点

又称工艺单元，指具体确定边界的设备（如两容器之间的管线）单元，对单元内工艺参数的偏差进行分析。

（2）操作步骤

间歇过程的不连续动作，或者是由 HAZOP 分析组分析的操作步骤。可能是手动、自动或计算机自动控制的操作，间歇过程每一步使用的偏差可能与连续过程不同。

（3）引导词

用于定性或定量设计工艺指标的简单词语，引导识别工艺过程的危险。

（4）工艺参数

与过程有关的物理和化学特性，包括概念性的项目如反应、混合、浓度、pH 值及具体项目如温度、压力、相数及流量等。

（5）工艺指标

确定装置如何按照希望进行操作而不发生偏差，即工艺过程的正常操作条件。

（6）偏差

分析组使用引导词系统地对每个分析节点的工艺参数（如流量、压力等）进行分析后发现的系列偏离工艺指标的情况；偏差的形式通常是"引导词＋工艺参数"。

（7）原因

发生偏差的原因。一旦找到发生偏差的原因，就意味着找到了对付偏差的方法和手段，这些原因可能是设备故障、人为失误、不可预见的工艺状态（如组成改变）、外界干扰（如电源故障）等。

（8）后果

偏差所造成的结果（如释放出有毒物质）。后果分析是假定发生偏差时已有安全保护系统失效，不考虑那些细小的与安全无关的后果。

（9）安全措施

为避免出现偏差，或减轻偏差带来的后果所采取的设计和管理措施。指如设计的泄压装置、联锁或报警装置、监控系统、检测系统、工程系统或紧急停车系统、培训、操作规程等调节控制系统，用以避免或减轻偏差发生时所造成的后果。

（10）补充措施

修改设计、操作规程，或者进一步进行分析研究（如增加压力报警、改变操作步骤的顺序等）的建议。

2. HAZOP 分析常用引导词

HAZOP 分析常用的引导词及其意义如表 4-8 所示。

HAZOP 分析常用引导词及其意义　　　　　表 4-8

序号	引导词	含意	说　明
1	None（空白/无）	对设计意图的否定	设计或操作要求的指标或事件完全不发生，如无流量、无催化剂
2	Less（减量）	数量减少	同标准值比较，数量的多或少
3	More（过量）	数量增加	
4	Part of（部分）	质的减少	只完成即定功能的一部分，如组分的比例发生变化，无某些组分
5	As Well As（伴随/也/而且）	质的增加	在完成既定功能的同时伴随多余事件发生，如物料在输送过程中发生组分及相变化
6	Reverse（相逆）	设计意图的逻辑反面	出现和设计要求完全相反的事或物，如流体反向流动，加热而不是冷却，反应向相反的方向进行
7	Other Than（异常）	完全代替	出现和设计要求不相同的事或物，如发生异常事件或状态、开停车、维修、改变操作模式、破裂、腐蚀或磨蚀

3. HAZOP 常用工艺参数

HAZOP 分析常用工艺参数如表 4-9 所示。

HAZOP 分析常用工艺参数　　　　　表 4-9

流量	温度	压力	液位	组分	黏度
混合	分离	pH 值	反应	时间	

4. 偏差

HAZOP 分析偏差如表 4-10 所示。

HAZOP 分析偏差表　　　　　表 4-10

序号	引导词	工艺参数	偏差
1	None（空白/无）		无流量（断流）
2	More（过量）	流量	流量过高
3	Less（减量）		流量过低
4	Reverse（相逆）		逆流
5	More	压力	压力过高
6	Less		压力过低
7	More	温度	温度过高
8	Less		温度过低
9	More	液位	液位过高
10	Less		液位过低

（二）方法步骤

HAZOP 可按分析的准备、完成分析和编制分析结果报告 3 个步骤进行。图 4-5 为 HAZOP 分析的整个过程。值得注意的是，分析步骤可交替进行，如分析组在完成某个分析节点后（不是全部），可将结果提交给设计人员，让设计人员着手对原设计进行修改。

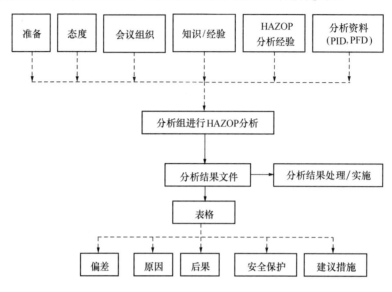

图 4-5　HAZOP 方法分析步骤

1. 分析的准备

（1）确定分析的目的、对象和范围

分析的目的、对象和范围必须尽可能明确。分析对象通常是由装置或项目的负责人确定的，并得到 HAZOP 分析组的组织者的帮助。

应当按照正确的方向和既定目标开展分析的工作，而且要确定应当考虑到哪些危险后果。例如，如果要求 HAZOP 分析确定装置建在什么地方才能使对公众安全的影响减到最小，这种情况下，HAZOP 分析应着重分析偏差所造成的后果对装置界区外部的影响。

（2）分析组的组成

分析组人员应具有 HAZOP 研究经验，HAZOP 分析组最少由 4 人组成，包括组织者、记录员、2 名熟悉过程设计和操作的人员。一般 5~7 人是比较理想的。如果评价组的规模太小，由于参加人员的知识和经验的限制，评价的水平不会太高。

（3）所要获取的必要资料

最重要的文件资料是带控制点的流程图，但工艺流程图、平面布置图、安全排放原则、化学危险数据、管道数据表、工艺数据表等也很重要。一般工艺过程（间歇、连续化）的 HAZOP 分析所需资料如表 4-11 所示。

一般工艺过程（间歇、连续化）的 HAZOP 分析所需资料表　　　　表 4-11

	常规间歇反应过程	PLC 等控制的间歇反应过程	连续反应过程
基础数据	√	√	√
工艺流程	√	×	×
操作规程	√	√	√

	常规间歇反应过程	PLC 等控制的间歇反应过程	连续反应过程
计算机程序、逻辑图	×	√	√
流程图	√	√	√
配管图、设备图	√	√	√
过程控制模拟	×	√	√

（4）将资料变成适当的表格并拟定分析顺序

此阶段所需时间与过程的类型有关。对连续过程，工作量相对较小。对照图纸（如果对设计进行过修改）确定分析节点，并制订详细的计划。对间歇过程来说，准备工作量很大，主要是因为操作过程复杂。

（5）安排会议次数和时间

一旦有关数据和图纸收集整理完毕，组织者开始着手制订会议计划。首先需要确定会议所需时间，一般来说每个分析节点平均需 20～30min。若某容器有 2 个进口，2 个出口，一个放空点，则需要 3h 左右；另外一种方法是分析每个设备分配 2～3h。

最好把装置划分成几个相对独立的区域，每个区域讨论完毕后，会议组做适当修整，再进行下一区域的分析讨论。分析大型装置或工艺过程，评价人员可能需要花费的时间相对较多。

2. 完成分析

HAZOP 分析需要将工艺图或操作程序划分为分析节点或操作步骤，然后用引导词找出过程的危险。图 4-6 是 HAZOP 分析流程图。

分析组对每个节点或操作步骤使用引导词进行分析，得到一系列的结果：

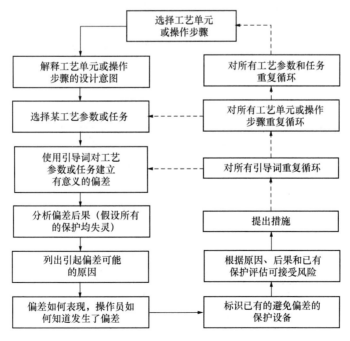

图 4-6　HAZOP 分析流程图

（1）偏差的原因、后果、保护装置、建议措施；

（2）每个偏差的分析及建议措施完成之后，再进行下一偏差的分析；

（3）在考虑采取某种措施以提高安全性之前，应对与分析节点有关的所有危险进行分析；

（4）需要更多的资料才能对偏差进行进一步分析。

3. 编制分析结果报告

分析记录是 HAZOP 分析的一个重要组成部分。负责记录的人员应从分析讨论过程中提炼出准确的结果。尽管不可能把会议上说的每一句话都记录下来，但必须记录所有重要的意见。必要时可举行分析报告审核会，让分析组对最终报告进行审核和补充。通常，分析会议以表格形式记录，如表 4-12 所示。

HAZOP 分析记录表　　　　　　　　　　　表 4-12

分析人员：＿＿＿＿＿＿　图纸号：＿＿＿＿＿＿

会议日期：＿＿＿＿＿＿　版本号：＿＿＿＿＿＿

序号	偏差	原因	后果	安全保护	建议措施

（三）方法特点和适用范围

危险与可操作性研究法的优点是简便易行，用以查明潜在危险源和操作难点，以便采取措施加以避免。缺点是分析结果受分析评价人员主观因素影响。危险与可操作性研究法特别适合于化工系统的装置设计审查和运行过程分析，也可用于热力、水力系统的安全分析。

建设项目及在役装置均可以使用 HAZOP 方法。对于新建项目，当工艺设计要求很严格时，使用 HAZOP 方法最为有效。一般需要提供带控制点的工艺流程图，以便评价小组能够对 HAZOP 要求中提出的问题给以系统的有效的回答。同样，它可以在主要费用变动不大的情况下，对设计进行变动，在工艺操作的初期阶段使用 HAZOP，只要有适当的工艺和操作规程方面的资料，评价人员可以依据它进行分析。但 HAZOP 分析并不能完全替代设计审查。

通过 HAZOP 分析，能够发现装置中存在的危险，根据危险带来的后果明确系统中的主要危害。如果需要，可利用故障树（FTA）对主要危害进行继续分析。因此，这又是确定故障树"顶事件"的一种方法，可以与故障树配合使用。同时，针对装置存在的主要危险，可以对其进行进一步定量风险评估，量化装置中主要危险带来的风险，所以，HAZOP 又是定量风险评估中危险辨识的方法之一。

（四）应用实例

某厂生产异氰酸酯，光气和多胺反应生产 PAPI（多亚甲基多苯基多异氰酸酯）为一典型的间歇操作过程，光气和多胺氯苯溶液先在低温光化釜反应后，再用 N_2 压至高温光化釜，高温光化釜通蒸气加热进行高温光化反应。高温光化釜如图 4-7 所示。

1. 分析节点：高温光化釜。

2. 偏差＝引导词＋工艺参数，即釜内无物料＝空白＋物料量。

3. 原因：

（1）低温光化釜内无物料；

（2）V_1 阀门关闭或打不开；

（3）进料管堵塞；

（4）输送管线破裂；

（5）放空阀 V_2 打不开或未打开；

（6）光化釜破裂，物料泄漏；

（7）物料压错，进入其他釜；

（8）输送物料 V_2 压力低。

4．后果：

（1）反应缺原料；

（2）釜内压力大，视镜易破裂喷出物料；

（3）物料泄漏，易产生火灾，引起人员中毒、伤亡；

（4）串釜，容易造成事故。

5．对策：

（1）巡回检查管线、阀门；

（2）检查压力表保证完好无损；

（3）安装低液位报警仪；

（4）安装两套不同型号的液位计，定期检查或更换；

（5）取消视镜；

（6）采用液下泵输送物料；

（7）对物料泄漏作进一步故障树分析；

偏差的分析结果列于表 4-13 和表 4-14。

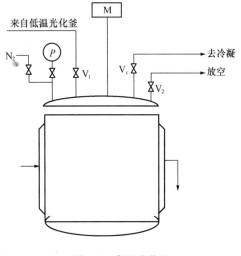

图 4-7　高温光化釜

可操作性研究分析记录				表 4-13
安全评价组 可操作性研究	车间/工段：××车间/××工段 系统：高温光化釜 任务：投料过程			日期： 代号： 页码： 设计者： 审核者：
关键词	偏差	可能的原因	后果	必要的对策
None 空白	釜内无物料	1. 低温光化釜内无物料 2. V_1 阀门关闭或打不开 3. 进料管堵塞 4. 输送管线破裂 5. 放空阀 V_2 打不开或未打开 6. 光化釜破裂，物料泄漏 7. 物料压错，进入其他釜 8. 输送物料 V_2 压力低	1. 反应缺原料 2. 釜内压力大，视镜易破裂喷出物料 3. 物料泄漏，易产生火灾，引起人员中毒、伤亡 4. 串釜，容易造成事故	1. 巡回检查管线、阀门 2. 检查压力表保证完好无损 3. 安装低液位报警仪 4. 安装 2 套不同型号的液位计，定期检查或更换 5. 取消视镜 6. 采用液下泵输送物料 7. 对物料泄漏作进一步故障树分析

关键词	偏差	可能的原因	后果	必要的对策
Less 少	物料量过少	9. 阀门开度不够 10. 管线、阀门泄漏 11. V₂放空阀不畅 12. 视镜不清，易产生误差 13. N₂压力低 14. 底温釜料量不足	5. 反应缺原料，质量、产量下降	同1、3、4、5 8. 定期更换管线、阀门
More 多	物料量过多	15. 视镜不清，易产生误差 16. 串釜	6. 物料过多，大量光气跑至尾气破坏系统，造成尾气排放超标	同1、4、5 9. 安装高液位报警仪
	压力 较高	17. 放空阀 V₂未打开 18. N₂压力高	7. 视镜破裂	同2、5

可操作性研究分析记录　　　　　　　　　　　　　　　　　　表 4-14

安全评价组 可操作性研究	车间/工段：××车间/××工段 系统：高温光化釜 任务：投料过程		日期： 代号： 页码： 设计者： 审核者：

关键词	偏差	可能的原因	后果	必要的对策
Less 少	温度过低	1. 蒸汽压力不足 2. 冷却水夹套，釜壁结渣，传热不好 3. 温度指示失灵	1. 生成产品质量下降	1. 安装温度低限报警仪
	保温阶段保温时间不足	4. 工人误操作	2. 多胺未完全反应	2. 采取措施，保证工人按规程操作
More 多	物料过多	5. 加料完毕后，忘记关闭阀门或关闭不严，引起物料串釜	3. 高温光化釜易满釜，容易造成事故	3. 巡回检查管线、阀门，用有开关标志的阀门 4. 对满釜情况进行分析其后果
	保温阶段温度高	6. 蒸汽压力控制不好，压力大 7. 温度指标失灵，蒸汽阀门泄漏	4. 多胺得不到充分反应 5. 大量光气跑至尾气破坏系统，造成尾气排放超标	同1、2
	压力 较高	8. 蒸汽加热关闭不及时 9. 温度指示失灵 10. 搅拌效果差 11. 冷凝器泄漏 12. 夹套泄漏	6. 同5 7. 物料发泡、分解，局部温度过高，压力上升，易使视镜破裂，喷出物料 8. 副反应发生，有高聚物生成	5. 改冷凝介质为不与光气起化学反应的有机介质 6. 每年对光化釜进行一次探伤 7. 安装温度超限报警仪 8. 取消视镜
	升温速率过快	13. 阀门有故障 14. 蒸汽加热过快 15. 违反操作规程	9. 受热不均，反应失控，压力大，物料到冷凝器中 10. 大量光气跑至尾气破坏系统，造成尾气破坏负担过重，尾气排放超标	同2、3 同8 9. 安装温度控制仪

关键词	偏差	可能的原因	后果	必要的对策
More 多	高温反应时间长	16. 违反操作规程	11. 产生副反应,有高聚物生成	10. 同2
	压力过高	17. 放空阀 V_2 不畅 18. 冷凝器泄漏,水进入光化釜 19. 光化釜夹套泄漏 20. 温度过高 21. 升温速率过快	同5,7 12. 搅拌轴密封失效或釜内压力大,视镜破裂,光气外泄	11. 同3、5、7
	赶气阶段赶气急	22. N_2 压力高 23. 工人误操作	13. 大量光气跑至尾气破坏,造成尾气破坏负担重,尾气排放超标	12. 同3
伴随 as well as	光化釜内物料有水	24. 冷凝器泄漏 25. 蒸汽夹套阀门泄漏 26. 物料中有水	14. 物料发泡,影响产品质量	13. 改冷冻介质为不与光气反应的有机介质 14. 巡回检查管线、阀门 15. 光化前,氯苯必须进行脱水处理
	光化釜内有高聚物生成	27. 温度高	15. 产品质量受影响	同9

四、作业条件危险性评价法

(一) 方法概述

对于一个具有潜在危险性的作业条件,K·J·格雷厄姆和G·F·金尼认为,影响危险性的主要因素有3个:发生事故或危险事件的可能性;暴露于这种危险环境的频率;事故一旦发生可能产生的后果。用公式来表示如下:

$$D = L \times E \times C \qquad (4-4)$$

式中　D——作业条件的危险性;

　　　L——事故或危险事件发生的可能性;

　　　E——暴露于危险环境的频率;

　　　C——发生事故或危险事件的可能结果。

(二) 方法步骤

1. 确定发生事故或危险事件的可能性

事故或危险事件发生的可能性与其实际发生的概率相关。若用概率来表示时,绝对不可能发生的概率为0,而必然发生的事件,其概率为1。但在考察一个系统的危险性时,绝对不可能发生事故是不确切的,即概率为0的情况不确切。所以,将实际上不可能发生的情况作为"打分"的参考点,定其分数值为0.1。

此外，在实际生产条件中，事故或危险事件发生的可能性范围非常广泛，因而人为地将完全意外、极少可能发生的情况规定为1；能预料将来某个时候会发生事故的分值规定为10；在这两者之间再根据可能性的大小相应地确定几个中间值，如将"不常见，但仍然可能"的分值定为3，"相当可能发生"的分值规定为6。同样，在0.1与1之间也插入了与某种可能性对应的分值。于是，将事故或危险事件发生可能性的分值从实际上不可能的事件为0.1，经过完全意外有极少可能的分值1，确定到完全会被预料到的分值10为止，如表4-15所示。

事故或危险事件发生可能性分值　　　　　　　　　　　表 4-15

分值	事故或危险情况发生可能性	分值	事故或危险情况发生可能性
10*	完全会被预料到	0.5	可以设想，但高度不可能
6	相当可能	0.2	极不可能
3	不经常，但可能	0.1*	实际上不可能
1*	完全意外，极少可能		

注：* 为"打分"的参考点。

2. 确定暴露于危险环境的频率

众所周知，作业人员暴露于危险作业条件的次数越多、时间越长，则受到伤害的可能性也就越大。为此，K·J·格雷厄姆和G·F·金尼规定了连续出现在潜在危险环境的暴露频率分值为10，一年仅出现几次非常稀少的暴露频率分值为1。以10和1为参考点，再在其区间根据在潜在危险作业条件中暴露情况进行划分，并对应地确定其分值。例如，每月暴露一次的分值为2，每周一次或偶然暴露的分值为3。当然，根本不暴露的分值应为0，但这种情况实际上是不存在的，是没有意义的，因此无需列出。关于暴露于潜在危险环境的分值见表4-16。

暴露于潜在危险环境的分值　　　　　　　　　　　表 4-16

分值	出现于危险环境的情况	分值	出现于危险环境的情况
10*	连续暴露于潜在危险环境	2	每月暴露一次
6	逐日在工作时间内暴露	1*	每年几次出现在潜在危险环境
3	每周一次或偶然地暴露	0.5	非常罕见地暴露

注：* 为"打分"的参考点。

3. 确定发生事故或危险事件的可能结果

造成事故或危险事故的人身伤害或物质损失可在很大范围内变化，以工伤事故而言，可以从轻微伤害到许多人死亡，其范围非常宽泛。因此，K·J·格雷厄姆和G·F·金尼将需要救护的轻微伤害的可能结果，其值规定为1，以此为一个基准点；而将造成许多人死亡的可能结果规定为分值100，作为另一个参考点。在两个参考点1～100之间，插入相应的中间值，列出如表4-17所示的可能结果的分值。

4. 确定作业的危险性

确定了上述3个具有潜在危险性的作业条件的分值，并按公式进行计算，即可得危险性分值。据此，要确定其危险性程度时，则按下述标准进行评定。

发生事故或危险事件可能结果的分值

表 4-17

分值	可能结果	分值	可能结果
100*	大灾难，许多人死亡	7	严重，严重伤害
40	灾难，数人死亡	3	重大，致残
15	非常严重，一人死亡	1*	引人注目，需要救护

注：＊为"打分"参考点。

由经验可知，危险性分值在 20 以下的环境属低危险性，一般可以被人们接受，这样的危险性比骑自行车通过拥挤的马路去上班之类的日常生活活动的危险性还要低。当危险性分值在 20～70 时，则需要加以注意；危险性分值为 70～160 时，则有明显的危险，需要采取措施进行整改；同样，根据经验，当危险性分值为 160～320 的作业条件属高度危险的作业条件，必须立即采取措施进行整改。危险性分值在 320 分以上时，则表示该作业条件极其危险，应该立即停止作业直到作业条件得到改善为止，详见表 4-18。

危险性分值

表 4-18

分值	危险程度	分值	危险程度
>320	极其危险，不能继续作业	20～70	可能危险，需要注意
16～320	高度危险，需要立即整改	>20	稍有危险，或许可以接受
70～160	显著危险，需要整改		

（三）方法特点和适用范围

LEC 法用于研究人们在具有潜在危险环境中作业的危险性，将作业条件的危险性作因变量（D），事故或危险事件发生的可能性（L）、暴露于危险环境的频率（E）及事故造成的危险严重程度（C）为自变量，确定了它们之间的函数式。

这是一种简单易行的评价作业条件危险性的方法，虽然有其局限性，但在各行业判断作业条件危险程度中应用较广泛。在使用过程中，要凭经验判断事故发生的可能性、频率和后果，因此，不同评估人员对同一危险源评分时可能存在较大差异。具体应用中，可以根据实际情况，对评价结果予以修正。

（四）应用实例

某油漆生产企业配料岗位作业需要将各种原材料按工艺要求投入配料缸，启动搅拌机进行搅拌，经检验达到工艺要求后进行研磨分散。

为评价这配料作业条件的危险程度，需要确定每种因素的分数值（各因素分数值的确定综合考虑了生产现场实际情况和以往事故发生概率）：

1. 确定事故发生的可能性 L

配料过程中，可能发生的事故是由于某些原料的蒸气与空气容易形成爆炸性混合物，遇着火源后引起燃烧爆炸，由于配料过程中使用的升桶机不防爆，所以该单元可能发生事故，选取分数值为 3。

2. 确定人员暴露于危险环境的频繁程度 E

配料作业人员每天只是在工作时间之内暴露于危险环境，所以选取分数值为 6。

3. 确定发生事故可能造成的后果 C

由于配料工作中使用的升桶机不防爆，若发生火灾、爆炸事故会造成严重的后果，造成较小的财产损失，所以取分数值为 7。

4. 危险性等级划分

计算危险性分值：$D=L\times E\times C=3\times 6\times 7=126$

该值处于 70~160 之间，危险等级属"显著危险，需要整改"的范畴。

公路隧道施工包括隧道开挖、爆破、施工用电、施工通风、出碴与洞内运输、支护衬砌 6 个子系统，对这 6 个子系统的作业条件危险性评价，结果列于表 4-19。

公路隧道施工作业条件危险性评价结果　　　　　　　　表 4-19

子系统	危险因素	分数值			D	危险程度
		L	E	C		
隧道开挖	隧道原岩的应力失衡	6	6	40	1440	极其危险
	边壁落石	6	6	7	252	高度危险
	机械设备动力驱动的传动件、转动部位防护不当或残缺	3	6	3	54	一般危险
	不良和特殊地质	3	1	40	120	显著危险
	高处作业个人防护用品配备不齐	3	2	15	90	显著危险
爆破	爆破能量	3	6	40	720	极其危险
	爆破作业产生的炮烟	3	1	7	21	一般危险
施工用电	施工机具、线路漏电	3	1	15	45	一般危险
	高压	1	1	15	15	稍有危险
施工通风	风量、风速不足	3	1	40	120	显著危险
出碴与洞内运输	运输车辆故障	3	6	15	270	稍有危险
	装可碴机运转范围不足	3	6	3	54	一般危险
支护衬砌	支护破坏	1	3	40	120	显著危险
	衬砌结构断裂	1	3	40	120	显著危险

五、改进 LEC 法

（一）方法概述

改进的 LEC 法以作业条件危险性评价法（LEC 法）为基础，评价指标的评分引入人员素质和安全管理安全补偿系数这个因素，对于每一个评价单元的危险源，事故发生的可能性 L、作业人员暴露于评价单元的频率 E、危险严重度 C、人员素质和安全管理补偿系数 R 4 个评价指标分别分为若干等级，并赋予相应的分值。危险性大小 D 值公式如下：

$$D=L\times E\times C\times R \tag{4-5}$$

式中　L——事故发生的可能性；

　　　E——作业人员暴露于评价单元的频率；

　　　C——危险严重度；

　　　R——人员素质和安全管理补偿系数。

(二) 方法步骤

改进 LEC 法的步骤分为划分危险作业单元、确定各因素的分值、确定危险等级。本节以公路隧道施工作业评价为例说明改进 LEC 法的实施步骤。

1. 划分危险作业评价单元

公路隧道施工系统可划分为隧道开挖、爆破、施工用电、施工通风、出碴与洞内运输、支护衬砌 6 个主要评价单元。

2. 确定各因素的分值

(1) 事故发生可能性 L 值的确定

结合隧道施工危险源评价单元实际情况,将事故发生可能性因素结合地质条件、隧道结构设计、环境条件、施工方案和施工监测与管理五个方面进行确定,事故发生的可能性因素 L 值对照表如表 4-20 所示,L 最高分值为 10 分,最低分为 3 分,当每个分值条款中有一项满足,并遵循就高不就低的原则确定相应 L 值的大小。

事故发生的可能性因素 L 值   表 4-20

L 值	事故发生可能性因素
10	受岩溶、软土地段、溶洞、断层和瓦斯等不良和特殊地质影响大; 隧道结构设计复杂; 洞内施工粉尘浓度、噪声与振动、作业空间、温度条件、风速和照明等环境条件差; 没有施工方案; 施工监测和管理能力差
8	受岩溶、软土地段、溶洞、断层和瓦斯等不良和特殊地质影响较大; 隧道结构设计较复杂; 洞内施工粉尘浓度、噪声与振动、作业空间、温度条件、风速和照明等环境条件较差; 施工方案不合理; 施工监测和管理能力较差
6	受岩溶、软土地段、溶洞、断层和瓦斯等不良和特殊地质影响一般; 隧道结构设计复杂程度居中; 洞内施工粉尘浓度、噪声与振动、作业空间、温度条件、风速和照明等环境条件一般; 施工方案基本合理; 施工监测和管理能力一般
4	受岩溶、软土地段、溶洞、断层和瓦斯等不良和特殊地质影响较小; 隧道结构设计较简单; 洞内施工粉尘浓度、噪声与振动、作业空间、温度条件、风速和照明等环境条件较好; 施工方案较合理; 施工监测和管理能力较好
3	不受岩溶、软土地段、溶洞、断层和瓦斯等不良和特殊地质影响; 隧道结构设计简单; 洞内施工粉尘浓度、噪声与振动、作业空间、温度条件、风速和照明等环境条件好; 施工方案合理; 施工监测和管理能力好

（2）作业人员暴露于评价单元的频率 E 的取值

公路隧道施工中，作业人员处于评价单位危险位置，是导致人员伤亡事故发生的危险状态，同时，与作业时间的长短也存在着密切关系。E 表示作业人员暴露于评价单元的时间，单位 h。作业人员暴露于评价单元的频率因素 E 值对照表如表 4-21 所示，E 的最高分为 10 分，最低分为 3 分，结合作业人员实际作业时间确定相应 E 值的大小。

作业人员暴露于评价单元的频率因素 E 值 　　　　　　表 4-21

E 值	作业人员暴露于评价单元的频率因素
10	$E \geqslant 8$
6	$4 \leqslant E < 8$
5	$2 \leqslant E < 4$
4	$1 \leqslant E < 2$
3	$E < 1$

（3）危险严重度 C

在对我国隧道施工事故人员伤亡和直接经济损失充分统计与分析的基础上，参考《生产安全事故报告和调查处理条例》，将危险严重度因素结合人员死伤情况、直接经济损失和社会影响大小进行确定。危险源评价人员结合具体工程特点和工程经验，对评价单元发生事故后果进行预先判定，选定相应的指标等级。危险严重度因素 C 值对照表如表 4-22 所示，其中，d 表示死亡人数，i 表示重伤人数，l 表示直接经济损失，单位万元。C 的最高分为 10 分，最低分为 3 分，当每个分值条款中有一项满足，并遵循就高不就低的原则确定相应 C 值的大小。

危险严重度因素 C 值 　　　　　　表 4-22

C 值	危险严重度因素
10	$30 \leqslant d$ 或 $100 \leqslant i$ 或 $10000 \leqslant l$
8	$10 \leqslant d < 30$ 或 $50 \leqslant i < 100$ 或 $5000 \leqslant l < 10000$
5	$3 \leqslant d < 10$ 或 $10 \leqslant i < 50$ 或 $1000 \leqslant l < 5000$
3	$d < 3$ 或 $i < 10$ 或 $l < 1000$

（4）人员素质和安全管理安全补偿系数

各评价单元危险严重度因素和事故发生可能性因素决定了危险源事故的固有危险度，考虑安全补偿系数的影响，可以得到现实危险度。安全补偿系数包括人员素质补偿系数和安全管理补偿系数。人员素质直接关系到人员安全意识的高低，人员素质补偿系数主要由人员的可靠性表示。安全管理水平对公路隧道施工安全影响较大，安全管理越好，发生事故的可能性就越小。安全管理补偿系数由安全机构、安全生产规章制度、安全教育与培训、施工组织与目标管理、安全生产检查、事故隐患整改、文明施工和安全技术交底 8 个项目组成，可做成各分项检查评分表，辅助确定其 R 值。人员素质和安全管理补偿系数 R 值对照表如表 4-23 所示，R 的最高分为 10 分，最低分为 3 分，当每个分值条款中有一项满足，并遵循就高不就低的原则确定相应 R 值的大小。

R 值	人员素质和安全管理补偿系数	*R* 值	人员素质和安全管理补偿系数
10	（1）从业人员资质、文化程度、培训时间与年龄和工龄等可靠性很低； （2）没有成立安全机构，未配置专职安全管理人员； （3）没有安全生产规章制度； （4）没有安全教育与培训计划，未进行作业人员安全教育培训； （5）未进行施工组织与目标管理； （6）没有安全生产检查制度，未定期进行安全检查； （7）事故隐患整改不及时； （8）未进行文明施工； （9）未进行安全技术交底	5	（1）从业人员资质、文化程度、培训时间与年龄和工龄等可靠性较高； （2）安全机构和专职安全管理人员配置比较健全； （3）安全生产规章制度健全，并较严格执行； （4）安全教育与培训计划健全，并较严格执行； （5）施工组织与目标管理较完善； （6）安全生产检查制度健全，并较严格执行； （7）事故隐患整改及时； （8）文明施工接近样板工程； （9）安全技术交底比较全面
8	（1）从业人员资质、文化程度、培训时间与年龄和工龄等可靠性较低； （2）没有成立安全机构，配置专职安全管理人员； （3）安全生产规章制度不健全，并没有严格执行； （4）安全教育与培训计划不完善，未进行作业人员安全教育培训； （5）施工组织与目标管理不完善； （6）安全生产检查制度不健全，未定期进行安全检查； （7）事故隐患整改较差； （8）文明施工差； （9）安全技术交底不全面	3	（1）从业人员资质、文化程度、培训时间与年龄和工龄等可靠性高； （2）安全机构健全，专职安全管理人员配置符合规定； （3）安全生产规章制度健全，并严格执行； （4）安全教育与培训计划健全，并严格按照计划的实施； （5）施工组织与目标管理完善； （6）安全生产检查制度健全，并严格执行； （7）事故隐患整改很及时； （8）文明施工是样板工程； （9）安全技术交底全面，没有遗漏
7	（1）从业人员资质、文化程度、培训时间与年龄和工龄等可靠性一般； （2）安全机构健全，专职安全管理人员配置缺乏； （3）安全生产规章制度健全，但没有严格执行； （4）安全教育与培训计划健全，但没有严格执行； （5）施工组织与目标管理一般； （6）安全生产检查制度健全，但没有严格执行； （7）事故隐患整改一般； （8）文明施工一般； （9）安全技术交底一般		

3. 确定危险等级

（1）确定原则

L、E、C 和 R 的分值分别有 5、4、5、5 类，但分值的取值大小不尽相同，R 值的引入使得人员素质和安全管理水平差的 D 值会升高，水平好的 D 值会降低，充分体现人员素质和安全管理的重要性。如果 L、E、C 取值之积较高，人员素质和安全管理水平高的情况下，危险程度和危险等级也不一定会很高，R 值对危险性等级的影响程度是很大的。

L、E、C 和 R 的分值分别有 5、4、5、5 类，D 值的组合有 500 种情况，在 7000 分以上的极端情况有 5 种，500 分以下的情况有 103 种，此区间的组合共有 108 种，占所有情况中的 21.6%，其余区间的共占 392 种，种类较多，符合公路隧道施工安全水平的实际情况。

通过由 D 的数值确定危险性等级，设定相应危险性等级定量界限，其定量界限为危险性等级由量变到质变的节点。同时综合 L、E、C 和 R 的四个表格中分值的确定情况，确定以下原则，如表 4-24 所示。

危险性等级定量界限的确定原则 表 4-24

分值的确定原则	定量界限	定量界限标准
$L=10$，$E=10$，$C=10$，且 $R=7$	7000	在事故发生可能性大，危险严重程度大，暴露时间长，相应安全制度健全，但没有严格执行或执行不到位的情况下，即为极度危险等级
$L=10$，$E=10$，$C=10$，且 $R=3$	3000	在事故发生可能性大，危险严重程度大，暴露时间长，相应安全制度健全，并严格执行的情况下，即为高度危险等级
$L=10$，$E=5$，$C=10$，且 $R=3$	1500	在事故发生可能性大，危险严重程度大，暴露时间居中，相应安全制度健全，并严格执行的情况下，即为显著危险等级
$L=4$，$E=5$，$C=5$，且 $R=5$	500	在事故发生可能性较小，危险严重程度较小，暴露时间居中，相应安全制度健全，并较严格执行的情况下，即为一般危险等级

（2）危险性等级标准

根据上述原则，危险性 D 值分为 I、II、III、IV、V 级 5 个等级，对应危险程度为极度危险、高度危险、显著危险、一般危险、轻度危险。在实际应用中，可结合不同等级采取各种安全控制措施。危险性 D 值等级标准对照表如表 4-25 所示，将 IV 级以上等级的评价单元的危险因素确定为重大危险源。

危险性 D 值等级标准 表 4-25

D 值	危险程度	危险等级
$D \geqslant 7000$	极度危险	V
$7000 > D \geqslant 3000$	高度危险	IV
$3000 > D \geqslant 1500$	显著危险	III
$1500 > D \geqslant 500$	一般危险	II
$500 > D$	轻度危险	I

（三）方法特点和适用范围

改进LEC法是在传统LEC法基础上，引入了人员素质和安全管理安全补偿系数，通过打分的方式判定危险等级。改进LEC法在一定程度上能够有效地弥补传统LEC法依赖评估人员经验的局限性，使评价结果更加客观。

由于改进LEC法在确定各因素分值时需要结合工程项目的实际情况，不同行业的L、E、C、R四个因素的取值原则和大小各有不同，因此，此方法行业通用性较差。目前，改进LEC法在水利工程施工危险源评价、电站项目风险评价、建筑施工安全评价等方面应用较为广泛。

（四）应用实例

某高速公路公路隧道为上、下行分离式隧道，下行隧道全长1120m，进出口均位于曲线上，纵坡1.12%，最大埋深120m；上行隧道全长1056m，为直线隧道，纵坡为0.9%，最大埋深115m，上下行隧道累计总长2176m，隧道设计为净跨10.90m，净高7.2m的单圆拱曲墙式断面；上下行隧道中心间距35m。项目施工企业安全机构和安全管理制度健全。应用改进的LEC法对该公路隧道施工评价单元可能存在的部分危险因素进行评价，评估人员结合施工过程中存在的危险因素，结合以上表格中对应的具体条款及分值进行打分，如表4-26所示。

某公路隧道施工评价单元作业条件危险性评价表　　　　表4-26

| 评价单元 | 危险因素 | 事故类型 | 分数值 | | | | D | 危险程度 | 危险等级 |
			L	E	C	R			
隧道开挖	隧洞原岩的应力失衡	冒顶片帮	8	10	8	8	5120	高度危险	Ⅳ
	边壁落石	物体打击	8	6	3	8	1152	一般危险	Ⅱ
	机械设备动力驱动的传动件、转动部位防护不当或残缺	机械伤害	3	10	3	8	720	一般危险	Ⅱ
	不良和特殊地质	透水、瓦斯爆炸等	8	6	10	3	1440	一般危险	Ⅱ
	高处作业个人防护用品配备不齐	高处坠落	10	10	3	5	1500	显著危险	Ⅲ
爆破	爆破能量	火药爆炸	3	3	8	5	360	轻度危险	Ⅰ
	爆破作业产生的炮烟	中毒与窒息	8	4	3	8	768	一般危险	Ⅱ
施工用电	施工机具、线路漏电	触电	8	10	3	8	1920	显著危险	Ⅲ
	高压	触电	3	10	3	8	720	一般危险	Ⅱ
施工通风	风量、风速不足	中毒与窒息	6	10	3	8	1440	一般危险	Ⅱ
出碴与洞内运输	运输车辆故障	车辆伤害	4	6	3	3	216	轻度危险	Ⅰ
	装碴机运转范围不足	机械伤害	3	4	3	4	288	轻度危险	Ⅰ
支护衬砌	支护破坏	坍塌	4	6	10	5	1200	一般危险	Ⅱ
	衬砌结构断裂	坍塌	4	6	10	5	1200	一般危险	Ⅱ

六、故障树分析法

（一）方法概述

故障树分析（Fault Tree Analysis，简称FTA）技术是美国贝尔电报公司的电话实验室于 1962 年开发的，是安全系统工程的重要分析方法之一，它是运用逻辑推理对各种系统的危险性进行辨识和评价，不仅能分析出事故的直接原因，而且能深入地揭示出事故的潜在原因。用它描述事故的因果关系直观、明了。思路清晰，逻辑性强，既可定性分析，又可定量分析。在风险管理领域常用于企业风险的识别和衡量。

（二）故障树分析法名词术语

1. 事件

在故障树分析中，各种故障状态或不正常情况皆称为故障事件；各种完好状态或正常情况皆称为成功事件。两者均可简称为事件。事件可分为以下几种类型。

（1）底事件

底事件是故障树分析中仅导致其他事件的原因事件。底事件位于所讨论的故障树底端。总是某个逻辑门的输入事件而不是输出事件，底事件分为基本事件与未探明事件。

1）基本事件是在特定的故障树分析中无须探明其发生原因的底事件。

2）未探明事件是原则上应进一步探明但暂时不必或者暂时不能探明其原因的底事件。

（2）结果事件

结果事件是故障树分析中由其他事件或事件组合所导致的事件。结果事件总位于某个逻辑门的输出端。结果事件又分为顶事件与中间事件。

1）顶事件是故障树分析中所关心的结果事件。顶事件位于故障树的顶端，总是所讨论故障树中逻辑门的输出事件而不是输入事件。

2）中间事件是位于底事件和顶事件之间的结果事件。中间事件既是某个逻辑门的输出事件，同时又是别的逻辑门的输入事件。

（3）特殊事件

特殊事件是指在故障树分析中需用特殊符号表明其特殊性或引起注意的事件。特殊事件分为开关事件和条件事件。

1）开关事件是在正常工作条件下必然发生或者必然不发生的特殊事件。

2）条件事件是使逻辑门起作用的具有限制作用的特殊事件。

2. 逻辑门

FTA 使用布尔逻辑门（如"与"、"或"）形成系统的故障树逻辑模型来描述设备故障和人为失误是如何组合导致顶事件的。故障树分析中逻辑门只描述事件间的逻辑因果关系，主要有以下几种：

（1）事件符号

▭表示顶事件、中间事件符号，需要进一步往下分析的事件。

◯表示基本事件符号，不能再往下分析的事件。

◇表示正常事件符号，正常情况下存在的事件。

⬠表示省略事件，不能或不需要向下分析的事件。

（2）逻辑门

与门，表示仅当所有输入事件发生时，输出事件才发生。

或门，表示至少一个输入事件发生时，输出事件才发生。

非门，表示输出事件是输入事件的对立事件。

特殊门，有以下几种：

顺序与门，表示仅当输入事件按规定的顺序发生时，输出事件才发生。

表决门，表示仅当 n 个输入事件中的 r 个或 r 个以上的事件发生时，输出事件才发生。

异或门，表示仅当单个输入事件发生时，输出事件才发生。

禁门，表示仅当条件事件发生时，输入事件的发生方导致输出事件的发生。

关于故障树详细内容可以参照《故障树名词术语和符号》GB/T 4888—2009。

（三）方法步骤

故障树分析的基本程序如图 4-8 所示。

1. 故障树的构建

故障树的构建从顶事件开始，用演绎和推理的方法确定导致顶事件的直接的、间接的、必然的、充分的原因。通常这些原因不是基本事件，而是需要进一步发展的中间事件。

2. 故障树的定性分析

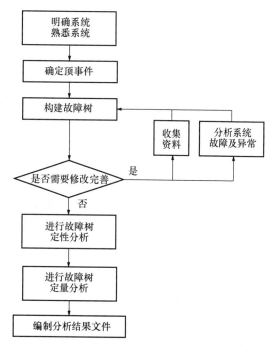

图 4-8　故障树分析程序

故障树的定性分析仅按故障树的结构和事故的原因关系进行。分析过程中不考虑各事件的发生概率。内容包括求基本事件的最小割集、最小径集及其结构重要度。

以图 4-9 为例介绍故障树的定性分析。

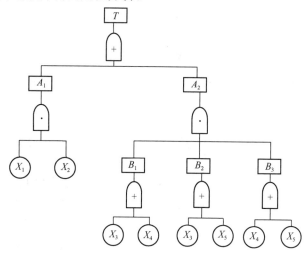

图 4-9　未经化简的故障树

（1）布尔代数法运算法则

1）交换律　　$A+B=B+A$　　$A \cdot B=B \cdot A$

101

2）结合律　　$A+(B+C)=(A+B)+C$　　$A \cdot (B \cdot C)=(A \cdot B) \cdot C$

3）分配律　　$A \cdot (B+C)=A \cdot B+A \cdot C$　　$A+(B \cdot C)=(A+B) \cdot (A+C)$

4）吸收律　　$A \cdot (A+B)=A$　　$A+A \cdot B=A$

5）互补律　　$A+A'=1$　　$A \cdot A'=0$

6）幂等律　　$A \cdot A=A$　　$A+A=A$

7）狄摩根定律　　$(A+B)'=A' \cdot B'$　　$(A \cdot B)'=A'+B'$

8）对偶律　　$(A')'=A$

9）重叠律　　$A+A'B=A+B=B'+BA$

由图 4-9，未经化简的故障树，其结构函数表达式为：

$$T=A_1+A_2$$
$$=A_1+B_1B_2B_3$$
$$=X_1X_2+(X_3+X_4)(X_3+X_5)(X_4+X_5)$$
$$=X_1X_2+X_3X_3X_4+X_3X_4X_4+X_3X_4X_5+X_4X_4X_5+X_4X_5X_5+X_3X_3X_5+X_3X_5X_5+X_3X_4X_5$$

（2）最小割集的概念和求法

1）最小割集的概念

能够引起顶事件发生的最低限度的基本事件的集合（通常把满足某些条件或具有某种共同性质的事物的全体称为集合，属于这个集合的每个事物叫元素）称为最小割集。换句话说：如果割集中任一基本事件不发生，顶事件就绝不发生。一般割集不具备这个性质。例如本故障树中 $\{X_1,X_2\}$ 是最小割集，$\{X_3,X_4,X_3\}$ 是割集，但不是最小割集。

2）最小割集的求法

利用布尔代数化简法，将上式归并、化简。

$$T=X_1X_2+X_3X_3X_4+X_3X_4X_4+X_3X_4X_5+X_4X_4X_5+X_4X_5X_5+X_3X_3X_5+X_3X_5X_5$$
$$+X_3X_4X_5$$
$$=X_1X_2+X_3X_4+X_3X_4X_5+X_4X_5+X_3X_5+X_3X_4X_5$$
$$=X_1X_2+X_3X_4+X_4X_5+X_3X_5$$

得到四个最小割集 $\{X_1 、X_2\}$、$\{X_3 、X_4\}$、$\{X_4 、X_5\}$、$\{X_3 、X_5\}$。

3）最小割集的作用

表示系统的危险性，每个最小割集都是顶事件发生的一种可能渠道。最小割集的数目越多，越危险。其分述如下：

① 表示顶事件发生的原因，事故发生必然是某个最小割集中几个事件同时存在的结果。求出故障树全部最小割集，就可掌握事故发生的各种可能，对掌握事故的规律，查明事故的原因大有帮助。

② 一个最小割集代表一种事故模式。根据最小割集，可以发现系统中最薄弱的环节，直观判断出哪种模式最危险，哪些次之，以及如何采取预防措施。

③ 可以用最小割集判断基本事件的结构重要度，计算顶事件概率。

（3）结构重要度分析

结构重要度分析是分析基本事件对顶事件影响的大小，为改进系统安全性提供重要信息的手段。

故障树中各基本事件对顶事件的影响程度是不同的。从故障树结构上分析各基本事件的重要度（不考虑各基本事件的发生概率）或假定各基本事件发生概率相等的情况下，分析各基本事件的发生对顶事件发生的影响程度，叫结构重要度。

结构重要度判断方法如下：

1）用基本事件状态值改变，求结构重要度系数。

2）利用最小割集分析判断方法进行结构重要度判断有以下几个原则：

第一，一阶（单事件）最小割集中的基本事件结构重要度大于所有高阶最小割集中基本事件的结构重要系数。

如在 $\{X_1\}$、$\{X_2, X_3\}$、$\{X_2, X_4, X_5\}$ 中，$I(1)$ 最大。

第二，仅在同一最小割集中出现的所有基本事件，结构重要系数相等（在其他割集中不再出现）。如在 $\{X_1, X_2\}$、$\{X_3, X_4, X_5\}$、$\{X_6, X_7, X_8, X_9\}$ 中，$I(1) = I(2)$；$I(3) = I(4) = I(5)$；$I(6) = I(7) = I(8) = I(9)$。

第三，几个最小割集均不含有共同元素，则低阶最小割集中基本事件重要系数大于高阶割集中基本事件重要系数。阶数相同，重要系数相同。

如上例中 $\{X_1, X_2\}$、$\{X_3, X_4, X_5\}$、$\{X_6, X_7, X_8, X_9\}$ 中，$I(1) > I(3) > I(6)$

在 $\{X_1, X_2, X_3\}$、$\{X_4, X_5, X_6\}$ 中，$I(1) = I(4)$

第四，比较两基本事件，若与之相关的割集阶数相同，则两事件结构重要系数大小，由它们出现的次数决定，出现次数大的系数大。

第五，相比较的两事件仅出现在基本事件个数不等的若干最小割集中。

若它们重复在各最小割集中出现次数相等，则在少事件最小割集中出现的基本事件结构重要系数大。如在 $\{X_1, X_3\}$、$\{X_2, X_3, X_5\}$、$\{X_1, X_4\}$、$\{X_2, X_4, X_5\}$ 中，X_1 出现两次，X_2 也出现两次，但 X_1 在少事件割集中，所以 $I(1) > I(2)$；

在少事件割集中，出现次数少，多事件割集中次数多，以及它的复杂情况，可以用近似判别式。$I(i) = \sum_{ki} 1/2^{n_i-1}, X \in k$，其中：

$I(i)$——基本 X_i 的重要系数近似判别值；

K_i——包含 X_i 的割集（所有）；

n_i——基本事件 X_i 所在割集中基本事件个数。

所以，$I(1) = I(3) > I(4) > I(2) > I(5)$。

在用割集判断基本事件结构重要系数时，必须按上述原则，先行判断近似式是迫不得已而为之，不能完全用它。

（4）径集、最小径集及等效事故树

事故树中某些基本事件的集合，当集合中这些基本事件全部不发生时，顶事件必然不发生，这样的集合称为径集。若在某个径集中任意除去一个基本事件就不再是径集，则这样的径集称为最小径集，亦即导致顶事件不能发生的最低限度的基本事件的集合。

最小径集求法如下：

先将故障树化为对偶的成功树（只要将或门换成与门，与门换成或门，将事件化为其对偶事件即可）；写出成功树的结构函数；化简得到由最小割集表示的成功树的结构函数；

再求补得到若干并集的交集，每一个并集实际就是一个最小径集。

用最小割集判别基本事件结构重要顺序与用最小径集判别结果一样。凡对最小割集适用的原则，对最小径集同样适用。

3. 故障树定量分析

有了各基本事件的发生概率，就可计算顶事件的发生概率。

（1）利用最小割集计算顶事件发生概率

在故障树定性分析中，给出了最小割集的求法，以及用最小割集表示的故障树等效图。等效图的标准结构形式是顶事件 T 与最小割集 K_i 的连接为或门，每个最小割集 K_i 与其基本事件 X_i 的连接为与门。如果各最小割集中没有重复的基本事件，则可以用下式计算：

$$g = \coprod_{r=1}^{k} \prod_{X_i \in k_r} q_i \tag{4-6}$$

式中　　i——基本事件的序数；

　　　　r——最小割集的序数；

　　　　k——最小割集的个数；

$X_i \in k_r$ ——第 i 个基本事件属于第 r 个最小割集；

　　$\prod$——求概率积；

　　$\coprod$——求概率和。

（2）利用最小径集计算顶事件发生概率

用最小径集表示的故障树等效图标准形式是：顶事件与最小径集的连接门是与门，基本事件与相应最小径集的连接门是或门。如果最小径集彼此没有重复基本事件，则可按下式计算：

$$g = \prod_{j=1}^{p} \coprod_{X_i \in P_j} q_i = \prod_{j=1}^{p} \left[1 - \coprod_{X_i \in P_j} (1 - q_i) \right] \tag{4-7}$$

（四）方法特点和适用范围

故障树分析方法能识别导致事故的基本事件（基本的设备故障）与人为的失误组合，可为人们提供设法避免或减少事故基本原因的线索，从而降低事故发生的可能性；对导致灾害事故的各种因素及逻辑关系能作出全面、简洁和形象的描述；便于查明系统内固有的或潜在的各种危险因素，为设计、施工和管理提供科学依据；使有关人员、作业人员全面了解和掌握各项防灾要点；便于进行逻辑运算，进行定性、定量分析和系统评价。但FTA 步骤较多，计算也较复杂；在国内数据较少，进行定量分析还需要做大量工作。

FTA 应用比较广泛，非常适合高度复杂性的系统。

（五）应用实例

蒸汽锅炉是工业生产中常用的设备，锅炉缺水是锅炉运行中最常见的事故之一，严重的缺水会使锅炉蒸发受热面管子过热变形甚至被烧塌、胀口渗漏以致胀管脱落、受热面钢材过热或者过烧，降低以致丧失承载能力、管子爆破等。处理不当时，会导致锅炉爆炸事故。以下将锅炉缺水作为顶事件进行分析，建立的事故树如图 4-10 所示。

1. 画出故障树的成功树（略）

2. 求结构函数

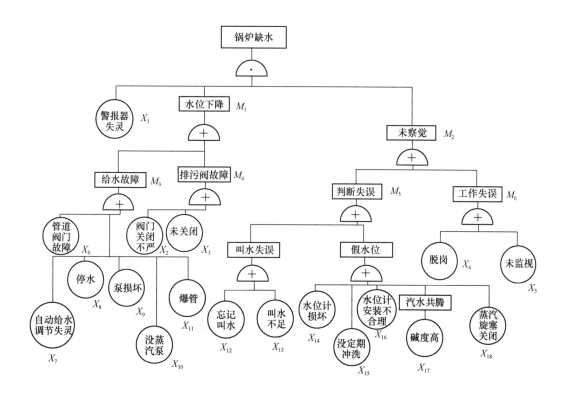

图 4-10　锅炉缺水事故树

$$T' = X'_1 + M'_1 + M'_2 = X'_1 + M'_3 M'_4 + M'_5 M'_6$$
$$= X'_1 + X'_6 X'_7 X'_8 X'_9 X'_{10} X'_{11} X'_2 X'_3 + X'_{12} X'_{13} X'_{14} X'_{15} X'_{16} X'_{17} X'_{18} X'_4 X'_5$$

得到 3 个最小径集，分别为：

$$P_1 = \{X_1\}, \quad P_2 = \{X_2, X_3, X_6, X_7, X_8, X_9, X_{10}, X_{11}\},$$
$$P_3 = \{X_4, X_5, X_{12}, X_{13}, X_{14}, X_{15}, X_{16}, X_{17}, X_{18}\}$$

3. 求结构重要度

利用最小径集来判断结构重要度。

X_1 是单事件的最小径集，因此，其结构重要度大于任何一个事件的结构重要度。

$\{X_2, X_3, X_6, X_7, X_8, X_9, X_{10}, X_{11}\}$ 中 8 个事件没有重复，因此这 8 个事件的结构重要度相同；

$\{X_4, X_5, X_{12}, X_{13}, X_{14}, X_{15}, X_{16}, X_{17}, X_{18}\}$ 中 9 个事件没有重复，因此这 9 个事件的结构重要度相同。

所以，结构重要度的顺序为：

$$I_\phi(1) > I_\phi(2) = I_\phi(3) = I_\phi(4) = I_\phi(5) = I_\phi(6) = I_\phi(7) = I_\phi(8) = I_\phi(9)$$
$$= I_\phi(10) = I_\phi(11) > I_\phi(4) = I_\phi(5) = I_\phi(12) = I_\phi(13)$$
$$= I_\phi(14) = I_\phi(15) = I_\phi(16) = I_\phi(17) = I_\phi(18)$$

通过分析可知，锅炉缺水最小割集最多 72 个，也就是说发生缺水事故有 72 个可能性。最小径集 3 个，只要采取径集方案中的任何一个，锅炉缺水事故就可以避免。可以看

105

出，预防锅炉缺水事故的最佳方案是保证水位警报器灵敏可靠。

七、事件树分析法

（一）方法概述

事件树分析法（Event Tree Analysis，简称 ETA）是安全系统工程中常用的一种归纳推理分析方法，起源于决策树分析，它是一种按事故发展的时间顺序由初始事件开始推论可能的后果，从而进行危险源辨识的方法。这种方法将系统可能发生的某种事故与导致事故发生的各种原因之间的逻辑关系用一种称为事件树的树形图表示，通过对事件树的定性与定量分析，找出事故发生的主要原因，为确定安全对策提供可靠依据，以达到预防事故发生的目的。

（二）方法步骤

事件树分析通常包括 7 步：

1. 确定初始事件（可能引发感兴趣事故的初始事件）

初始事件的选定是事件树分析的重要一环，初始事件应当是系统故障、设备故障、人为失误或者工艺异常，这主要取决于安全系统或操作人员对初始事件的反映。如果所选定的初始事件能直接导致一个具体事故，事件树就能较好地确定事故的原因。在事件树分析的绝大多数应用中，初始事件是预想的，装置设计包括装置、防护围栏或工艺方法是用来对初始事件作出反映并降低或消除初始事件的影响。

2. 初始事件的安全功能

初始事件作出响应的安全功能可被看成为防止初始事件造成后果的预防措施。安全功能措施通常包括：

系统自动对初始事件的作出响应（包括自动停车系统）；当初始事件发生时，报警器向操作者发出警报；操作工按设计要求或规定的操作规程对报警作出响应时；冷却系统、压力释放系统和破坏系统启动以减轻事故的严重程度；对初始事件的影响起限制作用的围堤或封闭方法。

这些安全功能（措施）主要是避免初始事件发展成恶性事件，分析人员应该确定事件的顺序（全面），确认能减轻初始事件后果的所有安全功能（措施）。在事件树中安全功能的确定是成功的还是失败的。

3. 编制事件树

事件树展开的是事故序列，由初始事件开始，再对控制系统和安全系统如何响应进行处理，其结果是明确地确定出由初始事件引起的事故。分析人员按事件顺序列出安全功能（措施）的动作，虽然许多时候事件可能是同时发生的。在估计安全系统对异常状况的响应时，分析人员应仔细地考虑正常工艺控制对异常状况的响应这一因素。

编制事件树的第一步，是写出初始事件和用于分析的安全功能（措施），初始事件列在左边，安全功能（措施）写在顶部（格内）；下一步是评价安全功能（措施）。通常，只考虑两种可能：安全措施成功还是失败。假设初始事件已经发生，分析人员须确定所采用的安全措施成功/失败的标准；接着判断如果安全措施成功或失败了，对事故的发生有什么影响。如果对事故有影响，则事件树要分成两枝，分别代表安全措施成功和安全措施失败，一般把成功一枝放在上面，失败一枝放在下面；如果该安全措施对事故的发生没有什么影响，则不需分叉（分枝），可进行下一项安全措施。用字母标明成功的安全措施（如A、B、C、D），用字母上面加一横代表失败的安全措施（如 $\overline{A}$、$\overline{B}$、$\overline{C}$、$\overline{D}$）。图 4-11 描述了完整的事件树分析过程。

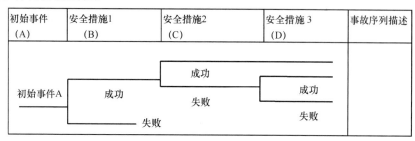

图 4-11　事件树编制图

4. 对事件树序列进行描述

说明由初始事件引起的一系列结果，其中某一序列或多个序列有可能表示安全恢复到正常状态或有序地停车。从安全角度看，其重要意义在于得到所关心的后果。

5. 分析事故序列

用故障树分析对事件树事故序列加以分析，以便确定其最小割集。每一事故序列都由一系列安全系统失败组成，并以"与门"逻辑与初始事件相关。这样，每一事故序列都可以看作是由"事故序列（结果）"作为顶事件的故障树，并用"与门"将初始事件和一系列安全系统失败（故障）与"事故序列（结果）"相连接的故障树。

6. 事件树定量分析

事件树定量分析是计算每个分支发生的概率。为了计算各分支发生的概率，首先必须确定每个因素的概率。如果各个因素的可靠度已知，根据事件树即可求得系统的可靠度。

7. 编制分析结果文件

事件树的最后一步是将分析研究的结果汇总，分析人员应对初始事件、一系列的假想和事件树模式等进行详尽的分析。并列出事故的最小割集。可列出讨论的不同事故后果，从事件树分析得到的建议措施也应列出。

（三）方法特点和适用特点

事件树分析法是一种图解形式，能够将事故的动态发展全部描述出来，特别对大规模系统的危险性及后果进行定性、定量的辨识，也可对影响严重的事件进行定量分析。但事件树成长非常快，为了保持合理大小，往往使分析细节非常粗，缺少像 FTA 的数学混合应用。

目前，事件树分析法已从宇航、核产业进入到一般电力、化工、机械、交通等领域的分析，它可以进行故障诊断、分析系统的薄弱环节，指导系统的安全运行，实现系统的优化设计等。

（四）应用实例

有一泵和两个串联阀门组成的物料输送系统。物料沿箭头方向顺序经过泵 A、阀门 B 和阀门 C，泵启动后的物料输送系统图 4-12 所示。设泵 A、阀门 B 和阀门 C 的可靠度分别为 0.95、0.9、0.9，试计算系统成功概率

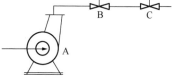

图 4-12　物料输送系统图

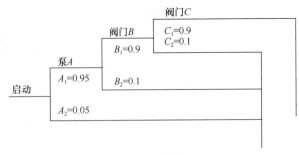

图 4-13　事件树

和失败概率各是多少?

1. 绘制事件树

事件树如图 4-13 所示。

2. 串联系统的成功概率 $P(S)$

系统的成功概率 $P(S)$ 为泵 A 和阀门 B、阀门 C 均处于成功状态时,故其成功的概率应为概率积求解。

$$P(S) = P(A) \times P(B) \times P(C) = 0.95 \times 0.9 \times 0.9 = 0.7695$$

3. 对于失败的概率,用 $F(S)$ 表示

$$F(S) = 1 - P(S) = 1 - 0.7695 = 0.2305$$

八、日本化工企业六阶段评价法

(一) 方法概述

1976 年,日本劳动省颁布了《化工厂安全评价指南》,提出化工企业六阶段安全评价法,并在化工企业中推广应用。该评价方法综合应用安全检查表、定量危险评价、事故信息评价和事件树、事故树分析等方法,分成六个阶段采取逐步深入、定性与定量结合、层层筛选的方法对危险进行分析和评价,并采取措施修改设计、消除危险。

(二) 方法步骤

第一阶段　资料准备

评价前首先要准备建厂条件、物料性质、装置布置、工艺过程、安全装备、操作要点、人员配备、安全教育训练计划、各种仪表设备图。

(1) 建厂条件,如地理环境、气象及周边关系图;

(2) 装置平面图;

(3) 构筑物物平面、断面、立面图;

(4) 仪表室和配电室平面、断面、立面图;

(5) 原材料、中间体、产品等物理化学性质及人的影响;

(6) 反应过程;

(7) 制造工程概要;

(8) 流程图;

(9) 设备表;

(10) 配管、仪表系统图;

(11) 安全设备的种类及设置地图;

(12) 安全教育训练计划;

(13) 人员配置;

(14) 操作要点;

(15) 其他有关资料。

第二阶段　定性评价(安全检查表检查)

主要对厂址选择、工艺流程布置、设备选择、建筑物、原材料、中间体、产品、输送

存储系统、消防设施等方面用安全检查表。

（1）厂址选择检查

1）地形适当否？地基软否？排水情况如何？

2）对地震、台风、海啸等自然灾害准备充分否？

3）水、电、煤气等公用设施有保证否？

4）铁路、航空港、市街、公共设施等方面的安全考虑了没有？

5）紧急情况时，消防、医院等防灾支援体系考虑了没有？

6）附近工厂发生事故时能否波及？

（2）工厂内部布置检查

1）工厂内部布置是否设立了适当的封闭管理系统？

2）从厂界到最近的装置安全距离是否得到保证？

3）生产区与居民区、仓库、办公室、研究室等之间是否有足够的间距？

4）仪表室的安全有无保证？

5）车间的空间是否按照物质的性质、数量、操作条件、紧急措施和消防活动加以考虑？

6）装卸区域厂界是否有效的加以隔离？是否与火源隔开？

7）储罐与厂界之间是否有足够的距离？储罐周围是否设计了防液堤？液体泄出后能否掩埋？

8）三废处理设备与居民区是否充分分开？是否考虑了风向问题？

9）紧急时，是否有充分的车辆出入口通道？

（3）对建筑物的检查

1）是否有耐震设计？

2）基础和地震能否承受全部载荷？

3）建筑物的材料和支柱强度够不够？

4）地板和墙壁是否用不燃性的材料制成？

5）电梯、空调设备和换气通道的开口对火灾蔓延的影响是否降至最低限度？

6）危险的工艺过程是否用防火墙或隔爆墙隔开？

7）室内有可能发生危险物质泄漏的情况时，通风换气良好否？

8）避难口和疏通道的标志明显否？

9）建筑物中的排水设备足够否？

（4）选择工艺设备检查

1）选择工艺设备时，在安全方面是否进行了充分的讨论？

2）工艺设备容易进行操作和监视否？

3）工艺设备是否从人机工程的角度考虑防止误操作的问题？

4）是否对工艺制定了各种详细的诊断项目？

5）工艺设备设备设计了充分的安全控制项目否？

6）当设计或布置工艺设备时，是否考虑了检查和维修的方便？

7）工艺设备发生异常时能否加以控制？

8）检查和维修计划是否充分、适当？

9）备品备件和修理人员充分否？

10）安全装置能否充分防止危险？

11）重要设备的照明充分否？停电时是否有备用设备？

12）是否充分考虑到管道中流体速度？

（5）原材料、中间体、产品事项检查

1）原材料是否从工厂最安全的处所进入厂内？

2）原材料进厂有否操作规程？

3）原材料、中间体、产品等的物理化学性质是否清楚？

4）原材料、中间体、产品等的爆炸性、着火性及其对人体的影响如何？

5）原材料、中间体、产品是否有杂质？是否影响安全？

6）原材料、中间体、产品是否有腐蚀性？

7）高度危险品的储存地点和数量是否确切掌握？

（6）工艺过程及管理检查

1）是否充分了解所处理物质的潜在危害？

2）危险性高的物质是否控制在可控范围？

3）是否明确可能发生的不稳定反应？

4）从研究阶段到投产出现问题是否进行调查并加以改进？

5）是否用正确的化学反应方程式和流程图反映工艺流程？

6）是否有操作规程？

7）对压力、温度、反应、振动冲击、原材料供应、原材料输送、水或杂质的混入、从装置泄漏或溢出、静电等发生问题或异常时，有否预防措施？

8）使用不稳定物质时，对热源、压力、摩擦等刺激因素是否控制在最小的限度？

9）对废渣和废液是否进行了妥善处理？

10）对随时可能排出的危险物质，是否有预防措施？

11）发生泄漏时被污染的范围是否清楚？

（7）输送储存系统检查

1）是否对输送的安全注意事项作了具体规定？

2）能否确保运输操作的安全？

3）在装载设备场所附近，是否设置了淋浴器、洗眼设备？

（8）消防设施检查

1）消防用水能否得到保证？

2）配水设备等功能及配置适当否？

3）是否考虑了喷水设备的检查和维修？

4）消防活动组织机构、规章制度健全否？

5）消防人员编制是否够？

第三阶段　定量评价

定量评价是将需要评价的装置分成若干个单元，每个单元根据物质、单元容量、温度、压力和操作五个项目的具体情况，分别确定各个项目的危险度，项目的危险度分为A、B、C、D四等，各等有对应的点数，求五个项目的点数之和，作为该单元的危险度点数，根据单元危险度点数确定单元的危险等级。单元的危险度点数和危险等级的确定可以查表 4-27 和表 4-28。

单元一般是指单一的机器设备，从进口法兰到出口法兰出为止，不包括设备间的配管。如果有几个操作条件相同的设备，可以选择一个容量大的设备为代表进行安全评价，其他可以省略不评价。对于没有危险性的一般设备，可以不作定量评价。

单元危险度点数按下式计算：$N_u = N_1 + N_2 + N_3 + N_4 + N_5$，$N_u$ 为单元的危险度点数；N_1 为单元物料项目的危险度点数；N_2 为单元的容量项目的危险度点数；N_3 为单元的温度项目的危险度点数；N_4 为单元的压力的项目的危险度点数；N_5 为单元操作项目的危险度点数。各项目的危险度点数与其危险度等级相对应，即 $A = 10$；$B = 5$；$C = 2$；$D = 0$ 点。各项目的具体等级划分见定量评价表。

六阶段评价法单元的危险点数　　　　　　　　　　　表 4-27

项　目		A（10）点	B（5）点	C（2）点	D（0）点
1 物质		1. 爆炸性物质 2. 自燃性物质，金属锂和钠，黄磷 3. 可燃气体内压力为 0.2MPa 以上的乙炔 4. 与前述同样危险的物质，如烷基铝	1. 自燃性物质中的硫化磷和赤鳞 2. 氧化性物质中的氯酸盐、过氧酸盐、无机过氧化物 3. 易燃性物质，闪点 −30℃ 以下者 4. 可燃气体 5. 与前述同样危险的物质	1. 自燃性物质的赛璐珞类、电石、磷化钙、镁粉、铝粉 2. 易燃性物质，闪点为 −30～30℃ 者 3. 与前述同样危险的物质	不属于 A、B、C 等的物质
2. 单位容量	气体	＞1000m³	500～1000m³	100～500m³	＜100m³
	液体	＞100m³	50～100m³	10～50m³	＜10m³
3. 温度		在 ＞1000℃ 时使用，其使用温度在燃点以上	1. 在 ＞1000℃ 时使用，但使用温度未达燃点 2. 在 250～1000℃ 时使用，使用温度在燃点以上	1. 在 250～1000℃ 时使用，使用温度未达燃点 2. 未达 250℃ 时使用，使用温度在燃点以上	使用温度达 250℃ 但未达燃点
4. 压力		＞100MPa	20～100MPa	1～20MPa	＜1MPa
5. 操作		在爆炸范围附近操作	温度上升速度值 ＞400℃		

六阶段评价法单元的危险等级　　　　　　　　　　表 4-28

危险读点数	等级	危险程度
＞16 点	Ⅰ	高度危险
11～15 点	Ⅱ	中度危险
＜10 点	Ⅲ	低度危险

第四阶段　安全措施

单元的危险等级确定以后，就要在技术和组织管理等方面采取相应的安全措施。

（1）技术上的安全措施

技术上的安全措施见表4-29。

安全措施 表4-29

序号	措施项目	Ⅰ级要求	Ⅱ级要求	Ⅲ级要求
1	消防供水及喷淋水灭火设备	室外消防用水设施需能持续供应120min的用水，喷淋水设施也需满足上述供水要求，水量应能满足有关规定要求，停电时也能保证消防供水	室外消防用水设施需能持续供应120min的用水，适当设置喷淋设备，其喷淋水量应能符合有关规定要求，停电时也能保证消防供水	同Ⅱ级要求，但危险度点数少于5点的不适用
2	建筑物的耐火构造	使用或制造可燃物时，设备的支撑构件的耐火极限至少为2h，储存有可燃物7m³以上的建筑物耐火极限应在2h以上，但装有喷淋水设施，支柱采用耐火防护结构者除外	使用或制造可燃物时，设备的支撑构件的耐火极限至少为2h，储存有可燃物7m³以上的建筑物耐火极限应在0.5h以上，但装有喷淋水设施，支柱采用耐火防护结构者除外	
3	特别的仪表和设备	发生火灾时应采取防止可燃物溢出或溢出最少的办法。应采取防止反应器、塔槽等设备因异常反应而发生危险或使危险减到最小的办法，这些仪表设备应采取双分或加强方式，仪表用空气储量或事故电源能维持30min使用，紧急停车位回路为独立电源	发生火灾时应采取防止可燃物溢出或溢出最少的办法。应采取防止反应器、塔槽等设备因异常反应而发生危险或使危险减到最小的办法	
4	三废设备泄放设备急冷设备	设置排放槽、火炬、排气筒、急冷设备等。放空阀采用远距离操作方式	在使用可燃物的室内，设置火灾时能从建筑物排除可燃物或保持安全状态的特殊设备	
5	防止容器爆炸的设备	装设特别仪表控制设施或向容器内部送入惰性气体的自控阀门	装设特别仪表控制设施或向容器内部送入惰性气体	设置消除或盐装置或防止静电措施
6	远距离操作	装设远距离操作和监视装置	必要时装设远距离操作和监视装置	
7	报警装置	设置报警器和扩音器等，在特别必要时，可采用自动和联动方式	设置紧急状态报警装置	
8	气体检测设备	可燃物质有泄漏可能时，设置可燃性气体检测器，必要时使其与紧急停车、消防装置联锁	可燃物有泄漏可能时，设置可燃性气体检测器	
9	冲击波防护措施及辐射热挡热措施	为防止冲击波破坏，消防用水主管和操作阀应隔离，埋设或设防爆墙保护，离波源应由30m以上的距离	消防用水主管和操作阀应隔离，埋设或设防爆墙保护，离波源应有15m以上的距离	

序号	措施项目	Ⅰ级要求	Ⅱ级要求	Ⅲ级要求
10	排气设备	设置烟、热、可燃性气体、粉尘等有害物质的排风设施	设置烟、热、可燃性气体、粉尘等有害物质的排风设施	设置烟、热、可燃性气体、粉尘等有害物质的排风设施
11	备用电源	以下设备应有备用电源：消防设备、冷却水泵、事故照明、紧急停车装置、气体泄漏报警器、排毒设备、通信设备	消防设备、冷却水泵、事故照明、紧急停车装置、气体泄漏报警器、排毒设备、通信设备应有备用电源	

（2）管理方面的措施

1）人员配备

化工装置人员的配备，不能采用随劳动量增加而增加人员的方式，而是要以技术、经验和知识等为基础，编成小组，按危险程度进行配备，人员配备要求见表4-30。

人员配备表　　　　　　　　　　　　　　　　表 4-30

等级	Ⅰ级	Ⅱ级	Ⅲ级
人员	配备足够人员，以便在发生紧急情况时，在不同地点进行工作	尽可能做到与Ⅰ相同的配备	在发生紧急情况时，应对主要作业配备能保证增援的人员
资格	须具备法定资格，而且应配备 2 人以上，管理人员应多些	具备法定资格者 2 人以上	具备法定资格者，人员要足够

2）教育训练

为确保化工装置的安全，需要提高员工的知识和判断力，为此要规定一定的教育训练，在一定时间反复操作，在工作中进行实际技术训练，以提高应变能力。

化工企业的教育课程包括危险物品及化学反应的有关知识、化工设备的构造及使用方法的有关知识、化工设备操作及维修方法的有关知识、操作规程、事故案例、有关法规等。

3）维修

按照操作规程定期维修，并记录且要保存。对以前的维修记录或操作时的事故记录也要充分利用。维修时要注意几个问题：维修制度是否健全，试运转时有无操作规程，停止运转时有无操作检查，有无紧急停车程序表，有无返修记录，有无定期修理计划表。

第五阶段　用过去的事故情况进行再评价

根据设计内容参照过去同样设备和装置的事故情报进行再评价。如果有需要改进的地方，再按照第四阶段重复进行讨论。

第六阶段　用事故树和事件树进行再评价

对于危险等级为Ⅰ级的装置，最好用事故树和事件树进行再评价。如果评价之后发现有的地方需要改进，要对设计内容进行修改，然后才能建设。

（三）方法特点及和适用范围

日本化工企业六阶段安全评价法综合运用检查表、定量评价法、类比法、事故树、事件树反复评价，工作量大。此种方法考虑到了各种评价方法之间的联系，评价较全面，除了应用于化工企业，其他行业的安全评价可参考六阶段评价法的评价过程和评价思路。

九、危险度评价法

（一）方法概述

危险度评价法是借鉴日本劳动省"六阶段法"的定量评价表，结合我国《石油化工企业设计防火规范》GB 50160—92（2001 年修改版）、《压力容器中化学介质毒性危害和爆炸危险程度分类》HG 20660—2000 等有关规范和标准，编制了"危险度评价取值表"对选定的评价单元进行危险度评价。

（二）方法步骤

该方法规定了危险度由物质、容量、温度、压力和操作 5 个项目共同确定。物质，物质本身固有的点火性、可燃性和爆炸性的程度；容量，单元中处理的物料量；温度，运行温度和点火温度的关系；压力，运行压力（超高压、高压、中压、低压）；操作，运行条件引起爆炸或异常反应的可能性。其危险度分别按 $A=10$ 分，$B=5$ 分，$C=2$ 分，$D=0$ 分赋值计分，总分＝物质＋容量＋温度＋压力＋操作，由累计分值确定单元危险度。危险度评价取值如表 4-31 所示，单元危险程度如表 4-32 所示。

$$\begin{Bmatrix}物质\\0\sim10\end{Bmatrix}+\begin{Bmatrix}容量\\0\sim10\end{Bmatrix}+\begin{Bmatrix}温度\\0\sim10\end{Bmatrix}+\begin{Bmatrix}压力\\0\sim10\end{Bmatrix}+\begin{Bmatrix}操作\\0\sim10\end{Bmatrix}=\begin{Bmatrix}16分以上\\11\sim15\\1\sim10\end{Bmatrix}$$

危险度评价取值表   表 4-31

项目	分值			
	A（10分）	B（5分）	C（2分）	D（0分）
物质（系指单元中危险、有害程度最大之物质）	1. 甲类可燃气体 2. 甲$_A$类物质及液态烃类 3. 甲类固体 4. 极度危害介质	1. 乙类可燃气体 2. 甲$_A$、乙$_A$类可燃液体 3. 乙类固体 4. 高度危害介质	1. 乙$_B$、丙$_A$、丙$_B$类可燃液体 2. 丙类固体 3. 中、轻度危害介质	不属左述之A，B，C项之物质
容量	1. 气体 1000m³ 以上 2. 液体 100m³ 以上	1. 气体 500～1000m³ 2. 液体 50～100m³	1. 气体 100～500m³ 2. 液体 10～50m³	1. 气体 < 100m³ 2. 液体 < 10m³
温度	1000℃ 以上使用，其操作温度在燃点以上	1.1000℃ 以上使用，但操作温度在燃点以下 2. 在 250～1000℃ 使用，其操作温度在燃点以上	1. 在 250～1000℃ 使用，但操作温度在燃点以下 2. 在低于 250℃ 时使用，操作温度在燃点以上	在低于 250℃ 时使用，操作温度在燃点以下

项目	分值			
	A（10分）	B（5分）	C（2分）	D（0分）
压力	100MPa	20～100MPa	1～20MPa	1MPa 以下
操作	1. 临界放热和特别剧烈的放热反应操作 2. 在爆炸极限范围内或其附近的操作	1. 中等放热反应操作 2. 系统进入空气或不纯物质，有可能发生的危险、操作 3. 使用粉状或雾状物质，有可能发生粉尘爆炸的操作 4. 单批式操作	1. 轻微放热反应操作 2. 在精制过程中伴有化学反应 3. 单批式操作，但开始使用机械等手段进行程序操作 4. 有一定危险的操作	无危险的操作

危险度分级　　　　　　　　　　　　　表 4-32

总分值	≥16分	11～15分	≤10分
等级	Ⅰ	Ⅱ	Ⅲ
危险程度	高度危险	中度危险	低度危险

（三）方法的特点及适用范围

危险度评价法是在消化吸收日本化工企业六阶段评价法的基础上结合我国有关标准规范编制的，评价过程较简单，能够确定生产装置的危险程度，在石油化工企业得到较广泛的应用，对于评价结果为中度危险以上的装置，可以结合其他定量评价方法或者事故后果模型进一步计算可能发生的事故影响范围。

（四）应用实例

某溶解乙炔生产企业电石和过量水在乙炔发生器内进行水解反应，粗乙炔气经净化后进行压缩干燥，最后将干燥乙炔气加压充入乙炔气瓶中。对以下单元各装置的危险程度进行评价，结果列于表 4-33 中。

溶解乙炔生产企业危险度评价表　　　　　表 4-33

序号	单元名称	物质名称	物质评分	容量评分	温度评分	压力评分	操作评分	总分	等级
1	发生	乙炔	10	0	0	0	5	15	Ⅱ
2	净化	乙炔	10	0	0	2	2	14	Ⅱ
3	压缩干燥	乙炔	10	0	0	2	2	14	Ⅱ
4	乙炔充装	乙炔	10	0	0	2	5	17	Ⅰ

十、化工厂危险程度分级法

（一）方法概述

1992 年由原化工部劳动保护研究所研制开发的"化工厂危险程度分级"项目通过了劳动部组织的专家鉴定。该项目以"道化学评价法"为基础，结合我国化工企业实际，提出了评价整个工厂危险性的方法。

（二）方法步骤

"化工厂危险程度分级"评价过程主要分两部分：第一部分计算化工厂的固有危险性

指数并得到相应的固有危险等级；第二部分根据检查表对安全管理进行检查、评分和确定等级，然后根据固有危险等级和安全管理等级综合确定化工厂的实际危险级别。评价程序如图 4-14 所示。

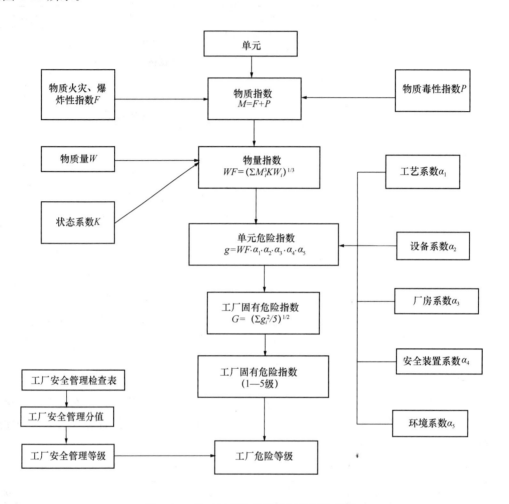

图 4-14　化工厂危险程度分级法评价程序

1. 物质系数

将工厂按工艺过程或装置布置分成若干单元，先查出单元内危险物质的火灾、爆炸性指数 F、毒性指数 P，然后求出物质指数 M。

$$M = F + P \tag{4-8}$$

式中　M——物质指数；

　　　F——物质的火灾、爆炸性指数；

　　　P——物质的毒性指数。

火灾、爆炸性指数按物质的火灾、爆炸危险性指数表确定，如表 4-34 所示。

2. 毒性指标 P

按《职业性接触毒物危害程度分级》，物质的毒性指标如表 4-35 所示。

物质的火灾、爆炸危险性指数表　　　　　　　　　　　　　表 4-34

类别	火灾、爆炸特性	指数
甲	1. 闪点<28℃的易燃液体	
	（1）闪点<0℃的易燃液体	
	1）不溶于水的易燃液体	23
	2）可溶于水的易燃液体	21
	（2）闪点 0～28℃	
	1）不溶于水的易燃液体	21
	2）可溶于水的易燃液体	19
	2. 爆炸下限<10%的可燃气体	
	（1）对空气密度大于 1	25
	（2）对空气密度小于或等于 1	23
	3. 常温下能自行分解或在空气中氧化即能导致迅速自燃或爆炸的物质	30
	4. 常温下受到水或空气中水蒸气的作用能迅速产生可燃性气体并引起燃烧或爆炸的物质	26
	5. 遇酸、受热、撞击、摩擦以及遇有机物或硫磺等易燃的无机物极易引起燃烧或爆炸的强氧化剂	26
	6. 受撞击、摩擦或与氧化剂、有机物接触时能引起燃烧或爆炸的物质	28
	7. 遇水产生大量可燃性气体的固体物质	21
乙	1. 闪点>28℃至<60℃的易燃、可燃液体	
	（1）不溶于水的可燃液体	18
	（2）可溶于水的易燃液体	16
	2. 爆炸下限>10%可燃气体	
	（1）对空气密度大于 1	22
	（2）对空气密度小于或等于 1	20
	3. 不属于甲类的氧化剂	8
	4. 不属于甲类的化学易燃危险固体	12
	5. 助燃气体	8
	6. 常温下与空气接触能缓慢氧化、积热不散、引起自燃的物品	10
丙	1. 闪点>60℃的可燃液体	
	（1）不溶于水的可燃液体	10
	（2）可溶于水的可燃液体	8
	2. 可燃固体	4
丁	难燃烧物品	2
戊	非燃烧物品	0

物质的毒性指数表　　　　　　　　　　　　　表 4-35

毒性指标	危害程度			
	极度危害	高度危害	中度危害	轻度危害
吸入 LC_{50}	<100	100～2000	2000～20000	20000～200000
经皮 LD_{50}			100～500	500～2500
经口 LD_{50}			<25	25～100
毒性指数	30	16	8	3

3. 确定物量指数 WF

单元物质的物量指数是由物质指数、物质的重量和状态系数按下式求出：

$$WF = (\sum M_i^3 \cdot K_i \cdot W_i)^{1/3} \tag{4-9}$$

式中　WF——物量指数；

M——物质指数；

K——物质状态系数；

W——物质的重量，t；

i——第 i 项。

经计算得出的物量指数的值低于单元中可构成危险物质中最危险物质的物质指数时，按该物质的物质指数计算值计，见表4-36。

物质的状态系数（K）在不同状态下的值 表 4-36

物质位置	物质形态		
	气体	液体	固体
工艺	400	20	2（75*）
储存	80	4	0.4（15*）

* 为爆炸物品的状态系数。

4. 求工艺系数量指数

由作业方式、物料温度、操作压力、操作流量、操作浓度、作业危险度、明火作业、静电危害八项修正指数求出：

$$\alpha_1 = 1 + \frac{B_1 + B_2 + B_3 + B_4 + B_5 + B_6 + B_7 + B_8}{100} \tag{4-10}$$

式中 α_1——工艺系数；

  B_1——作业方式修正指数；

  B_2——物料温度修正指数；

  B_3——操作压力修正指数；

  B_4——操作流量修正指数；

  B_5——操作浓度修正指数；

  B_6——作业危险度修正指数；

  B_7——明火作业修正指数；

  B_8——静电危害修正指数。

（1）作业方式修正指数

按化工作业方式分为四级，见表4-37。

作业方式修正指数表 表 4-37

作业方式	修正指数
单纯物理输送和储存	0（50*）（20**）
连续性作业	2
间歇性作业	3
同一装置多品种的作业	5

* 为透平式压缩机的指数值，** 为往复式压缩机的指数值。

（2）求物料的温度修正指数

按物料的温度特性，可分为五种，见表4-38。

物料温度修正指数表 表 4-38

物料温度	修正指数
＞自燃点	40
＞沸点	25
＞闪点	15
＞熔点	5
＜熔点	0

注：当一种物质满足两个或以上条件时，取最大值。

（3）操作压力修正指数

按操作压力的表压分为十级，见表 4-39。

操作压力修正指数表 表 4-39

作业压力（MPa）	修正指数	作业压力（MPa）	修正指数
0	0	＞3.0～10	25
＞0～0.1	2	＞10～25	30
＞0.1～0.3	5	＞25～100	35
＞0.3～0.8	10	＞100	40
＞0.8～1.6	15	＜0 且空气进入系统可引起危险	20
＞1.6～3.0	20		

（4）操作流量修正指数

操作流量修正指数见表 4-40。

主要危险物质的流量分级 表 4-40

流体流量	气体流量	修正指数
＜10	＜800	0
＞10～100	＞800～8000	2
＞100～250	＞8000～20000	5
＞250～500	＞20000～40000	10
＞500～1000	＞40000～80000	20
＞1000	＞80000	40

（5）操作浓度修正指数

按可燃性气体（或蒸汽）的浓度与该物质爆炸极限的比较值分为三级，见表 4-41。

操作浓度修正指数表 表 4-41

操作浓度	修正指数
不在爆炸极限附近的作业	0
在爆炸极限附近的作业	20
在爆炸极限内的作业	40

（6）作业危险度修正指数

按操作失控或设备泄漏时，物质、压力、热量释放所能导致的危害程度，分为四级，见表 4-42。

作业危险度	修正指数
无危险	0
喷料致灼伤	10
燃烧	25
爆炸、中毒	40

（7）明火作业修正指数

按明火炉所处的位置及受热物料类别，分为三类九级，见表 4-43。

明火作业修正指数表　　　　　　　　　　　　　表 4-43

明火炉使用状态	物质类别	修正指数
明火炉直接加热	戊	0
	丁	6
	丙	15
	乙	20
	甲	25
单元内用明火炉	可燃固体	2
	可燃液体	6
	可燃气体	15
单元内无明火炉		0

当符合两个或以上条件时，取最高值。该值指单元内可能泄漏的最危险物质的使用状态。

（8）静电危害修正指数

按物质在化工生产、储存过程中所产生的静电，是否能产生足以引起火灾、爆炸的危险程度，分为两级，见表 4-44。

静电危害修正指数　　　　　　　　　　　　　表 4-44

静电可能导致的危害程度	修正指数
无火灾、爆炸危险	0
可能引起火灾、爆炸	10

5. 求设备修正系数

由单元中主要设备的运转方式、设备高度、设备使用脆性材料的程度、检测装置的数量、设备状态、密封点、防爆电器、设备先进程度八项修正指数，按下式求出：

$$\alpha_2 = \frac{C_1 + C_2 + C_3 + C_4 + C_5 + C_6 + C_7 + C_8}{100} \tag{4-11}$$

式中　α_2——设备修正系数；

　　　C_1——运转方式修正指数；

　　　C_2——设备高度修正指数；

　　　C_3——脆性材料修正指数；

　　　C_4——检测装置修正指数；

　　　C_5——设备状态修正指数；

　　　C_6——密封点修正指数；

　　　C_7——防爆电器修正指数；

　　　C_8——设备先进程度修正指数。

（1）设备运转方式修正指数

按设备的运转状态分为两级，见表4-45。

设备运转方式修正指数　　　　　　　　　　　　　　表4-45

设备运转方式	修正系数
静止设备	0
有动密封点的设备及主体运转（动）设备	10

（2）设备高度修正指数

按单元设备顶端与所在地面的相对高度，分为五级，见表4-46。

设备高度修正指数表　　　　　　　　　　　　　　表4-46

设备高度	修正指数
<0	0
$>0\sim5$	1
$>5\sim20$	2
$>20\sim50$	3
>50	5

（3）设备脆性材料修正指数

按设备本身及附件所采用脆性材料的程度和数量，分为四级，见表4-47。

设备脆性材料修正指数表　　　　　　　　　　　　表4-47

脆性材料使用的程度数量	修正系数
无	0
<3处	2
>3处	5
设备本身为脆性材料	15

（4）设备检测装置修正指数

按设备上安设检测可导致危险的主要物理量或化学量的检测装置套数，分为三级，见表4-48。

设备检测装置修正指数　　　　　　　　　　　　　表4-48

检测装置套数	修正系数
无	25
1	5
2	0

（5）设备状态修正指数

按设备的合理性、使用状态及设计等，分为八项，见表4-49。

设备状态修正指数表 表 4-49

设备状态	修正指数
有重大缺陷或故障仍带病运行	40
有缺陷故障在监护下运行	10
采用不符合工艺条件的代用设备	30
无证单位制造的设备	15
主体设计不合理的设备	30
附件不合理的设备	15
临时性设备	15
超过折旧期的设备	15

（6）密封点修正指数

按单元内动、静密封点数量，分为两类十二级，见表4-50。

密封点修正指数 表 4-50

密封点性质	数量	指数
动密封点	<10	0
	11~20	1
	21~50	2
	51~100	5
	100~200	10
	>200	20
静密封点	<100	0
	101~1000	1
	1001~2000	2
	2001~5000	5
	5001~20000	10
	>20000	20

（7）防爆电气修正指数

按爆炸危险区域的等级及所使用的电气设备的防爆等级，求取防爆电气修正指数，见表4-51。

防爆电气修正指数 表 4-51

危险场所分级	采用电气设备的类型			
	适合 0 区	适合 1 区	适合 2 区	适合非危险区
	指数			
0 区	0	5	15	30
1 区	0	0	5	15
2 区	0	0	0	5
非危险区	0	0	0	0

（8）设备安全先进程度修正指数

设备安全先进程度修正指数见表 4-52。

设备安全先进程度修正指数表

表 4-52

相当于国际水平的年代	修正指数
国际先进水平	0
国际 20 世纪 90 年代	2
国际 20 世纪 80 年代	5
国际 20 世纪 70 年代	10
国际 20 世纪 60 年代以前	15

6. 求厂房修正系数

厂房修正系数由厂房结构、防火间距、建筑耐火等级、厂房泄压面积、安全疏散距离五项修正指数求出：

$$\alpha_3 = \frac{D_1 + D_2 + D_3 + D_4 + D_5}{100} \tag{4-12}$$

式中　α_3——厂房修正指数；

D_1——厂房结构修正指数；

D_2——防火间距修正指数；

D_3——建筑物耐火等级修正指数；

D_4——厂房泄压面积修正指数；

D_5——安全疏散距离修正指数。

（1）厂房修正指数

按厂房结构分为三级，见表 4-53。

厂房修正指数

表 4-53

厂房结构	修正指数
敞开式	0
半敞开式	2
封闭式	5

（2）防火间距修正指数

按单元或厂房的防火间距是否符合《建筑设计防火规范》的要求，分为两级，见表 4-54。

防火间距修正指数

表 4-54

防火间距	修正指数	防火间距	修正指数
符合规范要求	0	不符合规范要求	15

（3）建筑物耐火等级修正指数

按是否符合《建筑设计防火规范》的有关要求，分为两级，见表 4-55。

建筑物耐火等级修正指数表

表 4-55

建筑物耐火等级	修正指数	建筑物耐火等级	修正指数
符合规范要求	0	不符合规范要求	15

（4）厂房泄压面积修正指数

厂房泄压面积修正指数见表4-56。

厂房泄压面积修正指数 表 4-56

厂房泄压面积	修正指数	厂房泄压面积	修正指数
符合规范要求	0	不符合规范要求	10

（5）安全疏散修正指数

按厂房的安全出口数目、疏散距离、疏散梯是否符合《建筑设计防火规范》中的规定，分为两级，见表4-57。

安全疏散修正指数 表 4-57

安全疏散要求	修正指数	安全疏散要求	修正指数
符合安全疏散要求	0	不符合安全疏散要求	5

7. 求安全设施修正指数

可降低评价的单元危险程度的安全装置修正指数用下式求出：

$$\alpha_4 = 1 + \sum E_i / 100 \qquad (4\text{-}13)$$

式中　α_4——安全设施修正指数；

E_i——安全装置修正指数；

i——安全装置项数。

安全装置项数修正指数见表4-58。

安全装置修正指数表 表 4-58

安全设施	修正指数	安全设施	修正指数
紧急动力源	−3	泄压装置	−1
骤冷装置	−2	定向泄放装置	−2
抑爆装置	−5	气体泄漏检测装置	
计算机联锁装置	−5	特殊灭火装置	−4
安全联锁装置	−3	一般灭火装置	−3
防静电装置	−1	固定式水炮	−2
防雷电装置	−1	自动淋水装置	−5
强制通风装置	−1	水幕、蒸汽幕、惰性气幕	−4
紧急切断装置	−1	助火设施	−1
惰性物质置换装置	−2	事故储槽	−3
远距离控制作业	−2	紧急破坏装置	−3

8. 求环境系数

按单元边界向外界延伸区域的特性，环境系数 α_5 分为五级，见表4-59。

环境系数表 表 4-59

单元环境	系数
山野、田园	0.5
点在型	1.0
密集型	1.3
一般居民区	1.7
商业区或人员高密区	2.0

9. 单元固有危险指数的计算

单元固有危险指数由下式求出：

$$g = WF \cdot \alpha_1 \cdot \alpha_2 \cdot \alpha_3 \cdot \alpha_4 \cdot \alpha_5 \tag{4-14}$$

式中　g——单元固有危险指数；

　　　WF——物量指数；

　　　α_1——工艺修正系数；

　　　α_2——设备修正系数；

　　　α_3——厂房修正系数；

　　　α_4——安全设施修正系数；

　　　α_5——环境系数。

10. 工厂固有危险指数

用工厂最高危险 5 个单元危险指数的均方根求出：

$$G = (g_i^2 / 5)^{1/2} \tag{4-15}$$

式中　G——工厂固有危险指数；

　　　g_i——单元危险指数；

　　　i——单元项数。

11. 工厂固有危险等级

将工厂固有危险等级按表中分级范围进行分级，见表 4-60。

工厂固有危险等级划分表 表 4-60

工厂固有危险指数	工厂固有危险等级	工厂固有危险指数	工厂固有危险等级
>1500	一级	201~500	四级
1000~1500	二级	<200	五级
500~1000	三级		

12. 求工厂安全管理等级

（1）工厂安全管理检查表。

（2）工厂安全管理等级的求取。工厂安全管理等级是根据工厂安全管理检查表，求出安全管理分值，共分三个等级，见表 4-61。

工厂安全管理等级划分表 表 4-61

工厂安全管理分值	安全管理等级
>800	优
>600~800	一般
<600	差

13. 工厂实际危险等级的求取

工厂实际危险等级是将工厂固有危险等级用工厂安全管理等级进行修正后求取的，见表 4-62。

<table>
<tr><td rowspan="3">工厂安全管理等级</td><td colspan="5">工厂固有危险等级</td></tr>
</table>

工厂实际危险等级求取表　　　　　　　　　　　　　　表 4-62

工厂安全管理等级	工厂固有危险等级				
	一	二	三	四	五
	工厂实际危险等级				
Ⅰ	高度	中度	低度	最低度	最低度
Ⅱ	最高度	高度	中度	低度	最低度
Ⅲ	最高度	最高度	高度	中度	低度

（三）方法特点和适用范围

化工厂危险程度分级法将化工厂的火灾、爆炸和毒性危险综合在一起作为一个危险指数进行计算，综合各单元的计算结果，得出化工厂的固有危险程度，用工艺、设备、厂房、安全装置、环境、工厂安全管理等系统系数修正后，得出工厂的实际危险等级。可以用于不同化工厂危险程度的对比分析。

（四）应用实例

按照工艺流程及设计中的设备布局，把硝基苯生产工艺划分为废酸浓缩、硝化、中和洗涤、硝基苯精制和废水处理五个基本单元。考虑到废水处理单元的危险性很小，在此不作评价。

1. 物质指数的确定。根据分级方法的选取原则，确定各个单元主要危险物质的火灾爆炸性指数 F 及毒性指数 P 的选取值以及物质指数 M。

2. 单元物量指数的确定。根据各单元的主要危险物质的工艺状况选定状态系数 k_i 以及相应的物料量 W_i，求得各单元的物料指数 WF。

3. 各修正系数 $\alpha_1 \sim \alpha_5$ 值的确定。

4. 单元危险指数的计算。由 WF 和 $\alpha_1 \sim \alpha_5$ 的修正值，求出单元固有危险指数 g，可得相应的危险等级。

计算结果列于表 4-63。

化工厂危险程度分级法计算结果　　　　　　　　　　　表 4-63

项　目	单　元			
	废酸浓缩	苯硝化	中和洗涤	硝基苯精制
主要危险物质 （F，P，M 值）	硫酸（8，3，11）	苯（23，8，31）	硝基（10，8，18）	苯（25，8，33）
		硝酸（26，3，29）	氢氧化钠（2，3，5）	硝基苯（25，8，33）
		硫酸（8，3，11）	硝酸（26，3，19）	二硝基苯（28，3，31）
		硝基（10，8，18）		
物量指数 WF	78	359.5	201.4	464.2
工艺系数 α_1	1.37	2.07	1.09	2.17
设备系数 α_2	1.32	1.22	1.2	1.24
厂房系数 α_3	1	1	1	1
环境系数 α_5	1.3	1.3	1.3	1.3
固有危险指数	183.4	1181.5	341.8	1624.7
固有危险等级	5 级	2 级	4 级	1 级

项　目	单　元			
	废酸浓缩	苯硝化	中和洗涤	硝基苯精制
安全设施修正系数 α_4	0.76	0.76	0.76	0.76
单元危险指数	139.4	898	259.8	1234.8
单元危险等级	5级	3级	4级	2级

5. 硝基苯生产系统的危险等级

硝基苯生产系统危险等级确定时选取其中危险指数较大的3个单元的指数值，按均方根计算求得硝基苯系统的危险指数值 G。

$$G = \left(\sum_i^3 g_i^2 / 3 \right)^{1/2} = \left(\frac{259.8^2 + 898^2 + 1234.8^2}{3} \right)^{1/2} = 894.1$$

据 G 值可知本生产系统的危险等级为3级，属中等危险程度。

十一、道化学火灾、爆炸危险指数评价法

（一）方法概述

美国道化学公司自1964年开发"火灾、爆炸危险指数评价法"（第一版）以来，历经29年，不断修改完善，在1993年推出了第七版，以已往的事故统计资料及物质的潜在能量和现行安全措施为依据，定量地对工艺装置及所含物料的实际潜在火灾、爆炸和反应危险性进行分析评价。其目的是：

1. 量化潜在火灾、爆炸和反应性事故的预期损失；

2. 确定可能引起事故发生或使事故扩大的装置；

3. 向有关部门通报潜在的火灾、爆炸危险性；

4. 使有关人员及工程技术人员了解到各工艺部门可能造成的损失，以此确定减轻事故严重性和总损失的有效、经济的途经。

（二）方法步骤

1. 道化学第七版"火灾、爆炸危险指数评价法"计算程序如图4-15所示。

2. 分析、计算、评价所需填写的表格

（1）火灾、爆炸指数计算表，如表4-64所示；

（2）安全措施补偿系数表，如表4-65所示；

（3）工艺单元危险分析汇总表，如表4-66所示；

（4）生产单元危险分析汇总表，如表4-67所示。

3. 计算过程

（1）选择工艺单元

进行危险指数评价的第一步是确定评价单元，单元是装置的一个独立部分，与其他部分保持一定的距离，或用防火墙、防爆墙、防护堤与其他部分隔开。工艺单元是指工艺装置的任一主要单元。在计算火灾、爆炸危险指数时，只从预防损失角度考虑对工艺有影响的工艺单元进行评价，这些单元称为恰当工艺单元，简称为工艺单元。

选择恰当工艺单元的重要参数包括：潜在化学能（物质系数）；工艺单元中危险物质

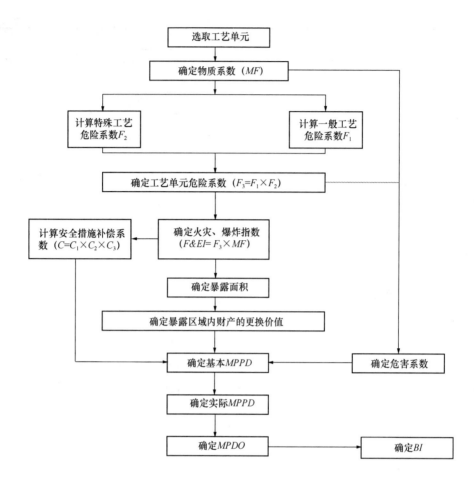

图 4-15 道化学第七版"火灾、爆炸危险指数评价法"计算程序图

的数量；资金密度（每平方米美元数）；操作压力和操作温度；导致火灾、爆炸事故的历史资料；对装置起关键作用的单元，如热氧化器。

火灾、爆炸指数（F&EI）表

表 4-64

地区/国家：		部门：		场所：		日期：	
位置：		生产单元：			工艺单元：		
评价人：		审定人（负责人）：			建筑物：		
检查人：（管理部）		检查人：（技术中心）			检查人：（安全和损失预防）		
工艺设备中的物料：							
操作状态：-设计-开车-正常操作-停车					确定 MF 的物质：		
操作温度：				物质系数：			
1. 一般工艺危险						危险系数范围	采用危险系数*
基本系数						1.00	1.00
（1）放热化学反应						0.30～1.25	
（2）吸热反应						0.20～0.40	

128

（3）物料处理与输送	0.25～1.05	
（4）密闭式或室内工艺单元	0.25～0.90	
（5）通道	0.20～0.35	
（6）排放和泄漏控制	0.20～0.50	
一般工艺危险系数（F_1）		
2. 特殊工艺危险		
基本系数	1.00	1.00
（1）毒性物质	0.20～0.80	
（2）负压（<500mmHg）	0.50	
（3）接近易燃范围的操作：惰性化未惰性化		
1）罐装易燃液体	0.50	
2）过程失常或吹扫故障	0.30	
3）一直在燃烧范围内	0.80	
（4）粉尘爆炸	0.25～2.00	
（5）压力：操作压力（kPa，绝对） 释放压力（kPa，绝对）		
（6）低温	0.20～0.30	
（7）易燃及不稳定物质量（kg） 物质燃烧热 H_C（J/kg）		
1）工艺中的液体及气体		
2）储存中的液体及气体		
3）储存中的可燃固体及工艺中的粉尘		
（8）腐蚀与磨损	0.10～0.75	
（9）泄漏-接头和填料	0.10～1.50	
（10）使用明火设备		
（11）热油、热交换系统	0.15～1.15	
（12）传动设备	0.50	
特殊工艺危险系数（F_2）		
工艺单元危险系数（$F_3=F_1×F_2$）		
火灾、爆炸指数（$F\&EI=F_3×MF$）		

注：＊无危险时系数用0.00。

安全措施补偿系数表 表 4-65

安全措施补偿系数表 表 4-65

项 目	补偿系数范围	采用补偿系数*	项 目	补偿系数范围	采用补偿系数*
1. 工艺控制			(3) 排放系统	0.91~0.97	
(1) 应急电源	0.98		(4) 联锁装置	0.98	
(2) 冷却装置	0.97~0.99		物质隔离安全补偿系数 C_2^{**}		
(3) 抑爆装置	0.84~0.98		3. 防火设施		
(4) 紧急切断装置	0.96~0.99		(1) 泄漏检验装置	0.94~0.98	
(5) 计算机控制	0.93~0.99		(2) 钢结构	0.95~0.98	
(6) 惰性气体保护	0.94~0.96		(3) 消防水供应系统	0.94~0.97	
(7) 操作规程/程序	0.91~0.99		(4) 特殊灭火系统	0.91	
(8) 化学活泼性物质检查	0.91~0.98		(5) 洒水灭火系统	0.74~0.97	
(9) 其他工艺危险分析	0.91~0.98		(6) 水幕	0.97~0.98	
工艺控制安全补偿系数 C_1^{**}			(7) 泡沫灭火装置	0.92~0.97	
2. 物质隔离			(8) 手提式灭火器和喷水枪	0.93~0.98	
(1) 遥控阀	0.96~0.98		(9) 电缆防护	0.94~0.98	
(2) 卸料/排空装置	0.96~0.98		防火设施安全补偿系数 C_3^{**}		

注: 安全措施补偿系数 $C = C_1 \times C_2 \times C_3$。

    * 表示无安全补偿系数时, 填入 1.00。

    ** 表示所采用的各项补偿系数之积。

工艺单元危险分析汇总表 表 4-66

序号	内 容	计算结果
1	火灾、爆炸危险指数 $F\&EI$	
2	危险等级	
3	暴露区域半径 (m)	
4	暴露区域面积 (m²)	
5	暴露区域内财产价值 (百万美元)	
6	危害系数	
7	基本最大可能财产损失 (基本 $MPPD$) (百万美元)	
8	安全措施补偿系数 $C_1 \times C_2 \times C_3$	
9	实际最大可能财产损失 (实际 $MPPD$) (百万美元)	
10	最大可能停工天数 ($MPDO$) (d)	
11	停产损失 (BI) (百万美元)	

生产单元危险分析汇总表 表 4-67

地区/国家		部门		场所	
位置		生产单元		操作类型	
评价人		生产单元总替换价值		日期	

工艺单元主要物质	物质系数	火灾爆炸指数 $F\&EI$	影响区内财产价值	基本 $MPPD$	实际 $MPPD$	停工天数 $MPDO$	停产损失 BI

130

一般情况下，这些参数的数值越大，则该工艺单元就越需要评价。

选择恰当工艺单元时，还应注意以下几个要点：

1）由于火灾、爆炸危险指数体系是假定工艺单元中所处理的易燃、可燃或化学活性物质的最低量为 2268kg 或 2.27m³，因此，若单元内物料量较少，则评价结果就有可能被夸大。一般，所处理的易燃、可燃或化学活性物质的量至少为 454kg 或 0.454m³，评价结果才有意义。

2）当设备串联布置且相互间未有效隔离时，要仔细考虑如何划分单元。

3）要仔细考虑操作状态（如开车、正常生产、停车、装料、卸料、添加触媒等）及操作时间，对 $F\&EI$ 有影响的异常状况，需要判别选择一个操作阶段还是几个阶段来确定重大危险。

4）在决定哪些设备具有最大潜在火灾、爆炸危险时，可以请教设备、工艺、安全等方面有经验的工程技术人员或专家。

（2）物质系数的确定

物质系数（MF）是表述物质在燃烧或其他化学反应引起的火灾、爆炸时释放能量大小的内在特性，是一个最基础的数值。

物质系数是由美国消防协会规定的 N_F、N_R（分别代表物质的燃烧性和化学活性）决定的。

通常，N_F 和 N_R 是针对正常温度环境而言的，物质发生燃烧和反应的危险性随着温度的升高而急剧加大，如在闪点之上的可燃液体引起火灾的危险性就比正常环境温度下的易燃液体大得多，反应的速度也随着温度的升高而急剧加大，所以当温度超过 60℃ 时，物质系数要修正。化学物质的物质系数见附录二，它们能用于大多数场合，对于未列出的物质，其 N_F 和 N_R 可根据 NFPA325 或 NFPA49（NFPA 为美国消防协会）加以确定，并根据温度进行修正。

（3）工艺单元危险系数（F_3）

工艺单元危险系数（F_3）包括一般工艺危险系数（F_1）和特殊工艺危险系数（F_2），对每项系数都要恰当地进行评价。

计算工艺单元危险系数（F_3）中各项系数时，应选择物质在工艺单元中所处的最危险的状态，可以考虑的操作状态有：开车、连续操作和停车。

计算 $F\&EI$ 时，一次只评价一种危险，如果 MF 是按照工艺单元中的易燃液体来确定的，就不要选择与可燃性粉尘有关的系数，纵然粉尘可能存在于过程中的另一段时间内。合理的计算方法为：先用易燃液体的物质系数进行评价，然后再用可燃性粉尘的物质系数评价，只有导致最高的 $F\&EI$ 和实际的可能的最大财产损失的计算结果才需要报告。

一个重要的例外是混合物，如果某种混杂在一起的混合物被视作最高危险物质的代表，则计算工艺单元危险系数时，可燃性粉尘和易燃蒸气的系数都要考虑。

1）一般工艺危险性

一般工艺危险是确定事故损害大小的主要因素，共有六项，根据实际情况，并不是每项系数都采用，各项系数的具体取值如下：

① 放热化学反应

若所分析的工艺单元有化学反应过程，则选取此项危险系数，所评价物质的反应性危险已经为物质系数所包括。

a. 轻微放热反应的危险系数为0.3，包括加氢、水合、异构化、磺化、中和等反应。

b. 中等放热反应系数为0.5，包括：烷基化反应：引入烷基形成各种有机化合物的反应；酯化反应，有机酸和醇生成酯的反应；加成反应：不饱和碳氢化合物和无机酸的反应，无机酸为强酸时系数增加到0.75；氧化反应：物质在氧中燃烧生成CO和H_2O的反应，或者在控制条件下物质与氧反应生成CO和H_2O的反应；对于燃烧过程及使用氯酸盐、硝酸、次氯酸、次氯酸盐类强氧化剂时，系数增加到1.00；聚合反应：将分子连接成链状物或其他大分子的反应；缩合反应：两个或多个有机化合物分子连接在一起形成较大分子的化合物，并放出H_2O和HCL的反应。

c. 剧烈放热反应，指一旦反应失控有严重火灾、爆炸危险的反应，如卤化反应，取1.00。

d. 特别剧烈的反应，指相当危险的放热反应，系数取1.25，如硝化反应。

② 吸热反应

反应器中所发生的任何吸热反应，系数均取0.20（此危险系数只用于反应器）。煅烧：加热物质除去结合水或易挥发性物质的过程，系数取为0.40；电解：用电流离解离子的过程，系统为0.20；热解或裂化：高温、高压和触媒作用下，将大分子裂解成小分子的过程，当用电加热或高温气体间接加热时，系数为0.20，直接火加热时，系数为0.40。

③ 物料处理与输送

本项目用于评价工艺单元在处理、输送和储存物料时潜在的火灾危险性。

a. 所有I类易燃或液化石油气类的物料在连接或未连接的管线上装卸时的系数为0.50。

b. 采用人工加料，且空气可随时加料进入离心机、间歇式反应器、间歇式混料器设备内，并且能引起燃烧或发生反应的危险，不论是否采用惰性气体置换，系数均取0.50。

c. 可燃性物质存放于库房或露天时的系数为：对$N_F=3$或$N_F=4$的易燃液体或气体，系数取0.85；$N_F=3$的可燃固体，系数取0.65；$N_F=2$的可燃性固体，系数取0.40；对闭杯闪点大于37.8℃，并低于60℃的可燃性液体，系数取0.25。

若上述物质存放于货架上且未安设洒水装置时，系数要加0.20，此处考虑的范围不适合于一般储存容器。

④ 封闭单元或室内单元

处理易燃液体和气体的场所为敞开式，有良好的通风以便能迅速排除泄漏的气体和蒸气，减少了潜在的爆炸危险，粉尘捕集器和过滤器也应放置在敞开区域并远离其他设备。封闭区域定义为有顶，且三面或多面有墙壁的区域，或无顶但四周有墙封闭的区域；封闭单元内即使专门设计有机械通风，其效果也不如敞开式结构，但如果机械通风系统能收集所有的气体并排出去的话，则系数可以降低。系数选取原则如下：

a. 粉尘过滤器或捕集器安置在封闭区域内时，系数取0.50；

b. 封闭区域内，在闪点以上处理易燃液体时，系数取0.30；如果处理易燃液体量＞4540kg，系数取0.45；

c. 在封闭区域内，在沸点以上处理液化石油气或任何易燃液体量时，系数取0.6；

若易燃液体的量大于4540kg，则系数取0.90；若已安装了合理的通风装置时，a、c两项系数减50%。

⑤ 通道

生产装置周围必须有紧急救援车辆的通道，"最低要求"是至少在两个方向上设有通道，选取封闭区域内主要工艺单元的危险系数时要格外注意。至少有一条通道必须是通向公路的，火灾时消防道路可以看作是第二条通道，设有监控水枪处于待用状态。

整个操作区面积大于 $925m^2$，且通道不符合要求时，系数为 0.35；整个库区面积大于 $2315m^2$，且通道不符合要求时，系数为 0.35；面积小于上述数值时，要分析它对通道的要求，如果通道不符合要求，影响消防活动时，系数取 0.20。

⑥ 排放和泄漏控制

此项内容是针对大量易燃、可燃液体溢出会危及周围设备的情况，不合理的排放设计已成为造成重大损失的原因。该项系数仅适用于工艺单元内物料闪点小于 60℃ 或操作温度大于其闪点的场合。为了评价排放和泄漏控制是否合理，必须估算易燃、可燃物总量以及消防水能否在事故时得到及时排放。

$F\&EI$ 计算表中排放量按以下原则确定：

a. 对工艺和储存设备，取单元中最大储罐的储量加上第二大储罐 10% 的储量；

b. 采用 30min 的消防水量（如：30min×每分钟升数等于消防水升数）。

危险系数选取的原则如下：设有堤坝防止泄漏液流入其他区域，但堤坝内所有设备露天放置时，系数取 0.50；单元周围为一可排放泄漏液的平坦地，一旦失火，会引起火灾，系数为 0.50；单元的三面有堤坝，能将泄漏液引至蓄液池的地沟，并满足以下条件，不取系数：蓄液池或地沟的地面斜度土质地面不小于 2%，硬质地面不小于 1%；蓄液池或地沟的最外缘与设备之间的距离至少不小于 15m，如果设有防火墙，可以减少其距离；蓄液池的储液能力至少等于 a、b 两项之和；如蓄液池或地沟处设有公用工程管线，或管线的距离不符合要求，系数取 0.50。简言之，有良好的排放设施才可以不取危险系数。

一般工艺单元危险系数计算如下：

$$F_1 = 1.0 + \sum_{i=1}^{6} F_{1,i} \tag{4-16}$$

2）特殊工艺危险性

特殊工艺危险是影响事故发生概率的主要因素，特定的工艺条件是导致火灾、爆炸事故的主要原因。特殊工艺危险有如下所列 12 项：

① 毒性物质

毒性物质能够扰乱人们机体的正常反应，因而降低了人们在事故中制定对策和减轻伤害的能力。毒性物质的危险系数为 $0.2N_H$，对于混合物，取其中最高的 N_H 值。N_H 是美国消防协会在 NFPA 704 中定义的物质毒性系数，其值在 NFPA 325M 或 NFPA 49 中已列出。

NFPA 704 对物质的 N_H 分类为：

$N_H=0$，火灾时除一般可燃物的危险外，短期接触没有其他危险的物质。

$N_H=1$，短期接触可引起刺激，致人轻微伤害的物质，包括要求使用适当的空气净化呼吸器的物质。

$N_H=2$，高浓度或短期接触可致人暂时失去能力或残留伤害的物质，包括要求使用单独供给空气的呼吸器的物质。

$N_H = 3$，短期接触可致人严重的暂时或残留伤害的物质，包括要求全身防护的物质。

$N_H = 4$，短暂接触也能致人死亡或严重伤害的物质。

上述毒性系数 N_H 值只是用来表示人体受害的程度，它可导致额外损失。该值不能用于职业卫生和环境的评价。

② 负压操作

本项内容适用于空气泄入系统会引起危险的场合。当空气与湿度敏感性物质或氧敏感性物质接触时可能引起危险，在易燃混合物中引入空气也会导致危险。该系数只用于绝对压力小于 500mmHg 的情况。系数为 0.50。如果采用了本项系数，就不要再采用下面③条款"燃烧范围内或其附近的操作"和⑤条款"压力释放"中的系数，以免重复。

大多数气体操作，一些压缩过程和少许蒸馏操作都属于本项内容。

③ 燃烧范围或其附近的操作

某些操作导致空气引入并夹带进入系统，空气的进入会形成易燃混合物，进而导致危险。本条款将讨论以下有关情况：

a. $N_F = 3$ 或 $N_F = 4$ 的易燃液体储罐，在储罐泵出物料或者突然冷却时可能吸入空气，系数取 0.50。

打开放气阀或在负压操作中未采用惰性气体保护时，系数为 0.50；储有可燃液体，其温度在闭杯闪点以上且无惰性气体保护时，系数也为 0.50；如果使用了惰性化的密闭蒸气回收系统，且能保证其气密性则不用选取系数。

b. 只有当仪表或装置失灵时，工艺设备或储罐才处于燃烧范围内或其附近，系数为 0.30。

任何靠惰性气体吹扫，使其处于燃烧范围之外的操作，系数为 0.30，该系数也适用于装载可燃物的船舶和槽车。若已按"负压操作"选取系数，此处不再选取。

c. 由于惰性气体吹扫系统不实用或者未采取惰性气体吹扫，使操作总是处于爆炸范围内或其附近时，系数为 0.80。

④ 粉尘爆炸

本项系数将用于含有粉尘处理的单元，如粉体输送、混合粉碎和包装等。

所有粉尘都有一定的粒径分布范围。为了确定系数，采用 10% 粒径的概念，也就是在这个粒径处有 90% 的粗粒子，其余 10% 为细粒子。根据表 4-68 确定合理的系数。

除非粉尘爆炸试验已经证明没有粉尘爆炸危险，否则都要考虑粉尘系数。

粉尘爆炸危险系数确定表　　　　　　　　　　　　　　　　　　表 4-68

粉尘粒径（微 m）	泰勒筛孔径（目）	系数
>175	60～80	0.25
150～175	80～100	0.50
100～150	100～150	0.75
75～100	150～200	1.25
<75	>200	2.00

在惰性气体气氛中操作时，上述系数减半。

⑤ 压力释放

操作压力高于大气压时，由于高压可能会引起高速率的泄漏，因此要采用危险系数。

134

是否采用系数，取决于单元中的某些导致易燃物料泄漏的构件是否会发生故障。

例如：己烷液体通过 6.5cm² 的小孔泄漏，当压力为 517kPa（表压）时，泄漏量为 272kg/min；压力为 2069kPa（表压）时，泄漏量为上述的 2.5 倍即 680kg/min，压力释放系数评定不同压力下的特殊泄漏危险潜能，释放压力还影响扩散特性。由于高压使泄漏可能性大大增加，所以随着操作压力的提高，设备的设计和保养就变得更为重要。

系统操作压力在 20685kPa（表压）以上时，超出标准规范的范围（美国机械工程师学会非直接火加热压力容器规范，第八章第一节），对于这样的系统，在法兰设计中必须采用透镜垫圈、圆锥密封或类似的密封结构。

下列方程适用于闪点高于 60℃ 的易燃、可燃液体的操作压力为 0～6895kPa（表压）时压力系数的确定（X 表示表压力，Y 表示压力危险系数）。

$$Y=0.16109+1.61503(X/1000)-1.42879(X/1000)^2+0.5172(X/1000)^3$$

从表 4-69 可确定压力超过 6895kPa（表压）的易燃、可燃液体的压力系数。

易燃、可燃液体的压力危险系数

表 4-69

压力（kPa）（表压）	系数	压力（kPa）（表压）	系数
6895	0.86	17238	0.98
10343	0.92	20685～68950	1.00
13790	0.96	＞68590	1.50

⑥ 低温

本项主要考虑碳钢或其他金属在其展延或脆化转变温度以下时可能存在的脆性问题。如经过认真评价，确认在正常操作和异常情况下均不会低于转变温度，则不用系数。

系数给定原则为：

a. 采用碳钢结构的工艺装置，操作温度等于或低于转变温度时，系数取 0.30。如果没有转变温度数据，则可假定转变温度为 10℃。

b. 装置为碳钢以外的其他材质，操作温度等于或低于转变温度时，系数取 0.20。切记，如果材质适于最低可能的操作温度，则不用给系数。

⑦ 易燃和不稳定物质的数量

单元中易燃物和不稳定物质的数量与危险性的关系，分为三种类型，用各自的系数曲线分别评价。对每个单元而言，只能选取一个系数，其依据是已确定为单元物质系数代表的物质。

a. 工艺过程中的液体或气体

该系数主要考虑可能泄漏并引起火灾危险的物质数量或因暴露在火中可能导致化学反应事故的物质数量。它应用于任何工艺操作，包括用泵向储罐送料的操作。该系数适用于下列已确定作为单元物质系数代表的物质。

（a）易燃液体和闪点低于 60℃ 的可燃液体；

（b）易燃气体；

（c）易燃液化气体；

（d）闭杯闪点大于 60℃ 的可燃液体，且操作温度高于其闪点时；

（e）化学活性物质，不论其可燃性大小（N_R＝2、3 或 4）。

确定该项系数时，首先要估算工艺中的物质数量（kg）。这里所说的物质数量是在10min内从单元中或相连的管道中可能泄漏出来的可燃物的量。在判断可能有多少物质泄漏时要借助于一般常识。经验表明取下列二者中的较大值作为可能泄漏量是合理的：

（a）工艺单元中的物料量；

（b）相连单元中的最大物料量。

工艺单元能量值所对应的危险系数由曲线方程确定：

$$\lg Y = 0.17179 + 0.42988(\lg X) - 0.37244(\lg X)^2 + 0.17712(\lg X)^3 - 0.029984(\lg X)^4$$

b. 储存中的液体或气体（工艺操作场所之外）

操作场所之外储存的易燃和可燃液体、气体或液化气的危险系数比"工艺中的"要小，这是因为它不包含工艺过程，工艺过程有产生事故的可能。本项包括桶或储罐中的原料、罐区中的物料以及可移动式容器和桶中的物料。

对单个储存容器，可用总能量值（储存物料量乘以燃烧热而得），其危险系数按照工艺过程的气体或液体的危险系数的确定方法来确定。对于若干个可移动容器，用所有容器中的物料总量。

当两个或更多的容器安置在一个共同的堤坝内，不能将泄漏液排至适当大的蓄液池内时，用堤坝内所有储罐内的物料总热量值，由以下三个方程来确定危险系数。

（a）液化气：$\lg Y = -0.289069 + 0.472171(\lg X) - 0.074585(\lg X)^2 - 0.018641(\lg X)^3$

（b）Ⅰ类易燃液体（闪点＜37.8℃）：$\lg Y = -0.403115 + 0.378703(\lg X) - 0.046402(\lg X)^2 - 0.015379(\lg X)^3$

Ⅱ类易燃液体（37.8℃＜闪点＜60℃）：$\lg Y = -0.558394 + 0.363321(\lg X) - 0.057296(\lg X)^2 - 0.010759(\lg X)^3$

X 表示能量，单位应为英热单位×10^9，Y 为危险系数。

对于不稳定的物质，采取上述相同的方法进行计算，即取最大分解热或燃烧热的 6 倍作为 H_C。

c. 储存中的可燃固体和工艺中的粉尘

本项包括了储存中的固体和工艺单元中的粉尘的危险系数，涉及的固体或粉尘即是确定物质系数的那些基本物质。根据物质密度、点火难易程度以及维持燃烧的能力来确定系数。

用储存固体总量（kg）或工艺单元中粉尘总量（kg）来确定危险系数，如果物质的松密度小于 160.2kg/m³，用曲线 A；松密度大于 160.2kg/m³，用曲线 B。

对于 $N_R = 2$ 或更高得不稳定物质，用单元中的物质实际重量的 6 倍。

曲线 A：$\lg Y = 0.280423 + 0.464559(\lg X) - 0.28291(\lg X)^2 + 0.06218(\lg X)^3$

曲线 B：$\lg Y = -0.358311 + 0.459926(\lg X) - 0.141022(\lg X)^2 + 0.02276(\lg X)^3$

X 表示物质的质量，单位为 Mlb（或磅×10^6）；Y 表示危险系数。

⑧ 腐蚀

此处的腐蚀速率被认为是外部腐蚀速率和内部腐蚀速率之和，腐蚀系数按以下规定选取：

腐蚀速率（包括点腐蚀和局部腐蚀）小于 0.127mm/a 时，系数为 0.10；腐蚀速率大于 0.127mm/a 并小于 0.254mm/a 时，系数为 0.20；腐蚀速率大于 0.254mm/a 时，系数为 0.50；如果应力腐蚀裂纹有扩大的危险，系数为 0.75，这一般是氯气长期作用的结果；要求用防腐衬里时，系数为 0.20。但如果衬里仅仅是为了防止产品污染，则不取系数。

⑨ 泄漏—连接头和填料处

垫片、接头或轴的密封处及填料处可能是易燃、可燃物质的泄漏源，尤其是在热和压力周期性变化的场所，应该按工艺设计情况和采用的物质选取系数。

按下列原则选取系数：

泵和压盖密封处可能产生轻度泄漏时，系数为 0.10；泵、压缩机和法兰连接处产生正常的一般泄漏时，系数为 0.30；承受热和压力周期性变化的场合，系数为 0.30；如果工艺单元的物料是有渗透性或磨蚀性的浆液，则可能引起密封失效，或者工艺单元使用转动轴封或填料函时，系数为 0.40；单元中有玻璃视镜、波纹管或膨胀节时，系数为 1.50。

⑩ 明火设备的使用

当易燃液体、蒸汽或可燃性粉尘泄漏时，工艺中明火设备的存在额外增加了引燃的可能性。分为以下两种情况取系数：一是明火设备设置在评价单元中；二是明火设备附近有各种工艺单元。可能的泄漏源距离 X（单位用 ft 表示）与系数 Y 对应的方程为：

曲线 A（闪点以上）：$\lg Y = -3.3243\left(\lg\dfrac{X}{210}\right) + 3.75127\left(\lg\dfrac{X}{210}\right)^2 - 1.43523\left(\lg\dfrac{X}{210}\right)^3$

曲线 A 应用于确定物质系数的物质可能在其闪点以上泄漏的任何工艺单元；确定物质系数的物质是可燃性粉尘的任何工艺单元。

曲线 B（沸点以上）：$\lg Y = -0.3745\left(\lg\dfrac{X}{210}\right) - 2.70212\left(\lg\dfrac{X}{210}\right)^2 + 2.09171\left(\lg\dfrac{X}{210}\right)^3$

如果明火设备本身就是评价工艺单元，则到潜在泄漏源的距离为 0；如果明火设备加热易燃或可燃物质，即使物质的温度不高于其闪点，系数也取 1.00。本项系数不适用于明火炉。

本项所涉及的任何其他情况，包括所处理的物质低于其闪点都不用取系数。

如果明火设备在工艺单元内，并且单元中选作物质系数的物质的泄漏温度可能高于闪点，则不管距离多少，系数至少取 0.10。

对于带有"压力燃烧器"的明火设备，若空气进气孔为 3m 或更大且不靠近排放口之类的潜在的泄漏源时，系数取标准燃烧器所确定系数的 50%。但是，当明火加热器本身就是评价单元时，则系数不能乘 50%。

⑪ 热油交换系统

大多数交换介质可燃且操作温度经常在闪点或沸点之上，因此增加了危险性。此项危险系数是根据热交换介质的使用温度和数量来确定的。热交换介质为不可燃物或虽为可燃物但使用温度总是低于闪点时不用考虑这个系数，但应对生成油雾的可能性加以考虑。

按照表 4-70 确定危险系数时，其油量可取下列二者中的较小者：油管破裂后 15min 的泄漏量；热油循环系统中的总油量。

热交换系统中储备的油量不计入，除非它在大部分时间里与单元保持着联系。

建议计算热油循环系统的火灾、爆炸指数时，应包含运行状态下的油罐（不是油储罐）、泵、输油管及回流油管。根据经验，这样做的结果会使火灾、爆炸指数较大。热油循环系统作为评价热油系统时，则按⑩的规定选取系数。

油量（m³）	系数	
	大于闪点	等于或大于沸点
＜18.9	0.15	0.25
18.9～37.9	0.30	0.45
37.9～94.6	0.50	0.75
＞94.6	0.75	1.15

⑫ 转动设备

评价单元中使用或评价单元本身是如下转动设备的，可选取系数 0.5：大于 600 马力的压缩机；大于 75 马力的泵；发生故障后因混合不均、冷却不足或终止等原因引起反应温度升高的搅拌器和循环泵；其他曾发生过事故的大型高速转动设备，如离心机等。

特殊工艺危险系数 F_2 由下式计算

$$F_2 = 1 + \sum_{i=1}^{12} F_{2,i} \tag{4-17}$$

3）工艺单元危险系数（F_3）

$$F_3 = F_1 \times F_2 \tag{4-18}$$

F_3 的值一般不超过 8.0，如果大于 8.0，按 8.0 计。

（4）计算火灾、爆炸危险指数（$F\&EI$）

火灾、爆炸危险指数被用来估计生产过程中后果可能造成的破坏。各种危险因素如反应类型、操作温度、压力和可燃物的数量等表征了事故发生概率、可燃物的潜能以及由工艺控制故障、设备故障、振动或应力疲劳等导致的潜能释放的大小。火灾、爆炸危险指数（$F\&EI$）及其对应的危险等级如表 4-71 所示。

$$F\&EI = F_3 \times MF \tag{4-19}$$

$F\&EI$ 及危险等级 表 4-71

$F\&EI$ 值	危险等级	$F\&EI$ 值	危险等级
1～60	最轻	128～158	很大
61～96	较轻	＞159	非常大
97～127	中等		

（5）安全措施补偿系数

建造任何一个化工装置（或化工厂）时，应该考虑一些基本设计要点，要符合各种规范，如建筑规范和美国机械工程师学会（ASME）、美国消防协会（NFPA）、美国材料试验学会（ASTM）、美国国家标准所（ANST）的规范以及地方政府的要求。

除了这些基本的设计要求之外，根据经验提出的安全措施也已证明是有效的，它不仅能预防严重事故的发生，也能降低事故的发生概率和危害。安全措施可以分为以下三类：C_1—工艺控制；C_2—物质隔离；C_3—防火措施。

安全措施补偿系数由下式确定：

$$C = C_1 \times C_2 \times C_3 \tag{4-20}$$

1）工艺控制补偿系数（C_1）

① 应急电源——0.98：本补偿系数适应于基本设施（仪表电源、控制仪表、搅拌和

泵等）具有应急电源且能从正常状态自动切换到应急状态。只有当应急电源与评价单元事故的控制有关时才考虑这个系数。

② 冷却——0.79～0.99：如果冷却系数难保证在出现故障时维持正常的冷却 10min 以上，补偿系数为 0.99；如果有备用冷却系统，冷却能力为正常需要量的 1.5 倍且至少维持 10min 时，系数为 0.97。

③ 抑爆——0.84～0.98：粉体设备或蒸气处理设备上安有抑爆装置或设备本身有抑爆作用时，系数为 0.84；采用防爆膜或泄爆口防止设备发生意外时，系数为 0.98。只有那些在突然超压（如燃爆）时能防止设备或建筑物遭受破坏的释放装置才能给予补偿系数。对于那些在所有压力容器上都配备的安全阀、储罐的紧急排放口之类常规超压释放装置则不考虑补偿系数。

④ 紧急停车装置——0.96～0.99：情况出现异常时能紧急停车并转换到备用系统，补偿系数为 0.98；重要的转动设备如压缩机、透平和鼓风机等装有振动测定仪时，若振动仪只能报警，系数为 0.99；若振动仪能使设备自动停车，系数为 0.96。

⑤ 计算机控制——0.93～0.99：设置了在线计算机以帮助操作者，但它不直接控制关键设备或经常不用计算机操作时，系数为 0.99；具有失效保护功能的计算机直接控制工艺操作时，系数为 0.97；采用下列三项措施之一者，系数为 0.93：关键现场数据输入的冗余技术；关键输入的异常中止功能；备用的控制系统。

⑥ 惰性气体保护——0.94～0.96：盛装易燃气体的设备有连续的惰性气体保护时，系数为 0.96；如果惰性气体系统有足够的容量并自动吹扫整个单元时，系数为 0.94。但是，惰性吹扫系统必须人工启动或控制时，不取系数。

⑦ 操作指南或操作规程——0.91～0.99：正常的操作指南、完整的操作规程是保证正常作业的重要因素。下面列出最重要的条款并规定分值：开车，0.5；正常停车，0.5；正常操作条件，0.5；低负荷操作条件，0.5；备用装置启动条件（单元循环或全回流），0.5；超负荷操作条件，1.0；短时间停车后再开车规程，1.0；检修后的重新开车，1.0；检修程序（批准手续、清除污物、隔离、系统清扫），1.5；紧急停车，1.5；设备、管线的更换和增加，2.0；发生故障时的应急方案，3.0。

将已经具备的操作规程各项的分值相加作为 x，并按 $1.0-x/150$ 计算补偿系数。

⑧ 活性化学物质检查——0.91～0.98：用活性化学物质大纲检查现行工艺和新工艺（包括工艺条件的改变、化学物质的储存和处理等），是一项重要的安全措施。

如果按大纲进行检查是整个操作的一部分，系数为 0.91；如果只是在需要时才进行检查，系数为 0.98。

采用此项补偿系数的最低要求是：至少每年操作人员应获得一份应用于本职工作的活性化学物质指南，如不能定期地提供则不能选取补偿系数。

⑨ 其他工艺过程危险分析——0.91～0.98：几种其他的工艺过程危险分析工具也可用来评价火灾、爆炸危险。这些方法是：定量风险评价（QRA），详尽的后果分析，故障树分析（FTA），危险和可操作性研究（HAZOP）、故障类型和影响分析（FMEA），环境、健康、安全和损失预防审查，如果……怎么样分析，检查表评价以及工艺、物质等变更的审查管理。相应的补偿系数如下：定量风险评价，0.91；详尽的后果分析，0.93；故障树分析（FTA），0.93；危险和可操作性研究（HAZOP），0.94；故障类型和影响分析

（FMEA），0.94；环境、健康、安全和损失预防审查，0.96；如果……怎么样，0.96；检查表评价，0.98；工艺、物质等变更的审查管理，0.98。

2）物质隔离补偿系数（C_2）

① 远距离控制阀——0.96～0.98：如果单元备有遥控的切断阀以便在紧急情况下迅速地将储罐、容器及主要输送管线隔离时，系数为0.98；如果阀门至少每年更换一次，则系数为0.96。

② 备用泄料装置——0.96～0.98：如果备用储槽能安全地（有适当的冷却和通风）直接接受单元内的物料时，补偿系数为0.98；如果备用储槽安置在单元外，则系数为0.96；对于应急通风系统，如果应急通风管能将气体、蒸气排放至火炬系统或密闭的受槽，系数为0.96。正常的排气系统减少了周围设备暴露于泄漏出的气体、液体中的可能性，因而也给予补偿。与火炬系统或受槽连接的正常排气系统的补偿系数为0.98。

③ 排放系统——0.91～0.97：为了自生产和储存单元中移走大量的泄漏物，地面斜度至少要保持2%（硬质地面1%），以便使泄漏物流至尺寸合适的排放沟。排放沟应能容纳最大储罐内所有的物料再加上第二大储罐10%的物料以及消防水1h的喷洒量。满足上述条件时，补偿系数为0.91。

只要排放设施完善，能把储罐和设备下以及附近的泄漏物排净，补偿系数就可采用0.91。

如果排放装置能汇集大量泄漏物料，但只能处理少量物料（约为最大储罐容量的一半）时，系数为0.97；许多排放装置能处理中等数量的物料时，则系数为0.95。

储罐四周有堤以容纳泄漏物时不予补偿。倘若能将泄漏物引至一蓄液池，蓄液池的距离至少要大于15m，蓄液池的蓄液能力要能容纳区域内时，最大储罐的所有物料再加上第二大储罐盛装物料的10%以及消防水，此时补偿系数取0.95。倘若地面斜度不理想或蓄液池距离小于15m时，不予补偿。

④ 联锁装置——0.98：装有联锁系统以避免出现错误的物料流向以及由此而引起的不需要的反应时，系数为0.98。此系数也能适用于符合标准的燃烧器。

3）防火措施补偿系数（C_3）

①泄漏检测装置——0.94～0.98：安装了可燃气体检测器，但只能报警和确定危险范围时，系数为0.98；若它既能报警又能在达到燃烧下限之前使保护系统动作，此时系数为0.94。

② 钢质结构——0.95～0.98：防火涂层应达到的耐火时间取决于可燃物的数量及排放装置的设计情况。

如果采用防火涂层，则所有的承重钢结构都要涂覆，且涂覆高度至少为5m，这时取补偿系数为0.98；涂覆高度大于5m而小于10m时，系数为0.97；如果有必要，涂覆高度大于10m时，系数为0.95。防火涂层必须及时维护，否则不能取补偿系数。

钢筋混凝土结构采用和防火涂层一样的系数。从防火角度出发，应优先考虑钢筋混凝土结构。另外的防火措施是单独安装大容量水喷洒系统来冷却钢结构，这时取补偿系数为0.98，而不是按照"喷洒系统"一节的规定取0.97。

③ 消防水供应——0.94～0.97：消防水压力为690kPa（表压）或更高时，补偿系数为0.94；压力低于690kPa（表压）时，系数为0.97。工厂消防水的供应要保证按计算的

最大需水量连续供应 4h。对危险不大的装置，供水时间少于 4h 可能是合适的。满足上述条件的话，补偿系数为 0.97。

在保证消防水的供应上，除非有独立正常电源之外的其他能源且能提供最大水量（按计算结果），否则不取补偿系数。柴油机驱动的消防水泵即为一例。

④ 特殊系统——0.91：特殊系统包括二氧化碳、卤代烷灭火及烟火探测器、防爆墙或防爆层等。由于对环境存在潜在的危害，不推荐安装新的卤代烷灭火设施。对现有的卤代烷灭火设施，如认为它适合于某些特定的场所或有助于保障生命安全，可以取补偿系数。

重要的是要确保为评价单元选择的安全措施适合于该单元的具体情况。特殊系统的补偿系数为 0.91。

地上储罐如果设计成夹层壁结构，当内壁发生泄漏时外壁能承受所有的负荷，此时采用 0.91 的补偿系数。可是，双层壁结构常常不是最为有效的，减小风险的最好办法是设法加固内壁。

⑤ 喷洒系统——0.74～0.97：洒水灭火系统的补偿系数为 0.97。室内生产区和仓库使用的湿管、干管喷洒灭火系统的补偿系数按表 4-72 选取后再乘以面积修正系数 K。

补偿系数表
表 4-72

	设计参数 [L/(min·m²)]	补偿系数	
		湿管	干管
低危险	6.11～8.15	0.87	0.87
中等危险	8.56～13.6	0.81	0.84
非常危险	＞14.3	0.74	0.81

用下列面积修正系数（按防火墙内的面积计）乘以上述的补偿系数：面积＞930m²，k 取 1.06；面积＞1860m²，k 取 1.09；面积＞2800m²，k 取 1.12。

⑥ 水幕——0.97～0.98：在点火源和可能泄漏的气体之间设置自动喷水幕，可以有效地减少点燃可燃气体的危险。为保证良好的效果，水幕到泄漏源之间的距离至少要为 23m，以便有充裕的时间检测并自动启动水幕。最大高度为 5m 的单排喷嘴，补偿系数为 0.98；在第一层喷嘴之上 2m 内设置第二层喷嘴的双排喷嘴，其补偿系数为 0.97。

⑦ 泡沫装置——0.92～0.97：如果设置了远距离手动控制的将泡沫注入标准喷洒系统的装置，补偿系数为 0.94，这个系数是对喷洒灭火系统补偿系数的补充；全自动泡沫喷射系统的补偿系数为 0.92，所谓全自动意味着当检测到着火后泡沫阀自动地开启。

为保护浮顶罐的密封圈设置的手动泡沫灭火系统的补偿系数为 0.97，当采用火焰探测器控制泡沫系统时，补偿系数为 0.94。

锥形顶罐配备有地下泡沫系统和泡沫室时，补偿系数为 0.95；可燃液体储罐的外壁配有泡沫灭火系统时，如为手动，其补偿系数为 0.97；如为自动，则为 0.94。

⑧ 手提式灭火器/水枪——0.93～0.98：如果配备了与火灾危险相适应的手提式或移动式灭火器，补偿系数为 0.98。如果单元内有大量泄漏可燃物的可能，而手提式灭火器又不可能有效地控制，这时不取补偿系数。

如果安装了水枪、补偿系数为 0.97；如果能在安全地点远距离控制它，则系数为 0.95；带有泡沫喷射能力的水枪，其补偿系数为 0.93。

⑨ 电缆保护——0.94～0.98：仪表和电缆支架均为火灾时非常容易出现遭受损坏的部位。如采用带有喷水装置，其下有 14～16 号钢板金属罩加以保护时，系数为 0.98；如金属罩上涂以耐火涂料以取代喷水装置时，其系数也是 0.98。若电缆管理在地下的电缆沟内（不管沟内是否干燥），补偿系数为 0.94。

（6）工艺单元危险分析汇总

1）火灾、爆炸指数（$F\&EI$）

$F\&EI$ 被用来估计生产事故可能造成的破坏，关于其计算的内容前面已经讨论过。

2）暴露半径

$$R=0.84\times F\&EI \text{（}R\text{ 的单位为英尺）}$$
$$R=0.256\times 0.84\times F\&EI \text{（}R\text{ 的单位为米）}$$

(4-21)

暴露半径表明了生产单元危险区域的平面分布，它是一个以工艺设备的关键部位为中心，以暴露半径为半径的圆。如果被评价工艺单元是一个小设备，就可以该设备的中心为圆心，以暴露半径为半径画圆。如果设备较大，则应从设备表面向外量取暴露半径。

3）暴露区域

暴露区域面积 $S=\pi R^2$，实际暴露区域的面积＝暴露区域面积＋评价单元面积。

暴露区域（见图 4-12）意味着其内的设备将会暴露在本单元发生的火灾或爆炸环境中。为了评价这些设备在火灾、爆炸中遭受的损坏，要考虑实际影响的体积。该体积是一个围绕着工艺单元的圆柱体的体积（$V=SR$），其面积是暴露区域，高度相当于暴露半径。有时用球体的体积来表示也是合理的。该体积表征了发生火灾、爆炸事故时生产单元所承受风险的大小。

以图 4-16 为例：单元是立式储罐，图中显示了暴露半径、暴露区域及影响体积。众所周知，火灾、爆炸的蔓延并不是一个理想的圆，故不会在所有各个方向造成同等的破坏。实际破坏情况受设备位置、风向及排放装置情况的影响。这些都是影响损失预防设计的重要因素。不管怎样，"圆"提供了赖以计算的基本依据。

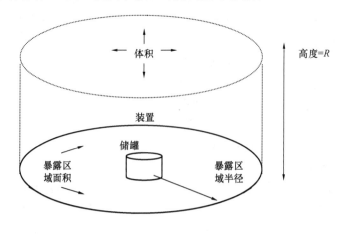

图 4-16 暴露区域

（7）暴露区域内财产价值

暴露区域内财产价值可由区域内含有的财产（包括在存的物料）的更换价值来确定：

$$更换价值＝原来成本×0.82×增长系数$$

上式中的系数 0.82 是考虑到事故发生时有些成本不会遭受损失或无需更换，如场地平整、道路、地下管线和地基、工程费等，如能作更精确的计算，这个系数可以改变。

增长系数由工程预算专家确定，他们掌握着最新的公认的数据。

更换价值可按以下几种方法计算：

1）采用暴露区域内设备的更换价值。现行价值可按上述原则确定。在理想情况下，会计的统计资料可提供这些信息。注意：会计统计中可能有保险金额或实际的现金值，它们是从现行的更换价值算出的。当赔偿金额是按保险值来确定时，估计风险的最好办法是依据现行的更换价值。

2）用现行的工程成本来估算暴露区域内所有财产的更换价值（地基和其他一些不会遭受损失的项目除外），这几乎像估算一个新装置那样费时。为简化起见，可只用主要设备的成本来估算，然后用工程预算安装系数核定安装费用。工艺技术中心可以提供已有装置和新建装置的最新成本数据。

3）从整个装置的更换价值推算每平方米的设备费，再用暴露区域的面积与之相乘就得到更换价值。这种方法的精确度可能最差，但对老厂最适用。

计算暴露区域内财产的更换价值时，必须采用在存物料的价值及设备价值。对于储罐的物料量可按其容量的 80% 计算；对于塔器、泵、反应器等采用在存量或与之相连的物料储罐的物料量。不论其量是否偏小，亦可用 15min 物流量或其有效容积。

物料的价值要根据制造成本、可销售产品的销售价及废料的损失等来确定。暴露区域内所有的物料都要包括在内。注意：当一个暴露区域包含另一暴露区域的一部分时，不能重复计算。

（8）危害系数的确定

危害系数表示单元中物料泄漏或反应能量释放所引起的火灾、爆炸事故的综合效应。

确定危害系数时，如果 F_3 数值超过 8.0，也不能外推，按 $F_3＝8.0$ 来确定危害系数。实际上，只有 9 种不同的物质系数（1，4，10，14，16，21，24，29 和 40）。以下方程由不同单元危险系数的内插值求出危害系数。不同的物质系数 MF 与不同单元危险系数 F_3（1～8）对应的危害系数 Y 方程如下，X 为单元危险系数 F_3：

当 $MF＝1$ 时，$Y = 0.003907 + 0.002957X + 0.004031X^2 - 0.00029X^3$

当 $MF＝4$ 时，$Y = 0.025817 + 0.019017X - 0.00081X^2 + 0.000108X^3$

当 $MF＝10$ 时，$Y = 0.098528 + 0.017596X + 0.000809X^2 + 0.000013X^3$

当 $MF＝14$ 时，$Y = 0.20592 + 0.018938X + 0.007638X^2 - 0.00057X^3$

当 $MF＝16$ 时，$Y = 0.256741 + 0.019886X + 0.011055X^2 - 0.00088X^3$

当 $MF＝21$ 时，$Y = 0.340314 + 0.076531X + 0.003912X^2 - 0.00073X^3$

当 $MF＝24$ 时，$Y = 0.395755 + 0.096443X - 0.00135X^2 - 0.00038X^3$

当 $MF＝29$ 时，$Y = 0.484766 + 0.094288X - 0.00216X^2 - 0.00031X^3$

当 $MF＝40$ 时，$Y = 0.554175 + 0.080772X + 0.000332X^2 - 0.00044X^3$

（9）基本最大可能财产损失（基本 $MPPD$）

基本最大可能财产损失是假定没有任何一种安全措施来降低损失。计算式为：

$$基本MPPD = 暴露区域内财产价值 \times 危害系数 = 更换价值 \times 危害系数 \qquad (4\text{-}22)$$

（10）实际最大可能财产损失（实际MPPD）

基本最大可能财产损失与安全措施补偿系数的乘积就是实际最大可能财产损失。它表示在采取适当的（但不完全理想）防护措施后事故造成的财产损失。如果这些防护装置出现故障，其损失值应接近于基本最大可能财产损失。

$$实际MPPD = 基本MPPD \times C \qquad (4\text{-}23)$$

（11）最大可能工作日损失（MPDO）

估算最大可能工作日损失（MPDO）是评价停产损失（BI）必须经过的一个步骤。最大可能工作日损失（MPDO）可以根据实际最大可能财产损失值，从道化学方法第七版给定的图中查取，也可根据计算公式求取。Y表示损失工作日，X表示实际最大可能财产损失，单位为百万美元。

高于70%可能范围：　　$\lg Y = 1.550233 + 0.598416 \lg X$

70%可能范围：　　　　$\lg Y = 1.325132 + 0.592471 \lg X$

低于70%可能范围：　　$\lg Y = 1.045515 + 0.610426 \lg X$

（12）停产损失（BI）

按美元计，停产损失（BI）按下式计算：

$$BI = \frac{MPDO}{30} \times VPM \times 0.70 \qquad (4\text{-}24)$$

式中　VPM——每月产值；

　　　0.7——固定成本和利润。

（三）方法特点和适用范围

道化学"火灾、爆炸危险指数评价法"能够定量地针对工艺过程、生产装置及所含物料的实际潜在火灾、爆炸和反应性危险进行客观的评价，能够确定工艺单元的火灾爆炸范围、总体危险性、停产损失等定量指标，评价结果具有一定的预测性，能够计算出单元的潜在危险程度。该方法计算量大，同时涉及大量参数的选取，评价结果可能因不同评价人员产生差别。

道化学"火灾、爆炸危险指数评价法"适用于生产、储存、处理具有易燃、易爆、有化学活性的工艺过程及其他有关工艺系统的安全评价。

（四）应用实例

某化工公司的球罐区一组储罐，是2个6000m³的苯乙烯储罐、1个600m³的柴油储罐和1个864m³的矿物油储罐，充装系数为0.85，利用道化学方法对其进行评价。

1. 确定物质系数

查表得，苯乙烯$MF = 24$。

2. 确定一般工艺危险系数F_1

（1）给定的基本系数为1.00。

（2）物料处理与输送：危险系数范围是0.3～1.25。指南中规定对于"$N_F = 3$或$N_F = 4$的易燃液体或气体，储存在库房或露天存放时，包括罐装、桶装等，危险系数为0.85"。苯乙烯$N_F = 3$，故此项危险系数确定为0.85。

（3）排放和泄漏控制：危险系数范围是 0.25～0.50。指南中规定"单元周围为一可排放泄漏液的平坦地，一旦失火，会引起火灾，系数为 0.50"。故此项危险系数确定为 0.50。

则一般工艺危险系数　　$F_1 = 1.00 + 0.85 + 0.50 = 2.35$。

3. 确定特殊工艺危险系数 F_2

（1）给定的基本系数为 1.00。

（2）毒性物质：毒性物质的危险系数为 $0.2N_H$，对于混合物，取其中最高的 N_H 值。苯乙烯的 $N_H = 2$，故此项危险系数为 0.4。

（3）爆炸极限范围内或其附近的操作：此项危险系数按照"只有当仪表或装置失灵时，工艺设备或储罐才处于燃烧范围内或其附近，系数为 0.30"选取，故危险系数确定为 0.30。

（4）储存中的液体及气体：危险系数通过计算确定，为 1.00。

（5）腐蚀及磨损：危险系数范围为 0.10～0.75。指南中"腐蚀速率（包括点腐蚀和局部腐蚀）小于 0.127mm/a 时，系数为 0.10"。

（6）泄漏（接头和填料）：危险系数范围为 0.10～1.50。指南中"泵和压盖密封处可能产生轻微泄漏时，危险系数为 0.10"，本单元符合这一情形，故危险系数确定为 0.10。

则确定特殊工艺危险系数 $F_2 = 1.00 + 0.4 + 0.30 + 1.00 + 0.10 + 0.10 = 2.90$

4. 工艺单元危险系数 F_3

$$F_3 = F_1 \times F_2 = 2.35 \times 2.90 = 6.82$$

5. 计算火灾、爆炸指数 $F\&EI$

$$F\&EI = F_3 \times MF = 6.82 \times 24 = 163.68$$

6. 计算暴露半径 R

$$R = 0.256 \times 0.84 \times F\&EI = 41.9 \text{（m）}$$

7. 确定危害系数 DF

危害系数由 F_3 和 MF 共同确定，通过查图或者方程计算来确定该系数为 0.86。

8. 计算暴露区域内财产价值

储罐区的更换价值：整个罐区的财产价值约为 321 万美元，其中苯乙烯储罐主要有 2 个 6000m³ 的苯乙烯储罐、1 个 600m³ 的柴油储罐和 1 个 864m³ 的矿物油储罐，价值约 250 万美元，折合人民币 2075 万元。

储存物料价值：苯乙烯、柴油、矿物油市场价格分别为 4980 元/t、2200 元/t 和 6600 元/t，按充装系数为 0.85 计算，其价值为：

苯乙烯：$2 \times 6000 \times 0.85 \times 0.9059 \times 4980 = 4600$（万元）；

柴油：$600 \times 0.85 \times 0.8 \times 2200 = 89.76$（万元）；

矿物油：$864 \times 0.85 \times 0.8 \times 6600 = 388$（万元）；

物料价值合计约为：5077.8 万元；

储罐区总价值两项合计约为：7152.8 万元。

9. 基本最大可能财产损失（基本 $MPPD$）

基本 $MPPD$ = 更换价值 × 危害系数 = $7152.8 \times 0.86 = 6151.41$（万元）

10. 安全补偿系数

C_1、C_2、C_3根据单元的实际安全措施确定，经计算：$C_1=0.82$，$C_2=0.92$，$C_3=0.65$。

则
$$C=C_1 \times C_2 \times C_3 = 0.49$$

11. 实际最大可能财产损失（实际 $MPPD$）

$$实际\ MPPD = 基本最大可能财产损失 \times 安全措施补偿系数$$
$$= 6151.41 \times 0.49 = 3137.22\ （万元）$$

12. 最大可能工作日损失（$MPDO$）

从道化学方法第七版给定的图中查取或根据公式计算，得到 $MPDO$ 为 78d。

13. 停产损失（BI）

受到工程资料的限制，难以对财产损失进行计算，因此此计算不对停产损失进行估算。

十二、ICI 蒙德火灾、爆炸、毒性指标评价法

（一）方法概述

1974 年英国帝国化学公司（ICI）蒙德部在对现有装置和设计建设中装置的危险性的研究中，既肯定了道化学公司的火灾、爆炸危险指数评价法，又在其定量评价的基础上对道化学方法第三版做了重要的改进和扩充，增加了毒性的概念和计算，并发展了一些补偿系数，提出了"蒙德火灾、爆炸、毒性指标评价法"。

ICI 蒙德部在对现有装置及计划建设装置的危险性研究中，认为道化学公司的评价方法在工程设计的初期阶段，作为总体研究的一部分，对装置潜在危险性的评价是相当有意义的，同时，通过试验验证了用该方法评价新设计项目的潜在危险性时有必要在几方面做重要的改进和补充。

1. 改进内容

（1）引进毒性的概念，将道化学公司的"火灾、爆炸指数"扩展到包括物质毒性在内的"火灾、爆炸、毒性指标"的初期评价，使表示装置潜在危险性的初期评价更切合实际。

（2）发展某些补偿系数（补偿系数小于1），进行装置现实危险性水平再评价，即采取安全对策措施加以补偿后进行最终评价，从而使评价较为恰当，也使预测定量化更具有实用意义。

2. 扩充内容

（1）可对较广范围的工程及设备进行研究；

（2）包括了对具有爆炸性的化学物质的使用管理；

（3）通过对事故案例的研究，分析了对危险度有相当影响的几种特殊工艺类型的危险性；

（4）采用了毒性的观点；

（5）为设计良好的装置管理系统、安全仪表控制系统发展了某些补偿系数，对各种处于安全水平之下的装置，可进行单元设备现实的危险度评价。

（二）方法步骤

1. 蒙德法评价程序

蒙德法评价程序如图 4-17 所示。

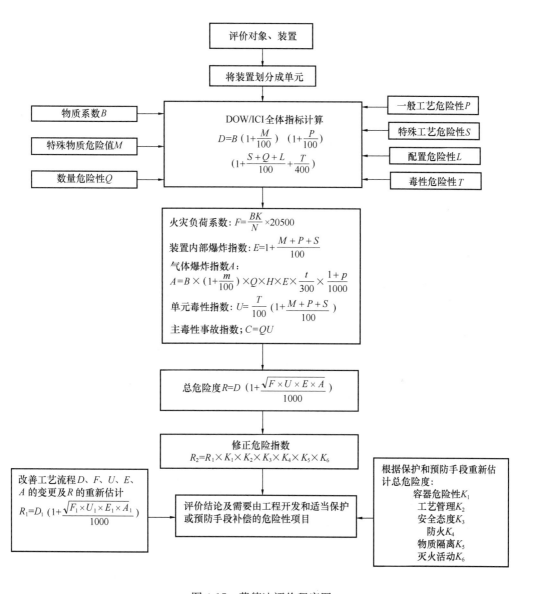

图 4-17　蒙德法评价程序图

ICI 蒙德法首先将评价系统划分成单元，选择有代表性的单元进行评价。评价过程分两个阶段进行：第一阶段是初期危险度评价，第二阶段是最终危险度评价。

2. 计算过程

（1）初期危险度评价

初期危险度评价不考虑任何安全措施，评价单元潜在危险性的大小。评价的项目包括确定物质系数 B、特殊物质危险性 M、一般工艺危险性 P、特殊工艺危险性 S、量的危险性 Q、配置危险性 L、毒性危险性 T。初期危险度评价需要填写的表格如表 4-73 所示。

单元			装置		
物质			反应		
1. 物质系数			(6) 接头与垫圈泄漏	0～60	
燃烧热 ΔH_c（kJ/kg）			(7) 振动负荷、循环等	0～50	
物质系数 B（$B=\Delta H_c\times1.8/100$）			(8) 难控制的工程反应	20～30	
2. 特殊物质系数	建议系数	采用系数	(9) 在爆炸范围或其附近条件下操作	20～30	
(1) 氧化性物质	0～20		(10) 平均爆炸危险以上	40～100	
(2) 与水反应发生可燃气	0～30		(11) 粉尘或烟雾危险性	30～70	
(3) 混合及扩散特性（m）	−60～60		(12) 强氧化剂	0～300	
(4) 自然发热性	30～250		(13) 工程着火敏感度	0～75	
(5) 自然聚合性	25～75		(14) 静电危险性	0～200	
(6) 着火敏感性	−75～150		特殊工艺过程性合计 S		
(7) 爆炸分解性	125		5. 量的系数	建议系数	采用系数
(8) 气体的爆轰性	150		单位物质质量		
(9) 凝缩层爆炸性	200～1500		（密度＝　　）		
(10) 其他异常性质	0～20		量系数合计 Q	1～100	
特殊物质危险性合计 M			6. 配置危险性	建议系数	采用系数
3. 一般工艺过程危险性	建议系数	采用系数	单元详细配置		
(1) 仅使用物理变化	10～50		高度 H(m)：		
(2) 单一连续反应	25～50		通常作业区		
(3) 单一间歇反应	35～110		(1) 构造设计	0～200	
(4) 统一装置内的重复反应	0～75		(2) 多米诺效应	0～250	
(5) 物质移动	0～75		(3) 地下	0～150	
(6) 可能输送的容器	10～100		(4) 地表排水沟	0～100	
一般工艺过程危险性合计 P			(5) 其他	0～250	
4. 特殊工艺过程危险性	建议系数	采用系数	配置危险性合计 L		
(1) 低压（<103.4kPa，绝对压力）	0～100		7. 毒性危险性	建议系数	采用系数
(2) 高压（p）	0～150		(1) TLV 值	0～300	
(3) 低温： a.（碳钢−10～10℃）	15		(2) 物质类型	25～200	
b.（碳钢−10℃以下）	30～100		(3) 短期暴露危险	−100～50	
c. 其他物质	0～100		(4) 皮肤吸收	0～300	
(4) 高温：1) 引火性	0～40		(5) 物理因素	0～50	
2) 构造物质	0～25		毒性合计 T		
(5) 腐蚀与侵蚀	0～150				

1）火灾、爆炸、毒性指标 D

DOW/ICI 总指标 D 的值用来表示火灾、爆炸潜在危险性的大小，按下式计算：

$$D = B\left(1+\frac{M}{100}\right)\left(1+\frac{P}{100}\right)\left(1+\frac{S+Q+L}{100}+\frac{T}{400}\right) \tag{4-25}$$

根据计算结果，将 D 划分为等级，如表 4-74 所示。

DOW/ICI 总指标 D 值范围及危险性程度　　　　表 4-74

D值范围	0～20	20～40	40～60	60～75	75～90	90～115	115～150	150～200	200 以上
危险性程度	缓和的	轻度的	中等的	稍重的	重的	极端的	非常极端的	潜在灾难性的	高度灾难性的

2）火灾负荷 F

F 称为火灾负荷系数，表示火灾的潜在危险性，是单位面积内的燃烧值。根据其值的大小可以预测发生火灾时火灾的持续时间。发生火灾时，单元内全部可燃物料燃烧是罕见的，考虑有 10％的物料燃烧是比较接近实际的。火灾负荷系数 F 用下式计算：

$$F = \frac{BK}{N} \times 20500 \tag{4-26}$$

评价单元火灾潜在性是由于它是构成事故时火灾持续时间的预测值，因此很有用。评价火灾潜在性恰当的方法是以单位面积的燃烧热（$\mathrm{Btu/ft^2}$）为基础，通过这种评价方法可以比较不同种类建筑物的值。根据试验数据及事故记录与火灾持续时间得表 4-75 所示的关系。

火灾负荷范畴及预计火灾持续时间　　　　表 4-75

火灾负荷 F 通常作业区实际值($\mathrm{Btu \cdot ft^{-2}}$)	范畴	预计火灾持续时间（h）	备注
$0\sim5\times10^4$	轻	1/4～1/2	住宅 工厂 工厂 对使用建筑物最大橡胶仓库
$5\times10^4\sim10^5$	低	1/2～1	
$10^5\sim2\times10^5$	中等	1～2	
$2\times10^5\sim4\times10^5$	高	2～4	
$4\times10^5\sim10^6$	非常高	4～10	
$10^6\sim2\times10^6$	强的	10～20	
$2\times10^6\sim5\times10^6$	极端的	20～50	
$5\times10^6\sim10^7$	非常极端的	50～100	

注：$1\ \mathrm{Btu/ft^2}=11.4\mathrm{kJ/m^2}$。

3）爆炸潜在性的评价

装置内部爆炸指标 E。装置内部爆炸的危险性与装置内部物料的危险性和工艺条件有关，指标 E 的计算公式为：

$$E = 1+\frac{M+P+S}{100} \tag{4-27}$$

根据计算结果，将装置内部爆炸危险性分成 5 个等级，见表 4-76。

内部单元爆炸指标 E 值及其范围　　　　表 4-76

E	0～1	1～2.5	2.5～4	4～6	6 以上
范围	轻微	低	中等	高	非常高

环境气体爆炸指标 A：

$$A = B \times \left(1 + \frac{m}{100}\right) \times Q \times H \times E \times \frac{t}{300} \times \frac{1+p}{1000} \qquad (4\text{-}28)$$

式中　m——物质的混合与扩散特性系数；

　　　H——单元高度；

　　　t——工程温度，K。

这是一般性关心所确认的地区爆炸危险性，并非表示单元唯一的爆炸可能性。气相爆炸或者着火时发生形成火灾条件的烟云，对这种大量引火物产生条件的研究，可以确认几种火灾系数，即为 A。使用蒙德火灾、爆炸、毒性指标进行评价中采用的几种火灾系数，各种 A 范围如表 4-77 所示。

地区爆炸指标 A 值及其范畴 表 4-77

A	0～10	10～30	30～100	100～500	500 以上
范畴	轻	低	中等	高	非常高

4）单元毒性指标

$$U = \frac{T}{100}\left(1 + \frac{M+P+S}{100}\right) \qquad (4\text{-}29)$$

表示毒性的影响，计算出可以综合考察装置、单元的控制和管理的单元毒性指标 U（见表 4-78）。

单元毒性指标 U 及其范畴 表 4-78

U	0～1	1～3	3～6	6～10	10 以上
范畴	轻	低	中等	高	非常高

主毒性事故指标

$$C = Q \times U \qquad (4\text{-}30)$$

将单元毒性指标 U 和量系数 Q 结合起来即可得出主毒性事故指标 C（见表 4-79）。

主毒性事故指标 C 及其范畴 表 4-79

C	0～20	20～50	50～200	200～500	500 以上
范畴	轻	低	中等	高	非常高

5）全体性评价得分

蒙德部门认为：考虑装置布置的总危险性评分是根据 DOW/ICI 总指标 D，而 D 受火灾负荷、单元毒性指标、内部爆炸指标、气体爆炸因素的影响较大。因此，总危险性 R 按下式进行计算。

$$R = D\left(1 + \frac{\sqrt{F \times U \times E \times A}}{1000}\right) \qquad (4\text{-}31)$$

在上式中 F、U、E、A 最小值为 1，计算结果分成等级，如表 4-80 所示。

总危险性系数 R 值及其范围   表 4-80

R	0~20	20~100	100~500	500~1100	1100~2500	2500~12500	12500~65000	65000 以上
范围	缓和	低	中等	高（1）类	高（2）类	非常高	极端	非常极端

可以接受的危险度很难有一个统一的标准，往往与所使用的物质类型（如毒性、腐蚀性等）和工厂周围的环境（如距居民区、学校、医院的距离等）有关。通常情况下，总危险性评分 R 值在 100 以下是能够接受的，而 R 值在 100~1100 之间视为可以有条件地接受，对于 R 值在 1100 以上的单元，必须考虑采取安全对策措施，并进一步做安全对策措施的补偿计算。

（2）最终危险度评价

初期危险度评价主要是了解单元潜在危险的程度。评价单元潜在的危险性一般都比较高，因此需要采取安全措施，降低危险性，使之达到人们可以接受的水平。蒙德法将实际生产过程中采取的安全措施分为两个方面：一方面是降低事故发生的频率，即预防事故的发生；另一方面是减小事故的规模，即事故发生后，将其影响控制在最小限度。

降低事故频率的安全措施包括容器（K_1）、管理（K_2）、安全态度（K_3）三类；减小事故规模的安全措施包括防火（K_4）、物质隔离（K_5）、消防活动（K_6）三类。这六类安全措施每类又包括数项安全措施，每项安全措施根据其在降低危险的过程中所起的作用给予一个小于 1 的补偿系数。根据补偿系数选取原则选取补偿措施，再计算出生产装置在安全措施补偿情况下的现实危险性大小。安全措施补偿系数如表 4-81 所示。

安全补偿措施表   表 4-81

补偿措施项	
1. 容器危险性	使用系数
（1）压力容器	
（2）非压力立式储罐	
（3）输送配管：1）设计应变	
2）接头及垫圈	
（4）附加的容器及防护堤	
（5）泄漏检测及响应	
（6）排放物质的废弃	
容器系数相乘积的合计 $K_1=$	
2. 工艺管理	使用系数
（1）警报系统	
（2）紧急用电供给	
（3）工艺冷却系统	
（4）惰性气体系统	
（5）危险性研究活动	
（6）安全停止系统	
（7）计算机管理	
（8）爆炸及不正常反应的预防	
（9）操作指南	
（10）装置监督	
工艺管理积的合计 $K_2=$	

3. 安全态度	使用系数
（1）管理者参加 （2）安全训练 （3）维修及安全程序	
安全态度积的合计 $K_3=$	
4. 防火	使用系数
（1）检测结构的火灾 （2）防火墙、屏蔽等 （3）装置火灾的预防	
防火系数乘积的合计 $K_4=$	
危险性系数重新估值的工艺开发	
5. 物质隔离	使用系数
（1）阀门系统 （2）通风	
物质隔离系数积的合计 $K_5=$	
6. 灭火活动	使用系数
（1）火灾报警 （2）手动灭火器 （3）防火用水 （4）洒水器及水枪系统 （5）泡沫及惰性化设备 （6）消防 （7）灭火活动的地区协作 （8）排烟换气装置	
灭火活动系数积的合计 $K_6=$	

补偿后评价结果的计算式如下：

1）补偿火灾负荷系数 F_2：

$$F_2 = F \times K_1 \times K_4 \times K_5 \tag{4-32}$$

2）补偿装置内部爆炸指标 E_2：

$$E_2 = E \times K_2 \times K_3 \tag{4-33}$$

3）补偿环境气体爆炸指标 A_2：

$$A_2 = A \times K_1 \times K_5 \times K_6 \tag{4-34}$$

4）补偿综合危险性评分 R_2：

$$R_2 = R \times K_1 \times K_2 \times K_3 \times K_4 \times K_5 \times K_6 \tag{4-35}$$

补偿后的评价结果：如果评价单元的危险性降低到可以接受的程度，则评价工作可以继续下去；否则，就要更改设计，或增加补充安全措施，然后重新进行评价计算，直至符合安全要求为止。

（三）ICI 蒙德法的优缺点及适用范围

ICI 蒙德法突出了毒性对评价单元的影响，在考虑火灾、爆炸毒性危险方面的影响范围及安全补偿措施方面都较道化学法更为全面；在安全补偿措施方面强调了工程管理和安全态度，突出了企业管理的重要性，因而可对较广的范围进行全面、有效、更接近实际的评价。

ICI蒙德火灾、爆炸、毒性指标法适用于生产、储存和处理涉及易燃，易爆，有化学活性，有毒性的物质的工艺过程及其他有关工艺系统。

(四) 应用实例

ICI蒙德法对某煤气发生系统进行安全评价。

1. 基本信息

评价单元：造气车间煤气发生系统（包括煤气炉、集气罐等）；

单元主要物质：一氧化碳CO；

煤气炉发生气量：429kg；

煤气炉内压力、温度：700～800Pa，800℃；

评价单元高度：15m；

单元作业区域：1200m^2。

2. 危险系数选取

危险系数选取结果如表4-82所示。

危险系数选取 表4-82

项目指标	指标内容	使用系数	危险性合计
物质系数		2.12	$B=2.12$
特殊物质系数	混合及扩散特性	−5	$M=220$
	着火敏感性	75	
	气体的轰爆性	150	
一般工艺过程危险性	单一连续反应	50	$P=100$
	物质移动	50	
特殊工艺过程危险性	高温	75	$S=210$
	高温、引火性	35	
	接头与垫圈泄漏	20	
	烟雾危险性	60	
	工艺着火敏感度	20	
量系数			$Q=3.0$
配置危险性	高度 $H=15m$		$L=85$
	通常作业区 $N=1200m^2$		
	构造设计	10	
	多米诺效应	25	
	其他	50	
毒性危险性	TLV 值	100	$T=225$
	物质类型	75	
	期暴露危险	50	

153

3. 评价结果

DOW/ICI 总指标 $D=61.63$，稍重；

火灾负荷系数 $F=17.8$，轻；

单元毒性指标 $U=14.18$，非常高；

主毒性指标 $C=42.54$，低；

装置内部爆炸指标 $E=6.30$，非常高；

环境气体爆炸指标 $A=206.25$，高；

综合危险性评分 $R=96.72$，低。

采取补偿措施后，该评价单元的火灾负荷系数 F、装置内部爆炸指标 E、环境气体爆炸指标 A 及综合危险性评分 R 等安全指标值有所下降，说明该单元的危险性降到了较安全的级别。

十三、易燃、易爆、有毒重大危险源评价法

(一) 方法概述

"易燃、易爆、有毒重大危险源辨识、评价技术研究"是由原劳动部劳保所等单位完成的我国"八五"国家科技攻关专题。重大危险源的评价分为固有危险性评价与现实危险性评价。后者是在前者的基础上考虑各种危险性的控制因素，反映了人对控制事故发生和事故后果扩大的主观能动作用。固有危险性评价主要反映物质的固有特性、危险物质生产过程的特点和危险单元内、外部环境状况。它分为事故的易发性评价和严重度评价。事故易发性取决于危险物质事故易发性与工艺过程危险性。

(二) 方法步骤

易燃易爆有毒重大危险源评价模型如图 4-18 所示。

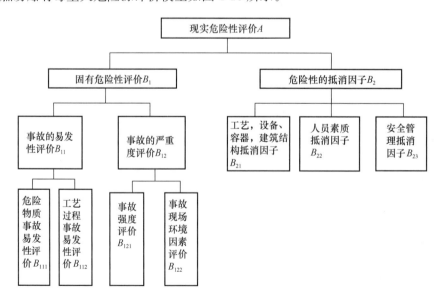

图 4-18　重大危险源评价指标体系框图

评价数学模型如式（4-36）所示。

154

$$A = \left\{ \sum_{i=1}^{n} \sum_{j=1}^{m} (B_{111})_i W_{ij} (B_{112})_j \right\} \times B_{12} \times \prod_{k=1}^{3} (1 - B_{2k}) \qquad (4\text{-}36)$$

式中　$(B_{111})_i$——第 i 种物质危险性的评价值;

$(B_{112})_j$——第 j 种工艺危险性的评价值;

W_{ij}——第 j 项工艺与第 i 种物质危险性的相关系数;

B_{12}——事故严重度评价值;

B_{21}——工艺、设备、容器、建筑结构抵消因子;

B_{22}——人员素质抵消因子;

B_{23}——安全管理抵消因子。

1. 危险物质事故易发性 B_{111} 的评价

危险物质分为:爆炸性物质、气体燃烧性物质、液体燃烧性物质、固体燃烧性物质、自燃物质、遇水易燃物质、氧化性物质、毒性物质。每类物质根据其总体危险感度给出权重分(α_i);每种物质根据其与反应感度有关的理化参数值给出状态分(G_j);每大类物质分若干小类,共计 19 个子类,对每大类或子类,分别给出状态分的评价标准。权重分与状态分之积,即为该类物质危险感度的评价值,亦称危险物质事故易发性的评分值(B_{111}),即

$$(B_{111})_I = \alpha_i \times G_j \qquad (4\text{-}37)$$

考虑毒物扩散的危险性,危险物质分类中定义毒性物质为第八类危险物质。一种危险物质可同属易燃、易爆七大类,又属于第八类。对毒性物质,其危险物质事故易发性主要取决于四个参数:毒性等级、物质的状态、气味、重度。毒性大小不仅影响事故后果,还影响事故易发性;毒性大的物质,即使微量扩散也能酿成事故。不同物质状态,毒物泄漏和扩散的难易程度差异很大。物质危险性最大分值为 100 分。

2. 工艺过程事故易发性 B_{112} 的评价及工艺—物质危险性相关系数的确定

工艺过程事故易发性的影响因素为 21 项:放热反应、吸热反应、物料处理、物料储存、操作方式、粉尘生成、低温条件、高温条件、高压条件、特殊的操作条件、腐蚀、泄漏、设备因素、密闭单元、工艺布置、明火、摩擦与冲击、高温体、电器火花、静电、毒物出料及输送。最后一种因素仅与含毒性物质相关。每种因素区别若干状态。各种因素的权重分值同因素中的各个状态分值一起考虑。状态分的确定参考了国内外评价方法中有关项目危险性大小的对比值,以及大量火灾爆炸事故原因分析的统计资料。

同种工艺条件对不同类危险物质表现的危险程度不同,将相关系数 W_{ij} 分为六级:A级:关系密切, $W_{ij}=0.9$;B级:关系大, $W_{ij}=0.7$;C级:关系一般, $W_{ij}=0.5$;D级:关系小, $W_{ij}=0.2$;E级:没有关系, $W_{ij}=0$ 。

3. 事故严重度的评价方法

事故严重度用事故后果的经济损失(万元)表示。事故后果系指事故中人员伤亡以及房屋、设备、物资等财产损失,不考虑停工损失。人员伤亡区分人员死亡数、重伤数、轻伤数。财产损失严格讲应分若干个破坏等级,在不同等级破坏区其破坏程度是不相同的,总损失为全部破坏区损失的总和。在危险性评估中为了简化方法,用统一的财产损失区来描述,假定财产损失区内财产全部破坏,在损失区外不受损,即认为财产损失区内未受损失部分的财产同损失区外受损失的财产相互抵消。死亡、重伤、轻伤、财产损失各自都用

一当量圆半径描述。对于单纯毒物泄漏事故仅考虑人员伤亡，不考虑动植物死亡和生态破坏所受到的损失。

建立了6种火灾、爆炸事故伤害模型，即：凝聚相含能材料爆炸、蒸汽云爆炸、沸腾液体蒸汽爆炸、池火灾、固体物品火灾、室内火灾。把燃烧爆炸危险物归为7大类18个子类。不同类物质常具有不同的事故形态，即使是同一类物质，甚至同一种物质，在不同的环境条件下也可能表现出不同的事故形态。为了对各种不同类的危险物质可能出现的事故的严重度进行评价，根据下面两个原则建立了物质子类别同事故形态之间的对应关系，每种事故形态用一种伤害模型来描述。这两个原则是：最大危险原则，如果一种危险物具有多种事故形态，且它们的事故后果相差悬殊，则按后果最严重的事故形态考虑；概率求和原则，如果一种危险物具有多种事故形态，且它们的事故后果相差不悬殊，则按统计平均原理估计事故后果。

建立了毒物扩散伤害模型：毒物泄漏伤害严重程度与泄漏量及环境大气参数（温度、湿度、风向、风力等）都有密切关系。若测算遇到事先评价所无法定量预见的条件时，则按较严重的条件评估。当物质既有燃爆特性，又有毒性时，则人员伤亡按两者中较重的情况测算，财产损失按燃爆伤害模型测算。毒物泄漏伤害区也分死亡区、重伤区、轻伤区，轻度中毒而无需住院治疗即短时内康复的。各等级的毒物泄漏伤害区呈纺锤形，为测算方便，将它们简化成等面积的当量圆，其圆心在各伤害区的面心上。为测算财产损失与人员伤亡数，需在各级伤害区内对财产分布函数与人员损失函数积分。为便于采样，人员和财产分布函数各分为三个区域，即单元区、厂区与居民区，每区假定人员分布与财产分布是均匀的，但各区又是不同的。为简化采样，单元区面积简化为当量圆，厂区面积当长宽比大于2时简化为矩形，否则简化为当量圆。各类型的伤害区覆盖单元区、厂区和居民区的各部分面积通过几何关系算出。

4. 危险性的抵消因子（控制因素）

单元的固有危险性由物质的危险性和工艺的危险性决定，但工艺、设备、容器、建筑结构上用于防范和减轻事故后果的设施，危险岗位操作人员的良好素质，严格的安全管理制度能够大大减轻单元内的现实危险性。在本评价方法中，工艺、设备、容器和建筑结构抵消因子由23个指标组成评价指标集；安全管理状况由12类80个指标组成评价指标集；危险岗位操作人员素质由4项指标组成评价指标集。工艺设备故障、人的失误和安全管理的缺陷是引发事故的三大因素，因而对工艺设备危险有效监控，提高操作人员技术素质和提高安全管理的有效性，能大大抑制事故的发生。这三种因素在许多情况下并非相互独立，而是耦合在一起产生作用，如只控制其中一种或两种是不能完全杜绝事故的，甚至当上述三种因素都得到充分控制后，只要固有危险性存在，现实危险性不可能抵消至零。因为还有一部分事故是由三大因素以外的原因（如自然灾害或其他单元事故牵连）引发的。因此，一种因素在控制事故发生中的作用同另外两种因素的受控程度密切相关。每种因素都是在其他两种因素控制得越好时，发挥出来的控制效率越大。

5. 危险性分级与危险控制程度分级

单元危险性分级以单元固有危险性大小为分级的依据。分级目的是便于政府主管部门对危险源进行分级控制。决定固有危险性大小的因素基本上由单元的生产属性决定。用固有危险性作为分级依据能使受控目标集保持稳定。

（1）危险性分级

将易燃、易爆、有毒重大危险源划分为四级，利用下式作为危险源分级标准，式中 B_1^* 是以 10 万元为缩尺单位的单元固有危险性的评分。定义：

$$A* = \log B_1^* \tag{4-38}$$

一级重大危险源：$A^* \geqslant 4$；

二级重大危险源：$3 \leqslant A^* < 4$；

三级重大危险源：$2 \leqslant A^* < 3$；

四级重大危险源：$A^* < 2$。

建议一级重大危险源应由国家劳动安全主管部门直接控制；二级重大危险源由省和直辖市政府控制；三级由地区级市政府控制；四级由企业重点管理控制。分级标准划定的原则，应使各级政府直接控制的危险源总量自下而上呈递减趋势。

（2）危险控制程度分级

单元综合抵消因子的值越小，说明单元现实危险性与单元固有危险性比值越小，即单元内危险性的受控程度越高。故可用单元综合抵消因子的大小说明其安全管理与控制的绩效。单元的危险性级别越高，要求的受控级别也应越高。建议用下列标准作为单元危险性控制程度的分级依据：A 级：$B_2 \leqslant 0.001$；B 级：$0.001 < B_2 \leqslant 0.01$；C 级：$0.01 < B_2 \leqslant 0.1$；D 级：$B_2 > 0.1$。各级重大危险源应该达到的受控标准是：一级危险源在 A 级以上；二级危险源在 B 级以上；三级和四级危险源在 C 级以上。

（三）方法特点和适用范围

易燃、易爆、有毒重大危险源评价法是确定重大危险源危险程度分级的一种计算方法，能够为重大危险源的级别划分及其监控提供科学理论基础。该方法计算量大，计算过程复杂，尤其在事故严重度计算时需要应用事故后果模型，模型中参数的选取具有一定的主观性，因此在使用此方法时，应该结合危险源的实际情况进行选取，尽量避免人的主观性带来的偏差。

易燃、易爆、有毒重大危险源评价法主要用于处理火灾、爆炸、毒性物质的储存场所或工艺过程的评价、确定重大危险源的等级。

十四、马尔科夫链预测法

（一）方法概述

马尔科夫预测是应用俄国数学家马尔科夫于 20 世纪初发现的系统状态转移规律。它是通过分析随机事件未来发展变化趋势及可能结果，为决策者提供决策信息的一种分析方法。

1. 马尔科夫链

设想有一随机运动的体系 Σ（例如运动着的质点），它可能处的状态（或位置）记为 E_0，E_1，E_0，……，E_n，……，总数共有至多可列多个（有穷或无穷）。这体系只可能在 $t=0$，1，2，……，n，…上改变它的状态。实际中常常碰到具有下列性质的运动体系 Σ：如果已知它在 $t=n$ 时的状态，则关于它在 n 时刻以前所处的状态的补充知识，对预言 Σ 在 n 时刻以后所处的状态不起任何作用。或者说在已知"现在"的条件下，"将来"与"过去"是独立的。这种性质就是"无后效性"，也就是直观意义的"马尔科夫性"（简称

"马氏性"，它是马尔科夫过程的核心概念）。把这种直观的性质用数学形式严格地表达出来，便可得出马尔科夫链的数学定义。

若随机过程 $X(t),t \in T$ 满足条件：

（1）时间集合取非负整数集 $T = \{n = 0,1,2,\cdots\}$ ，对于每个时刻，状态空间是离散集，记作 $E = \{n = 0,1,2,\cdots\}$ 。亦即 $X(t)$ 是时间离散状态离散的；

（2）对任意的正整数 l ， m ， k ，及任意的非负整数 $j_1 > \cdots > j_2 > j_l (m > j_l)$ 与相应的状态 $i_{m+k},i_m,i_{j_1},\cdots,i_{j_2},i_{j_l}$ ，有下式成立：

$$P\{X(m+k)\} = i_{m+k}\{X(m) = i_m,X(j_l) = j_l,\cdots,X(j_2) = j_2,X(j_1) = j_1\}$$
$$= P\{X(m+k) = i_{m+k} \mid X(m) = i_m\} \tag{4-39}$$

则称 $X(t),t \in T$ 为马尔科夫链，简称"马氏链"。

条件概率等式（4-39）意即 $X(t)$ 在时间 $m+k$ 的状态 $X(m+k) = i_{m+k}$ 的概率只与时刻 m 的状态 $X(m) = i_m$ 有关，而与时刻 m 以前的状态无关，它就是马氏性的数学表达之一。

$k = 1$ 时，称其右端为 $X(t)$ 在时刻 m 的一步转移概率，并记其为

$$P\{X_{m+1} = i_{m+1} \mid X_m = i_m\} = P\{X_{m+1} = j \mid X_m = i\} = P_{ij}(m) \tag{4-40}$$

它表示与时刻 m 取状态 $X_m = i$ 的条件下，在时刻 $m+1$ 取状态 $X_{m+1} = j$ 的条件概率。由于从状态 i 出发，经过一步转移后，必然到达状态空间 E 中的一个状态且只能到达一个状态，因此，一步转移概率 $P_{ij}(m)$ 应满足下列条件：

1）$0 \leqslant P_{ij}(m) \leqslant 1, i,j \in E$ ；

2）$\sum_{j \in E} P_{ij}(m) = 1, i \in E$ 。

如果固定时刻 $m \in T$ ，则由一步转移概率 $P_{ij}(m)$ 为元素构成的矩阵（状态空间 $E = \{0, 1, 2, \cdots\}$ ）

$$P_1 = P = \begin{Bmatrix} P_{00}(m) & P_{01}(m) & P_{02}(m) & \cdots \\ P_{10}(m) & P_{11}(m) & P_{12}(m) & \cdots \\ P_{20}(m) & P_{21}(m) & P_{22}(m) & \cdots \\ P_{30}(m) & P_{31}(m) & P_{32}(m) & \cdots \end{Bmatrix} \tag{4-41}$$

称为在某时刻 m 的一步状态转移矩阵（或一步转移矩阵）。

如果状态空间是有限集 $E = \{0, 1, 2, \cdots, k\}$ ，则称 $\{X_n, n = 0, 1, 2, \cdots\}$ 为有限状态马尔科夫链。对应时刻 m 的一步转移矩阵为

$$P = \begin{Bmatrix} P_{00}(m) & P_{01}(m) & P_{02}(m) & \cdots & P_{0k}(m) \\ P_{10}(m) & P_{11}(m) & P_{12}(m) & \cdots & P_{1k}(m) \\ P_{20}(m) & P_{21}(m) & P_{22}(m) & \cdots & P_{2k}(m) \\ \vdots & \vdots & \vdots & \ddots & \vdots \\ P_{k0}(m) & P_{k1}(m) & P_{k2}(m) & \cdots & P_{kk}(m) \end{Bmatrix} \tag{4-42}$$

如果马氏链一步转移概率 $P_{ij}(m)$ 与 m 无关，即无论在何时刻 m 经过一步转移到达状态 j 的概率都相等：

$$P\{X_{m+1}=j \mid X_m=i\}=P_{ij},(m=0,1,2,\ldots;)i,j\in E \tag{4-43}$$

则称此马氏链为齐次马氏链（即关于时间为齐性）。对于齐次马氏链，其一步转移矩阵为

$$P=\left\{\begin{matrix} P_{00} & P_{01} & P_{02} & \cdots & P_{0k} \\ P_{10} & P_{11} & P_{12} & \cdots & P_{1k} \\ P_{20} & P_{21} & P_{22} & \cdots & P_{2k} \\ \vdots & \vdots & \vdots & \ddots & \vdots \\ P_{k0} & P_{k1} & P_{k2} & \cdots & P_{kk} \end{matrix}\right\} \tag{4-44}$$

且满足 1）$0\leqslant P_{ij}\leqslant 1, i,j,\in E$，2）$\sum\limits_{j\in E}P_{ij}=1, i\in E$。

称任一具有性质 1），2）的矩阵为随机矩阵。应用中重复独立实验序列、直线上的随机游动等均为齐次马氏链。

2. 状态转移矩阵（n 步转移概率）

马氏链的有穷维分布函数由它的初始分布和一步转移概率所决定。但是，在马氏链的研究中，还必须讨论"从已知状态 i 出发，经过 n 次转移后，系统将处在状态 j"的概率，此即所谓 n 步转移概率，其定义如下：

设 $\{X_n，n\geqslant 0\}$ 仍为马氏链，其状态空间为 $E=\{0，1，2，\cdots k\}$，系统在时刻 m 从状态 i 出发，经过 n 步转移后处于状态 j 的概率

$$P\{X_{m+n}=j \mid X_m=i\}=P_{ij}(n;m),i,j\in E \tag{4-45}$$

称为 n 步转移概率。由奇次性知，此概率与 m 无关，所以可简记为 $P_{ij}(n)$。由所有 n 步转移概率 $P_{ij}(n)$ 为元素组成的矩阵称为 n 步状态转移矩阵，简称为 n 步转移矩阵。

（二）马尔科夫预测步骤

第一步，分析预测对象可能有几种状态存在，进行状态划分并计算初始状态的概率。若以 $S_i^{(0)}$ 表示预测对象在基期呈现第 i 种状态的初始概率（$i=1，2，\cdots，N$；N 为系统可能存在的相互独立的状态数）。则相应的初始状态概率向量为 $S^{(0)}=\{S_1^{(0)},S_2^{(0)},\cdots,S_n^{(0)}\}$。

第二步，采用一定的方法确定一步转移概率矩阵。在预测实践中，通常可按以下两种方法确定一步转移概率：一是主观估计法，即将专家根据自己的知识和经验对系统状态间相互转移可能性大小的主观估计值，作为一步转移概率；二是统计估计法，即根据历史统计资料计算的有关频率作为一步转移概率。若以 P_{ij} 表示预测对象由第 t 时刻状态 i 转向第 $t+1$ 时刻状态 j 的一步转移概率（$i，j=1，2，\cdots，N$），则一步转移概率矩阵为：

$$P=\left\{\begin{matrix} P_{11} & P_{12} & \cdots & P_{1N} \\ P_{12} & P_{22} & \cdots & P_{2N} \\ \cdots & \cdots & \cdots & \cdots \\ P_{N1} & P_{N2} & \cdots & P_{NN} \end{matrix}\right\} \tag{4-46}$$

第三步，进行预测。若预测对象的状态转移具有无后效性特征，且初始状态已知和一步转移概率矩阵不变件下，经过 k 次转移以后，对象处于状态 i 的概率为 $S_i^{(k)}$，则可以利用如下公式进行预测：

$$S^{(k)} = S^{(0)} g P^{(k)} = (S_1^{(0)} S_2^{(0)}, \cdots, S_N^{(0)})$$

$$\begin{cases} P_{11} & P_{12} & \cdots & P_{1N} \\ P_{12} & P_{22} & \cdots & P_{2N} \\ \cdots & \cdots & \cdots & \cdots \\ P_{N1} & P_{N2} & \cdots & P_{NN} \end{cases} \tag{4-47}$$

（三）方法特点和适用范围

马尔科夫链评估法是一种以概率论和随机过程理论为基础，通过建立随机数学模型，分析动态系统的状态以及状态转移情况的统计方法。这种评估法的突出特点是从系统的状态变化的角度来对系统进行评估。适用于长期、数据序列随机波动性大的预测问题。

马尔科夫链在如下领域得到了广泛的应用：

1. 马尔科夫链在天气预测的应用

结合天气情况不确定等诸多特点，构建天气情况预报的马尔可夫链预测模型，给出马尔可夫链的初始概率和多重转移概率的计算方法，根据此算法可以预报短期天气情况，同时扩展到对未来天气情况趋势的预测。

2. 马尔科夫链在环境预测中的应用

把马尔可夫链引入环境质量的预测中，将各种污染物的浓度变化过程视作马尔可夫过程，通过预测各种污染物的污染负荷系数来推知其浓度值。

3. 马尔科夫链在桥梁状态预测中的研究与应用

马尔科夫链以矩阵的形式来表达桥梁状况，通过求解状态转移矩阵，进一步预测桥梁未来数年内的基本状况。综合考虑桥梁检修的影响，给出桥梁检修后不同状态的状态转移矩阵，为进一步引入实际数据做了充分的准备。

近些年，学者们对马尔科夫模型进行了改进，基于灰色—马尔科夫理论，在建筑施工事故预测、火灾预测、风险评估等方面进行了大量研究。

（四）应用实例

某公共场所有 5 个出入口，经调研该场所人员总量一般为 2000 人，经过一段时间观测，初始转移概率状态矩阵取（0.2，0.1，0.1，0.4，0.2），人员流动概率转移矩阵见表 4-83。

人员流动概率转移矩阵表　　　　　　　　　　　　　　表 4-83

出入口	1	2	3	4	5
1	0	0.10	0.10	0.40	0.40
2	0.05	0	0.20	0.30	0.45
3	0.10	0.05	0	0.45	0.40
4	0.20	0.20	0.20	0	0.40
5	0.15	0.10	0.10	0.65	0

在人员总流量为 2000 人的情况下，设概率转移矩阵不变，预测下一观测时间段各出入口的人流量。

1. 出入口初始状态矩阵

出入口初始状态矩阵为（0.2，0.1，0.1，0.4，0.2）

概率转移矩阵为：

$$P = \begin{bmatrix} 0 & 0.1 & 0.1 & 0.4 & 0.4 \\ 0.05 & 0 & 0.20 & 0.30 & 0.45 \\ 0.10 & 0.05 & 0 & 0.45 & 0.40 \\ 0.20 & 0.20 & 0.20 & 0 & 0.40 \\ 0.15 & 0.10 & 0.10 & 0.65 & 0 \end{bmatrix}$$

2. 下一时刻各出口概率矩阵

$$(0.2 \quad 0.1 \quad 0.1 \quad 0.4 \quad 0.2) \begin{bmatrix} 0 & 0.1 & 0.1 & 0.4 & 0.4 \\ 0.05 & 0 & 0.20 & 0.30 & 0.45 \\ 0.10 & 0.05 & 0 & 0.45 & 0.40 \\ 0.20 & 0.20 & 0.20 & 0 & 0.40 \\ 0.15 & 0.10 & 0.10 & 0.65 & 0 \end{bmatrix}$$

$$= (0.125 \quad 0.125 \quad 0.14 \quad 0.285 \quad 0.325)$$

3. 各出入口的人流量为（250　250　280　570　650）

十五、模糊数学综合评价法

（一）方法概述

模糊数学是数学领域的重要研究方向，其产生和发展源自如何对客观世界广泛存在的模糊特性进行描述的问题。一般，对于具有某种确定属性、可以与其他事物明确区分的事物全体可以组成一个集合。将所有可以组成集合的事物称为元素，那么，每个元素与各个集合之间的关系是属于或不属于的关系。任何一个元素要么属于某个集合，要么不属于某个集合，两种情况必居其一且只居其一。例如，猫、西瓜，分别表示了猫的集合、西瓜的集合，很容易可以判断出某物体是不是猫和西瓜。对于上面两个例子中的元素和集合之间的关系，做出这样明确、肯定的判断非常容易，因为它们涉及的概念明确。再例如，小猫、大西瓜，可以说刚出生的猫是小猫，但 2 岁的猫是不是小猫呢？如果是，那 3 岁的猫、3 岁零 4 个月的猫呢？另外，多大的西瓜能算大呢？12 斤以上还是 13.7 斤以上呢？很难做出明确、肯定的判断。可以看出，集合其实是概念的外延，相对于有明确外延的概念来说，像小猫、大西瓜等概念，只能称为模糊概念，因为用传统的集合根本无法描述这样的模糊概念。模糊集合论的引人为刻画自然界中的模糊现象提供了手段，也使得模糊数学得到了充分的发展。

进行安全评价时，对被评价对象做出"安全"的评价结论本身就是一个模糊性概念。安全是指没有超过允许限度的危险，即指被评价对象可能发生事故、造成人员伤亡或财产损失的危险没有超过允许的限度。这里"允许的限度"是人们用来判别安全与危险的基准。按模糊数学的理论，危险性是被评价对象对安全的隶属度，即对象属于安全的隶属度越小，危险性就越大；反之对安全的隶属度越大，危险性就越小。当危险性对安全的隶属度达到一定程度时，就可以认为对象是"安全"的，并做出评价结论。因此，利用模糊数学的理论和方法来进行安全评价是十分符合实际工作的。

（二）模糊关系和模糊矩阵

1. 模糊集（Fuzzy Set，FS）

设所论全集为 U ，U 的模糊子集为 $\tilde{A}$ ，$\tilde{A}$ 可由特征函数 $\psi\tilde{A}$ 刻画如下：

$$\tilde{A}:U \rightarrow [0,1]$$

$\forall x \in U$ ，$\psi\tilde{A} \in [0,1]$ ，$\psi\tilde{A}$ 叫做 $x \in \tilde{A}$ 的隶属函数或简称隶属度，记为：

$$\tilde{A} = \frac{\int \psi\tilde{A}(x)}{x} \tag{4-48}$$

对有限集

$$\tilde{A} = \left\{ \frac{\psi\tilde{A}(x)}{x} , \forall x \in U \right\} = \left\{ \frac{\psi\tilde{A}(x_1)}{x_1} , \frac{\psi\tilde{A}(x_2)}{x_2} , \cdots , \frac{\psi\tilde{A}(x_n)}{x_n} \right\} \tag{4-49}$$

定义 $\tilde{A}$ 的支撑集：特征函数 $\psi\tilde{A}$ 所对应的非零映射域。

$$\tilde{A} = \{x, \forall x \in U \wedge \psi\tilde{A}(x) > 0\}$$

例如，当 $U = \{a_1, a_2, a_3, a_4, a_5\}$ 时，则

$$\tilde{A} = \left\{ \frac{0.9}{a_1} , \frac{0.8}{a_2} , \frac{0}{a_3} , \frac{0.5}{a_4} , \frac{0.3}{a_5} \right\}$$

则 $\tilde{A}$ 的支撑集为：$\tilde{A} = \{a_1, a_2, a_3, a_4, a_5\}$ 。

2. 模糊集的运算

设所论全集为 U ，U 的模糊子集为 $\tilde{A}$ 、$\tilde{B}$ ，对于 $\forall x \in U$ ，有以下关系：

(1) $\psi\tilde{A}(x) = 0 \Leftrightarrow \tilde{A} \neq \Phi$ 。

(2) $\psi\tilde{A}(x) = 1 \Leftrightarrow \tilde{A} \neq U$ 。

(3) $\psi\tilde{A}(x) \leqslant \psi\tilde{B}(x) \Leftrightarrow \tilde{A} \leqslant \tilde{B}$ 。

(4) $\psi\tilde{A}(x) = \psi\tilde{B}(x) \Leftrightarrow \tilde{A} = \tilde{B}$ 。

(5) $\tilde{A} \bigcup \tilde{B} = \{\psi\tilde{A}(x) \vee \psi\tilde{B}(x)/x\}$ ；

   $\psi\tilde{A}(x) \vee \psi\tilde{B}(x) \equiv \max[\psi\tilde{A}(x), \psi\tilde{B}(x)]$ 。

(6) $\tilde{A} \bigcap \tilde{B} = \{\psi\tilde{A}(x) \wedge \psi\tilde{B}(x)/x\}$ ；

   $\psi\tilde{A}(x) \wedge \psi\tilde{B}(x) \equiv \min[\psi\tilde{A}(x), \psi\tilde{B}(x)]$ 。

(7) $\tilde{A} \equiv U - \tilde{A} \equiv 1 - \psi A(x)$ 。

3. 模糊关系（Fuzzy Relation，FR）

设集合，$U_1, U_2, \cdots, U_n$ 序积 $\prod_{i=1}^{n} U_i$ ，则 n 元 FR：R^n 可由特征函数表示如下：

$$\psi R^n : \prod_{i=1}^{n} U_i \rightarrow [0,1] \tag{4-50}$$

R^n 称 $U_1, U_2, \cdots, U_n$ 间的 n 元相互模糊关系。

当 $U_i = U$ 时，$\forall i \in I$ 则有：$\psi R^n : U^n = U \times U \times U \times \cdots \times U \to [0,1]$

4. 模糊矩阵（Fuzzy Matrix，FM）

定理：设 R^i 是 U 上 i 元关系，则二阶模糊关系记为 $R^i(2)$，指特征函数：

$$\psi R^n(2) = R^i \times R^i \to [0,1] (\forall i \in I)$$

同理，引出 j 阶模糊关系：

$$\psi R^n(j) = R^i(j-1) \times R^i(j-1) \to [0,1] (i \in I \wedge j \in J) \tag{4-51}$$

由此可写出模糊矩阵，例如：

$$R = \left\{ \frac{0.9}{(a_1 a_2)}, \frac{0.4}{(a_1 a_3)}, \frac{0.4}{(a_2 a_3)}, \frac{0.9}{(a_2 a_1)}, \frac{0.9}{(a_3 a_1)}, \frac{0.9}{(a_1 a_1)}, \frac{0.9}{(a_2 a_a)}, \frac{0.9}{(a_2 a_2)} \right\}$$

$$FM = \begin{bmatrix} 1.0 & 0.9 & 0.4 \\ 0.9 & 1.0 & 0.4 \\ 0.4 & 0.4 & 1.0 \end{bmatrix}$$

5. 模糊矩阵的运算

$$\left. \begin{array}{l} \tilde{M}_1 \bigcup \tilde{M}_2 : 比大 \\ \tilde{M}_1 \bigcap \tilde{M}_2 : 比小 \\ \tilde{M}_1 \cdot \tilde{M}_2 : 矩阵乘法 \\ \sim \tilde{M}_1 : 1 - \tilde{M}_1 \end{array} \right\} 运算法则$$

6. 模糊关系的性质

（1）反射性

$\forall x \in A, \psi \tilde{R}(x,x) = 1$。

（2）对称性

$\forall x, y \in A, \psi \tilde{R}(x,y) = \psi \tilde{R}(y,x)$。

（3）传递性

$\forall x, y, z \in A, \psi \tilde{R}(x,y) \geq \max_{\forall y \in A} \{\min[\psi \tilde{R}(x,y), \psi \tilde{R}(y,z)]\}$。

（三）模糊综合评价的基本步骤

模糊综合评价的基本步骤如下：

（1）建立指标集 $U = \{u_1, u_2, u_3, \cdots, u_n\}$。

（2）建立评价集 $V = \{v_1, v_2, v_3, \cdots, v_m\}$。

（3）确定权重集 $A = \{a_1, a_2, a_3, \cdots, a_n\}$。

（4）对各方案建立指标与评价间的模糊关系 R_i（第 i 个方案）：

$$R_i = \begin{bmatrix} r_{11} & r_{12} & \cdots & r_{1m} \\ r_{21} & r_{22} & \cdots & r_{2m} \\ \vdots & \vdots & \vdots & \vdots \\ r_{n1} & r_{n2} & \cdots & r_{nm} \end{bmatrix}$$

（5）综合评价 $\widetilde{\boldsymbol{B}}_i = \widetilde{\boldsymbol{A}} \cdot \widetilde{\boldsymbol{R}}_i$。

（6）归一化处理，得到模糊评价结论。

（四）应用实例

尾矿库是一种人造的具有高势能的泥石流，是重大危险源。我国 90% 以上的尾矿坝，都采用简单易行、便于管理、适应性强、筑坝费用少的上游法堆积，这种坝的沉积密度低、浸润线偏高。受多种原因影响，我国尾矿库事故时有一发生。试采用模糊数学方法对某尾矿库的运行情况进行安全评价。

1. 评价方面

结合尾矿库的实际运行状况，分析得到尾矿库安全评价初级指标：

（1）尾矿坝坝体特性。

（2）排洪系统状况。

（3）水利输送系统状况。

（4）安全管理绩效。

以上方面用综合因素集合来表示 $U = \{u_1, u_2, u_3, u_4\}$。

确立系统综合评价的评语集分别为：差、较差、中、较好、好，用集合 $V = \{v_1, v_2, v_3, v_4, v_5\}$ 来表示。

权重系数由 10 位专家组成的检查组讨论决定。确定 U 中各因素的权重分别为：0.2，0.2，0.2，0.4，用集合 $A = \{0.2, 0.2, 0.2, 0.4\}$ 来表示。

2. 权重系数

由 10 位专家组成的检查组对该尾矿库实际运行情况分别进行现场考察、评价，然后对结果进行归一化处理，得到以下结果：

	V_1	V_2	V_3	V_4	V_5
U_1	0	0.1	0.2	0.3	0.4
U_2	0.1	0.1	0.4	0.2	0.2
U_3	0	0.1	0.2	0.6	0.1
U_4	0	0.2	0.5	0.3	0

由此构成模糊矩阵 $\boldsymbol{R}$。

3. U 的综合模糊评价矩阵

$\boldsymbol{B} = \boldsymbol{A} \cdot \boldsymbol{R} = \{0.02 \quad 0.14 \quad 0.36 \quad 0.34 \quad 0.14\}$，矩阵 B 各元素值满足归一化要求，按要求进行归一化处理时各元素值保持不变。

4. 评价结果

上述对该尾矿库按 5 个等级进行评价的结果说明，专家检查组认为尾矿库运行的综合安全状况为中等、较好的分别占 36%、34%，认为较差和好的占 14%。如果对以上分布赋以数值，如：好，95；较好，80；中，65；较差，45；差，30；则总得分为：

$$E = 95 \times 0.14 + 80 \times 0.34 + 65 \times 0.36 + 45 \times 0.14 + 30 \times 0.14 = 74.4$$

这样对尾矿库的评价就得到了量化。依据上述赋值原则，这一量化值对应的安全结论介于较好和中等之间。

第三节 事故后果分析模型

对于事故后果模拟分析，国内外有很多研究成果。如美国、英国、德国等发达国家，早在 20 世纪 80 年代初便完成了以 Burro，Coyote，Thorney Island 为代表的一系列大规模现场泄漏扩散实验。在 20 世纪 90 年代，又针对毒性物质的泄漏扩散进行了现场实验研究。迄今为止，已经形成了数以百计的事故后果模型。基于事故模型的实际应用也取得了发展，如 DNV 公司的 SAFETY II 软件是一种多功能的定量风险分析和危险评价软件包，包含多种事故模型，可用于工厂的选址、区域和土地使用决策、运输方案选择、优化设计、提供可接受的安全标准。Shell Global Solution 公司提供的 Shell FRED、Shell SCOPE 和 Shell Shepherd 三个序列的模拟软件涉及泄漏、火灾、爆炸和扩散等方面的危险风险评价软件。这些软件都是建立在大量实验的基础上得出的数学模型，有着很强的可信度。评价的结果用数字或图形的方式显示事故影响区域，以及个人和社会承担的风险。可根据风险的严重程度对可能发生的事故进行分级，有助于制定降低风险的措施。本节主要介绍目前较常用的事故后果模型。

一、泄漏

由于设备损坏或操作失误引起泄漏从而大量释放易燃、易爆、有毒有害物质，将会导致火灾、爆炸、中毒等重大事故发生。因此，后果分析由泄漏开始。

（一）泄漏设备及损坏尺寸

根据各种设备泄漏情况分析，可将工厂（特别是化工厂）中易发生泄漏的设备分类，通常归纳为：管道、挠性连接器、过滤器、阀门、压力容器或反应器、泵、压缩机、储罐、加压或冷冻气体容器及火炬燃烧装置或放散管十类。

1. 管道。它包括管道、法兰和接头，其典型泄漏情况和裂口尺寸分别取管径的 20%～100%、20% 和 20%～100%。

2. 挠性连接器。它包括软管、波纹管和铰接器，其典型泄漏情况和裂口尺寸为：连接器本体破裂泄漏，裂口尺寸取管径的 20%～100%；接头泄漏，裂口尺寸取管径的 20%；连接装置损坏而泄漏，裂口尺寸取管径的 100%。

3. 过滤器。它由过滤器本体、管道、滤网等组成，其典型泄漏情况和裂口尺寸分别取管径的 20%～100% 和 20%。

4. 阀。其典型泄漏情况和裂口尺寸为：

（1）阀壳体泄漏，裂口尺寸取管径的 20%～100%；

（2）阀盖泄漏，裂口尺寸取管径的 20%；

（3）阀杆损坏泄漏，裂口尺寸取管径的 20%。

5. 压力容器、反应器。包括化工生产中常用的分离器、气体洗涤器、反应釜、热交换器、各种罐和容器等。其常见泄漏情况和裂口尺寸为：

（1）容器破裂而泄漏，裂口尺寸取容器本身尺寸；

（2）容器本体泄漏，裂口尺寸取与其连接的粗管道管径的 100%；

（3）孔盖泄漏，裂口尺寸取管径的 20%；

（4）喷嘴断裂而泄漏，裂口尺寸取管径的 100%；

（5）仪表管路破裂泄漏，裂口尺寸取管径的 20%～100%；

（6）容器内部爆炸，全部破裂。

6. 泵。其典型泄漏情况和裂口尺寸为：

（1）泵体损坏泄漏，裂口尺寸取与其连接管径的 20%～100%；

（2）密封压盖处泄漏，裂口尺寸取管径的 20%。

7. 压缩机。包括离心式、轴流式和往复式压缩机，其典型泄漏情况和裂口尺寸为：

（1）压缩机机壳损坏而泄漏，裂口尺寸取与其连接管道管径的 20%～100%；

（2）压缩机密封套泄漏，裂口尺寸取管径的 20%。

8. 储罐。露天储存危险物质的容器或压力容器，也包括与其连接的管道和辅助设备，其典型泄漏情况和裂口尺寸为：

（1）罐体损坏而泄漏，裂口尺寸为本体尺寸；

（2）接头泄漏，裂口尺寸为与其连接管道管径的 20%～100%；

（3）辅助设备泄漏，酌情确定裂口尺寸。

9. 加压或冷冻气体容器。包括露天或埋地放置的储存器、压力容器或运输槽车等，其典型泄漏情况和裂口尺寸为：

（1）露天容器内部气体爆炸使容器完全破裂，裂口尺寸取本体尺寸；

（2）容器破裂而泄漏，裂口尺寸取本体尺寸；

（3）焊接点（接管）断裂泄漏，取管径的 20%～100%。

10. 火炬燃烧器或放散管。它们包括燃烧装置、放散管、多通接头、气体洗涤器和分离罐等，泄漏主要发生在筒体和多通接头部位。裂口尺寸取管径的 20%～100%。

（二）泄漏量的计算

当发生泄漏的设备的裂口是规则的，而且裂口尺寸及泄漏物质的有关热力学性质、物理化学性质及参数已知时，可根据流体力学中的有关方程式计算泄漏量。当裂口不规则时，可采取等效尺寸代替；当遇到泄漏过程中压力变化等情况时，往往采用经验公式计算。

1. 液体泄漏量

液体泄漏速度可用流体力学的伯努利方程计算，其泄漏速度为：

$$Q_0 = C_d A \rho \sqrt{\frac{2(P+P_0)}{\rho} + 2gh} \qquad (4\text{-}52)$$

式中　Q_0——液体泄漏速度，kg/s；

　　　C_d——液体泄漏系数，按表 4-84 选取；

　　　A——裂口面积，m^2；

　　　ρ——泄漏液体密度，kg/m^3；

　　　P——容器内介质压力，Pa；

　　　P_0——环境压力，Pa；

　　　g——重力加速度，$9.8m/s^2$；

　　　h——裂口之上液位高度，m。

液体泄漏系数 C_d			表 4-84
雷诺数（Re）	裂口形状		
	圆形（多边形）	三角形	长方形
>100	0.65	0.60	0.55
≤100	0.50	0.45	0.40

对于常压下的液体泄漏速度，取决于裂口之上液位的高低；对于非常压下的液体泄漏速度，主要取决于窗口内介质压力与环境压力之差和液位高低。

当容器内液体是过热液体，即液体的沸点低于周围环境温度，液体流过裂口时由于压力减小而突然蒸发。蒸发所需热量取自于液体本身，而容器内剩下的液体温度将降至常压沸点。在这种情况下，泄漏时直接蒸发的液体所占百分比 F 可按下式计算：

$$F = C_p \frac{T - T_0}{H} \tag{4-53}$$

式中　C_p——液体的定压比热，J/kg·K；

　　　T——泄漏前液体的温度，K；

　　　T_0——液体在常压下的沸点，K；

　　　H——液体的汽化热，J/kg。

F 的值几乎总是在 0～1 之间。事实上，泄漏时直接蒸发的液体将以细小烟雾的形式形成云团，与空气相混合而吸收热蒸发。如果空气传给液体烟雾的热量不足以使其蒸发，由一些液体烟雾将凝结成液滴降落到地面，形成液池。根据经验，当 $F>0.2$ 时，一般不会形成液池；当 $F<0.2$ 时，F 与带走液体之比，有线性关系，即当 $F=0$ 时，没有液体带走（蒸发）；当 $F=0.1$ 时，有 50% 的液体被带走。

2. 气体泄漏量

气体从裂口泄漏的速度与其流动状态有关。因此，计算泄漏量时首先要判断泄漏时气体流动属于音速还是亚音速流动。

当下式成立时，气体流动属音速流动：

$$\frac{P_0}{P} \leqslant \left(\frac{2}{k+1}\right)^{\frac{k}{k-1}} \tag{4-54}$$

当下式成立时，气体流动属亚音速流动：

$$\frac{P_0}{P} > \left(\frac{2}{k+1}\right)^{\frac{k}{k-1}} \tag{4-55}$$

式中　P_0、P——符号意义同前；

　　　k——气体的绝热指数，即定压比热 C_p 与定容比热 C_V 之比。

气体呈音速流动时，其泄漏量为：

$$Q_0 = C_d A P \sqrt{\frac{Mk}{RT}\left(\frac{2}{k+1}\right)^{\frac{k+1}{k-1}}} \tag{4-56}$$

气体呈亚音速流动时，其泄漏量为：

$$Q_0 = Y C_d A P \sqrt{\frac{Mk}{RT}\left(\frac{2}{k+1}\right)^{\frac{k+1}{k-1}}} \tag{4-57}$$

式中　C_d——气体泄漏系数，当裂口形状为圆形时取 1.00，三角形时取 0.95，长方形时取 0.90；

　　　Y——气体膨胀因子，它由下式计算：

$$Y = \sqrt{\left(\frac{1}{k-1}\right)\left(\frac{k+1}{2}\right)^{\frac{k+1}{k-1}}\left(\frac{P_0}{P}\right)^{\frac{2}{k}}\left[1-\left(\frac{P_0}{P}\right)^{\frac{k-1}{k}}\right]} \qquad (4-58)$$

　　　M——分子量；

　　　R——气体常数，J/(mol·K)；

　　　T——气体温度，K。

当容器内物质随泄漏而减少或压力降低而影响泄漏速度时，泄漏速度的计算比较复杂。如果流速小或时间短，在后果计算中可采用最初排放速度，否则应计算其等效泄漏速度。

3. 两相流动泄漏量

在过热液体发生泄漏时，有时会出现气、液两相流动。均匀两相流动的泄漏速度可按下式计算：

$$Q_0 = C_d A\sqrt{2\rho(P-P_c)} \qquad (4-59)$$

式中　Q_0——两相流泄漏速度，kg/s；

　　　C_d——两相流泄漏系数，可取 0.8；

　　　A——裂口面积，m^2；

　　　P——两相混合物的压力，Pa；

　　　P_c——临界压力，Pa，可取 $P_c = 0.55Pa$；

　　　ρ——两相混合物的平均密度，kg/m^3，它由下式计算：

$$\rho = \frac{1}{\dfrac{F_v}{\rho_1} + \dfrac{1-F_v}{\rho_2}} \qquad (4-60)$$

式中　ρ_1——液体蒸发的蒸气密度，kg/m^3；

　　　ρ_2——液体密度，kg/m^3；

　　　F_v——蒸发的液体占液体总量的比例，它由下式计算：

$$F_v = \frac{C_p(T-T_c)}{H} \qquad (4-61)$$

式中　C_p——两相混合物的定压比热，J/(kg·K)；

　　　T——两相混合物的温度，K；

　　　T_c——临界温度，K；

　　　H——液体的汽化热，J/kg。

当 $F > 1$ 时，表明液体将全部蒸发成气体，这时应按气体泄漏公式计算；如果 F_v 很小，则可近似按液体泄漏公式计算。

二、扩散

泄漏物质的特性多种多样，还受原有条件的强烈影响，但大多数物质从容器中泄漏出来后，都可发展成弥散的气团向周围空间扩散。常见的泄漏分为连续泄漏（通常为物料经较小的孔洞长时间持续泄漏，如反应器、储罐、管道上出现小孔，或者阀门、法兰、机泵等处密封失效）和瞬时泄漏（通常是指物料经较大孔洞在很短时间内泄漏出大量物料，如大管径管线断裂、爆破片爆裂、反应器因超压爆炸等瞬间泄漏出大量物料）。根据气云物理性质不同，可以把气体扩散分为非重气扩散和重气扩散。模拟非重气扩散的模型有高斯烟团模型、高斯烟羽模型、Sutton 模型等；重气扩散模型主要包括 BM 模型、箱模型、浅层模型、CFD 模型等。

高斯模型（Gaussian plume/puff model）适用于点源的扩散，早在 20 世纪 50、60 年代就已被应用，它是从统计方法入手，考察污染物的浓度分布。

1. 有界连续点源的高斯模式

考虑地面对扩散的影响，任意一点的浓度为：

$$c(x,y,z) = \frac{Q}{\pi \sigma_y \sigma_z u} \exp\left[-\frac{1}{2}\left\{\frac{y^2}{\sigma_y^2} + \frac{z^2}{\sigma_z^2}\right\}\right] \tag{4-62}$$

式中　$c(x,y,z)$——连续泄漏时，给定地点 (x,y,z) 的污染物浓度，mg/m^3；

　　　　Q——液体泄漏源强度，mg/s；

　　　　u——平均风速，m/s；

　　　　y——横风向的距离，m；

　　　　z——离地面的距离，m；

　　　　σ_y，σ_z——y，z 方向扩散参数。

2. 瞬时地面点源烟团模式

以风速方向为 x 轴，坐标原点取在泄漏点处，则浓度分布为：

$$c(x,y,z,t) = \frac{2Q}{(2\pi)^{3/2}\sigma_x \sigma_y \sigma_z} \exp\left[-\frac{1}{2}\left\{\frac{(x-ut)^2}{\sigma_x^2} + \frac{y^2}{\sigma_y^2} + \frac{z^2}{\sigma_z^2}\right\}\right] \tag{4-63}$$

式中　$c(x,y,z,t)$——给定地点 (x,y,z) 和时间 t 的污染物浓度，kg/m^3；

　　　　Q——瞬时泄漏量，mg/s；

　　　　u——平均风速，m/s；

　　　　t——污染物的运行时间，s；

　　　　x——下风向距离，m；

　　　　y——横风向的距离，m；

　　　　z——离地面的距离，m；

　　　　σ_x，σ_y，σ_z——x，y，z 方向扩散参数。

3. 扩散半径

假设有毒气体以半球形向空中扩散，有毒气体扩散半径的计算公式为：

$$R = \sqrt[3]{\frac{V_g/c}{2\pi/3}} \tag{4-64}$$

式中　R——有毒气体的半径，m；

　　　　c——有毒介质的浓度，mg/m^3；

　　　　V_g——有毒介质的蒸气体积，m^3，应按下式进行计算：

$$V_g = \frac{22.4Wc(t-t_0)}{Mq} \times \frac{273+t_0}{273} \tag{4-65}$$

式中　W——有毒液化气体的质量，kg；

　　　t——泄漏前介质内的温度，℃；

　　　t_0——标准沸点，℃；

　　　c——液体平均比热，kJ/(kg·℃)；

　　　M——相对分子量；

　　　q——汽化热，kJ/kg。

4. 大气稳定度及扩散系数

大气稳定度的分类方法采用修正的帕斯奎尔-特纳尔（P-T）方法。我国根据具体情况，对 P-T 分类方法进行了适当的修正，将大气稳定度分为强不稳定、不稳定、弱不稳定、中性、弱稳定和稳定六级，分别用 A、B、C、D、E、F 来表示，如表 4-85 所示。

大气稳定度级别　　　　　　　　　　　表 4-85

地面风速	白天太阳辐射			阴天的白天	有云的夜晚	
（地面 10m 处）(m/s)	强	中	弱	或夜晚	薄云遮天或低云≥5/10	云量<4/10
<2	A	A~B	B	D		
2≤~<3	A~B	B	C	D	E	F
3≤~<5	B	B~C	C	D	D	E
5≤~<6	C	C~D	D	D	D	D
≥6	C	D	D	D	D	D

扩散系数的计算有两种方法：一种是统计理论，利用泰勒公式求扩散参数；另一种是通过大量的扩散试验得到经验公式，目前应用最多的是后者。帕斯奎尔（Pasquill）根据云量、云状、太阳辐射状况和地面风速等常规气象资料，将大气扩散能力分为 A~F 6 个稳定度级别，之后又根据扩散理论和大气扩散试验，给出了每种稳定度级别对应的 σ_y 和 σ_z 随距离变化的经验曲线（简称 P-G 曲线）。表 4-86 用来表示扩散系数与大气稳定度、下风向距离之间的关系。

扩散系数与稳定度等级及下风方向对照表　　　　　　表 4-86

稳定度等级	$\sigma_x = \sigma_y = r_1 x^{a_1}$			$\sigma_z = r_2 x^{a_2}$		
	α_1	r_1	下风距离（m）	α_2	r_2	下风距离（m）
A	0.901074	0.425809	0~1000	1.12154	0.07999	0~300
				1.526	0.008548	300~500
	0.850934	0.602052	>1000	2.10881	0.000212	>500
B	0.91437	0.281846	0~1000	0.941015	0.12719	0~500
	0.865014	0.396353	>1000	1.09356	0.057025	>500
C	0.924279	0.177154	0~1000	0.917596	0.106803	
	0.885157	0.23123	>1000			
D	0.929481	0.110726	0~1000	0.826212	0.104634	0~1000
				0.632023	0.400167	1000~10000
	0.888723	0.146669	>1000	0.55536	0.810763	>10000

稳定度等级	$\sigma_x=\sigma_y=r_1 x^{a_1}$			$\sigma_z=r_2 x^{a_2}$		
	α_1	r_1	下风距离（m）	α_2	r_2	下风距离（m）
E	0.920818	0.086001	0~1000	0.78837	0.092753	0~1000
	0.896864	0.124308	>1000	0.565188	0.433384	1000~10000
				0.414743	1.73241	>10000
F	0.929481	0.0553634	0~1000	0.7844	0.062077	0~1000
				0.525969	0.370015	1000~10000
	0.888723	0.073348	>1000	0.322659	2.40691	>10000

三、火灾

易燃、易爆的气体、液体泄漏后遇到引火源就会被点燃而着火燃烧。它们被点燃后的燃烧方式有池火、喷射火、火球。

（一）池火

1. 池火条件

可燃性油品在装卸、储运过程中，有可能发生油品泄漏事故。当大量的油品自容器或管路泄漏到地面后，将向四周流淌，受到防火堤的阻挡或地形限制时，在某一限定区域内积聚，形成一定厚度的液池，此时遇到火源将引发池火。

2. 参数计算

（1）计算燃烧速度

当液池中可燃液体的沸点高于周围环境温度时，液体表面上单位面积的燃烧速度 $\dfrac{\mathrm{d}m}{\mathrm{d}t}$ 为：

$$\frac{\mathrm{d}m}{\mathrm{d}t}=\frac{0.001H_c}{C_p(T_b-T_0)+H} \tag{4-66}$$

式中　$\dfrac{\mathrm{d}m}{\mathrm{d}t}$——单位燃烧表面积燃烧速度，kg/(m² · s)；

$\quad\ H_c$——液体燃烧热，J/kg；

$\quad\ C_p$——液体的定压比热，J/(kg · K)；

$\quad\ T_b$——液体的沸点，K；

$\quad\ T_0$——环境温度，K；

$\quad\ H$——液体的汽化热，J/kg。

当液体的沸点低于环境温度时，如加压液化气或冷冻液化气，其单位面积的燃烧速度 $\dfrac{\mathrm{d}m}{\mathrm{d}t}$ 为：

$$\frac{\mathrm{d}m}{\mathrm{d}t}=\frac{0.001H_c}{H} \tag{4-67}$$

式中符号意义同前，燃烧速度也可以从相关手册中直接得到。

（2）火灾特性参数的计算

1）火焰高度的计算

无风时，火焰高度 h 用 Thomas 经验公式计算：

$$\frac{h}{D} = 42\left(\frac{\mathrm{d}m/\mathrm{d}t}{\rho_0\sqrt{gD}}\right)^{0.61} \tag{4-68}$$

式中 h——火焰高度，m；

     D——液池直径，m；

    $\dfrac{\mathrm{d}m}{\mathrm{d}t}$——单位燃烧表面积燃烧速度，kg/（m²·s）；

     ρ_0——周围空气密度，kg/m³；

     g——重力加速度，值为 9.8m/s²。

对于非圆形液池，有效液池直径是面积等于实际液池面积的圆形液池的直径，由下式确定：

$$D = \sqrt{\frac{4A}{\pi}} \tag{4-69}$$

式中 A——非圆形液池面积，m²。

有风时，火焰高度 h 由下式计算

$$\frac{h}{D} = 55\left(\frac{\mathrm{d}m/\mathrm{d}t}{\rho_0\sqrt{gD}}\right)^{0.67}\left(\frac{u_{\mathrm{w}}}{\left(gD\dfrac{\mathrm{d}m}{\mathrm{d}t}/\rho_{\mathrm{v}}\right)^{\frac{1}{3}}}\right)^{-0.21} \tag{4-70}$$

式中，u_{w}——风速，m/s；

     ρ_{v}——蒸气密度，kg/m³；

式中其他符号意义同前。

2）火灾持续时间的计算

$$t = \frac{W}{A\,\mathrm{d}m/\mathrm{d}t} \tag{4-71}$$

其中，W——消耗的可燃物的质量，kg；

其他符号意义同上。

3）火焰表面热辐射通量 q_0

$$q_0 = \frac{0.25\pi D^2 H_{\mathrm{c}}\dfrac{\mathrm{d}m}{\mathrm{d}t}f}{0.25\pi D^2 + \pi Dh} \tag{4-72}$$

式中 f——热辐射系数，可取为 0.15；

     q_0——火焰表面热辐射通量，kW/m²；

其他符号意义同上。

4）目标接收到的热通量

$$q_{\mathrm{r}} = q_0(1 - 0.058\ln r)V \tag{4-73}$$

式中 r——目标到液池中心的水平距离，m；

     V——视角系数。

视角系数按下式计算

$$F = \sqrt{F_{\mathrm{H}}^2 + F_{\mathrm{V}}^2} \tag{4-74}$$

式中 F_{H}——水平目标视角系数；

F_V——垂直目标视角系数。

$$F_H = \frac{B-1/S}{\pi\sqrt{B^2-1}} \tan^{-1}\sqrt{\frac{(B+1)(S-1)}{(B-1)(S+1)}} - \frac{A-1/S}{\pi\sqrt{A^2-1}} \tan^{-1}\sqrt{\frac{(A+1)(S-1)}{(A-1)(S+1)}} \tag{4-75}$$

$$F_V = \frac{1}{\pi S} \tan^{-1}(\frac{l}{\sqrt{S^2-1}}) - \frac{l}{\pi S} \tan^{-1}\sqrt{\frac{S-1}{S+1}} + \frac{Al}{\pi S\sqrt{A^2-1}} \tan^{-1}\sqrt{\frac{(A+1)(S-1)}{(A-1)(S+1)}} \tag{4-76}$$

$$S = \frac{2L}{D}, \ l = \frac{2h}{D}, \ A = \frac{l^2+S^2+1}{2S}, \ B = \frac{1+S^2}{2S};$$

式中　L——目标到液池中心的距离，m；

　　　h——火焰高度，m；

　　　D——液池直径，m；

　　　A，B，S，l 是为了计算而引入的中间变量。

（二）喷射火

1. 喷射火条件

加压的可燃物质泄漏时形成射流，如果在泄漏裂口处被点燃，则形成喷射火。这里所用的喷射火辐射热计算方法是一种包括气流效应在内的喷射扩散模式的扩展。把整个喷射火看成是由沿喷射中心线上的所有几个点热源组成，每个点热源的热辐射通量相等。

2. 参数计算

（1）点热源的辐射通量计算

点热源的热辐射通量按下式计算：

$$q = \eta Q_0 H_c \tag{4-77}$$

式中　q——点热源热辐射通量，W；

　　　η——效率因子，可取 0.35；

　　　Q_0——泄漏速度，kg/s；

　　　H_c——燃烧热，J/kg。

从理论上讲，喷射火的火焰长度等于从泄漏口到可燃混合气燃烧下限（LFL）的射流轴线长度。

射流轴线上某点热源 i 到距离该点 x 处一点的热辐射强度为：

$$I_i = \frac{q \cdot R}{4\pi x^2} \tag{4-78}$$

式中　I_i——点热源 i 至目标点 x 处的热辐射强度，W/m²；

　　　q——点热源的辐射通量，W；

　　　x——点热源到目标点的距离，m。

某一目标点处的入射热辐射强度等于喷射火的全部点热源对目标的热辐射强度的总和：

$$I = \sum_{i=1}^{n} I_i \tag{4-79}$$

式中　n——计算时选取的点热源数，一般取 $n=5$。

（2）热辐射强度为 i 处距中心位置

$$x = \sqrt{\frac{5Rq}{4\pi I}} \tag{4-80}$$

式中 R——辐射率；

  I——热辐射强度。

（三）火球和燃爆

1. 事故条件

当液化气体储罐受到撞击、腐蚀、火焰环境、热冲击等因素引起罐体破裂后，造成液化气体突发性瞬态泄漏，压力平衡被破坏，液化气体急剧气化并释放，如果随即被火焰点燃，则形成剧烈的燃烧，产生巨大的火球，形成强烈的热辐射。

2. 参数计算

（1）火球当量半径计算公式：

$$R = 2.9W^{1/3} \tag{4-81}$$

式中 R_{max}——火球当量半径，m；

  W——火球中消耗的可燃物质量，kg，对于单罐储存，W 取罐容量的 50%；对于双罐储存，W 取罐容量的 70%；对于多罐储存，W 取罐容量的 90%。

（2）火球持续时间计算公式：

$$t = 0.45W^{1/3} \tag{4-82}$$

式中 t——火球持续时间，s；

  W——火球中消耗的可燃物质量，kg。

（3）目标接受的热通量计算公式：

$$q(r) = ER^2 r(1-0.058\ln r)/(R^2+r^2)^{\frac{3}{2}} \tag{4-83}$$

式中 $q(r)$——对目标的热辐射通量，kW/m^2；

  E——火球表面热辐射通量，kW/m^2，对于柱状、卧式、立式储罐，E 取 $270kW/m^2$；对于球罐，E 取 $200kW/m^2$；

  R——火球半径，m；

  r——目标到火球中心的距离，m。

（4）目标接受的热量计算公式：

$$Q(r) = q(r)t \tag{4-84}$$

在火灾情况下，热辐射通常是其主要危害，热辐射对人员的影响不但与热辐射强度、持续时间有关，还与人的年龄、性别、皮肤暴露程度、身体健康状况等有关。对于正常的成年，根据彼德森（Pietersen）的热辐射预测模型可知：

皮肤裸露时的死亡几率：

$$p_r = -37.23 + 2.56\ln(tq^{4/3}) \tag{4-85}$$

二度烧伤几率（重伤）：

$$p_r = -43.14 + 3.0188\ln(tq^{4/3}) \tag{4-86}$$

一度烧伤几率（轻伤）：

$$p_r = -39.83 + 3.0186\ln(tq^{4/3}) \tag{4-87}$$

根据死亡几率与伤害百分数的相互对应关系，得到它们之间的关系为：

$$D = \int_{-\infty}^{p_r - 5} \exp(-u^2/2)\,\mathrm{d}u \qquad (4\text{-}88)$$

式中 q——人体接收到的热通量，kW/m^2；

t——人体暴露于热辐射的时间，s；

p_r——死亡几率；

D——死亡百分数，当 $p_r = 5$ 时，D 为 50%。

（四）火灾损失

火灾通过辐射热的方式影响周围环境，当火灾产生的热辐射强度足够大时，可使周围的物体燃烧或变形，强烈的热辐射可能烧毁设备甚至造成人员伤亡等。

火灾损失估算建立在辐射通量与损失等级的相应关系的基础上，表 4-87 为不同入射通量造成伤害或损失的情况。

热辐射的不同入射通量所造成的损失   表 4-87

入射通量 (kW/m^2)	对设备的损害	对人的伤害
37.5	操作设备全部损坏	1%死亡/10s 100%死亡/1min
25	在无火焰、长时间辐射下，木材燃烧的最小能量	重大烧伤/10s 100%死亡/1min
12.5	有火焰时，木材燃烧，塑料熔化的最低能量	1度烧伤/10s 1%死亡/1min
4.0		20s 以上感觉疼痛，未必起泡
1.6		长期辐射无不舒服感

四、爆炸

（一）爆炸的能量

容积与压力相同而相态不同的介质，在容器破裂时产生的爆破能量也不同，而且爆炸过程也不完全相同，其能量计算公式也不同。

1. 压缩气体与水蒸气容器的爆破能量

当压力容器中介质为压缩气体，即以气态形式存在而发生物理爆炸时，其释放的爆破能量为：

$$E_g = \frac{pV}{k-1}\left[1 - \left(\frac{0.1013}{P}\right)^{\frac{k-1}{k}}\right] \times 10^3 \qquad (4\text{-}89)$$

式中 E_g——气体的爆破能量，kJ；

p——容器内气体的绝对压力，MPa；

V——容器的容积，m^3；

k——气体的绝热指数，即气体的定压比热与定容比热之比。

常见的几种压力下的气体容器爆破能量系数列于表 4-88 中。

常用压力下的气体容器爆破能量系数（$k=1.4$ 时）　　　　表 4-88

表压力 P（MPa）	0.2	0.4	0.6	0.8	1.0	1.6	2.5
爆破能量系数 C_g（kJ/m³）	2×10^2	4.6×10^2	7.5×10^2	1.1×10^3	1.4×10^3	2.4×10^3	3.9×10^3
表压力 P（MPa）	4.0	5.0	6.4	15.0	32	40	
爆破能量系数 C_g（kJ/m³）	6.7×10^3	8.6×10^3	1.1×10^4	2.7×10^4	6.5×10^4	8.2×10^4	

2. 介质全部为液体时的爆破能量

通常用液体加压时所做的功作为常温液体压力容器爆炸时释放的能量，计算公式如下：

$$E_L = \frac{(p-1)^2 V \beta_t}{2} \tag{4-90}$$

式中　E_L——常温液体压力容器爆炸时释放的能量，kJ；

　　　p——液体的压力（绝），Pa；

　　　V——容器的体积，m³；

　　　β_t——液体在压力 p 和 T 正气压缩系数，Pa⁻¹。

3. 液化气体与高温饱和水的爆破能量

液化气体和高温饱和水一般在容器内以气液两态存在，当容器破裂发生爆炸时，除了气体的急剧膨胀做功外，还有过热液体激烈的蒸发过程。在大多数情况下，这类容器内的饱和液体占有容器介质重量的绝大部分，它的爆破能量比饱和气体大得多，一般计算时考虑气体膨胀做的功。过热状态下液体在容器破裂时释放出爆破能量可按下式计算：

$$E = [(H_1 - H_2) - (S_1 - S_2)T_1]W \tag{4-91}$$

式中　E——过热状态液体的爆破能量，kJ；

　　　H_1——爆炸前饱和液体的焓，kJ/kg；

　　　H_2——在大气压力下饱和液体的焓，kJ/kg；

　　　S_1——爆炸前饱和液体的熵，kJ/(kg·℃)；

　　　S_2——在大气压力下饱和液体的熵，kJ/(kg·℃)；

　　　T_1——介质在大气压力下的沸点，℃；

　　　W——饱和液体的质量，kg。

饱和水容器的爆破能量按下式计算：

$$E_w = C_w V \tag{4-92}$$

式中　E_w——饱和水容器的爆破能量，kJ；

　　　V——容器内饱和水所占的容积，m³；

　　　C_w——饱和水爆破能量系数，kJ/m³，其值见表 4-89。

常用压力下饱和水爆破能量系数　　　　表 4-89

表压力 P（MPa）	0.3	0.5	0.8	1.3	2.5	3.0
C_w（kJ/m³）	2.38×10^4	3.25×10^4	4.56×10^4	6.35×10^4	9.56×10^4	1.06×10^4

（二）爆炸冲击波及其伤害、破坏作用

压力容器爆破时，爆破能量在向外释放时以冲击波能量、碎片能量和容器残余变形能量三种形式表现出来。根据介绍，后两者所消耗的能量只占总爆破能量的 3%～15%，也就是说大部分能量是产生空气冲击波。

冲击波是由压缩波迭加形成的，是波阵面以突进形式在介质中传播的压缩波。容器破裂时，器内的高压气体大量冲出，使它周围的空气受到冲击波而发生扰动，使其状态（压力、密度、温度等）发生突跃变化，其传播速度大于扰动介质的声速，这种扰动在空气中传播就成为冲击波。在离爆破中心一定距离的地方，空气压力会随时间发生迅速而悬殊的变化。开始时，压力突然升高，产生一个很大的正压力，接着又迅速衰减，在很短时间内正压降至负压。如此反复循环数次，压力渐次衰减下去。开始时产生的最大正压力即是冲击波波阵面上的超压 ΔP。多数情况下，冲击波的伤害、破坏作用是由超压引起的。超压 ΔP 可以达到数个甚至数十个大气压。

冲击波伤害、破坏作用准则有：超压准则、冲量准则、超压-冲量准则等。为了便于操作，下面仅介绍超压准则。超压准则认为，只要冲击波超压达到一定值时，便会对目标造成一定的伤害或破坏。超压波对人体的伤害和对建筑物的破坏作用见表 4-90 和表 4-91。

冲击波超压对人体的伤害作用 表 4-90

超压 ΔP（MPa）	伤害作用	超压 ΔP（MPa）	伤害作用
0.02～0.03	轻微损伤	0.05～0.10	内脏严重损伤或死亡
0.03～0.05	听觉器官或骨折	＞0.10	大部分人员死亡

冲击波超压对建筑的破坏作用 表 4-91

超压 ΔP（MPa）	伤害作用	超压 ΔP（MPa）	伤害作用
0.005～0.006	门、窗玻璃部分破碎	0.06～0.07	木建筑厂房房柱折断，房架松动
0.006～0.015	受压面的门窗玻璃大部分破碎	0.07～0.10	砖墙倒塌
0.015～0.02	窗框损坏	0.10～0.20	防震钢筋混凝土破坏，小房屋倒塌
0.02～0.03	墙裂缝	0.20～0.30	大型钢架结构破坏
0.04～0.05	墙大裂缝，屋瓦掉下		

（三）蒸气云爆炸

1. 蒸气云爆炸条件

可燃性气体或易于挥发的液体燃料发生大量快速泄漏，如果瞬间泄漏后遇到延迟点火或气态储存时泄漏到空气中，遇到火源，则可能发生蒸气云爆炸。导致蒸气云形成的力来自容器内含有的能量或可燃物含有的内能，或两者兼而有之。"能"主要形式是压缩能、化学能或热能。

2. TNT 当量计算

长期以来，在军事上积累了很多 TNT 量与破坏之间关系的试验数据，因此使用 TNT 当量来描述事故爆炸的威力就比较方便。其原理是：假如一定百分比的蒸气参与了爆炸，对形成冲击波有实际贡献，并以 TNT 当量来表示蒸气云爆炸的威力。用下式来估算蒸气云爆炸的 TNT 当量 W_{TNT}，考虑到地面的反射效应，得到蒸气云爆炸的 TNT 当量

计算公式如下:

$$W_{TNT} = \frac{1.8\alpha W_f Q_f}{Q_{TNT}} \tag{4-93}$$

式中 α——蒸气云的 TNT 当量系数,α 得取值范围为 $0.02\% \sim 14.9\%$,在计算中通常取 4%;

W_{TNT}——蒸气云的 TNT 当量,kg;

Q_f——燃料的燃烧热,MJ/kg;

W_f——泄漏到空气中的燃料质量,kg;

Q_{TNT}——TNT 爆热,一般取值为 $4.12 \sim 4.69$MJ/kg;

1.8——地面爆炸系数。

3. TNO 多能法

根据荷兰应用科研院 [TNO (1979)] 建议,可按下式预测蒸气云爆炸的冲击波的损害半径:

$$R = C_S (NE)^{\frac{1}{3}} \tag{4-94}$$

式中 R——损害半径,m;

E——爆炸能量,kJ,可按下式取;

N——效率因子,其值与燃烧浓度持续展开所造成损耗的比例和燃料燃烧所得机械能的数量有关,一般取 $N = 10\%$;

C_S——经验常数,取决于损害等级,其取值情况见表 4-92。

$$E = V \cdot H_c \tag{4-95}$$

V——参与反应的可燃气体的体积,m^3;

H_c——可燃气体的高燃烧热值,kJ/m^3。

损害等级表　　　　　　　　　　　表 4-92

损害等级	C_s $(mJ^{-1/3})$	设备损坏	人员伤害
1	0.03	重创建筑物的加工设备	1%死亡于肺部伤害 >50%耳膜破裂 >50%被碎片击伤
2	0.06	损坏建筑物外表可修复性破坏	1%耳膜破裂 1%被碎片击伤
3	0.15	玻璃破碎	被碎玻璃击伤
4	0.4	10%玻璃破碎	

思 考 题

1. 简述安全评价方法的选择过程。

2. 某工厂的员工时常抱怨说所从事的工作危险性太大,为消除员工的顾虑并了解实际工作条件的危险程度,应选用哪种评价方法,并说明理由。

3. 某液氧充装的工艺流程为:购入的低温液态氧,由厂家的专用运输槽车将其送至低温液体储罐内(标定压力为 0.8MPa);充装时,缓缓开启低温液氧泵(吸入压力为 0.4MPa,排出压力为 16.5MPa),

低温液态氧被压缩至高压汽化器（最高工作压力为 16.5MPa，其出口温度低于环境温度 5℃）内受热、升温、汽化成为高压、高纯度（99.5％以上）的气态氧，并经高压管道输送至高压气体充装台。通过气体充装台的卡具分别装入氧气瓶内。工艺流程如图 4-19 所示，问题：

(1) 简要分析 HAZOP 法的特点及适用范围。

(2) 划分评价单元，并应用 HAZOP 法进行评价。

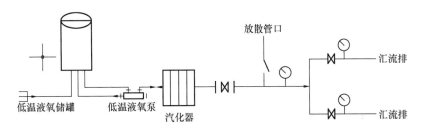

图 4-19　题 3 图

4. 分析事故树方法在安全评价中的应用现状。

5. 有一泵和两个并联阀门组成的物料输送系统，如图 4-20 所示。设泵 A、阀门 B 和阀门 C 的可靠度分别为 0.95、0.9、0.9，试计算系统成功概率和失败概率各是多少？

6. 简述日本化工厂六阶段的评价法基本步骤及主要内容。

7. 某危险化学品生产企业拟了解自身的安全生产状况，在进行安全现状评价时，能否运用安全检查表法和道化学火灾、爆炸指数法进行评价？并说明理由。

8. 简述道化学火灾、爆炸危险指数评价法的评价程序，并分析该方法的适用条件。

9. 简述 ICI 蒙德法的评价过程及适用条件。

10. 某液化石油气储罐发生连续泄漏，试分析可能引发的事故后果类型有哪些？试用事件树描述其发展过程。

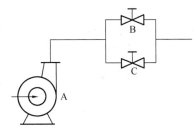

图 4-20　题 5 图

第五章 安全评价技术文件

第一节 安全评价数据分析处理

一、评价数据采集分析处理原则

安全评价资料、数据采集是进行安全评价必要的关键性基础工作。预评价与验收评价资料以可行性研究报告及设计文件为主，同时要求提供：可类比的安全卫生技术资料、监测数据；适用的法规、标准、规范；安全卫生设施及其运行效果；安全卫生的管理及其运行情况；安全、卫生、消防组织机构情况等。安全现状综合评价所需资料则复杂得多，它重点要求厂方提供反映现实运行状况的各种资料与数据，而这类资料、数据往往由生产一线的车间人员、设备管理部门、安全、卫生、消防管理部门、技术检测部门等分别掌握，有些甚至还需要财务部门提供。表5-1是美国CCPS（化工过程安全中心）针对化工行业安全评价，列出的"安全评价所需资料一览表"。

安全评价所需资料一览表（国外参考）　　　　　　　　　　　　表5-1

1. 化学反应方程式和主次的二次反应的最佳配比；	20. 机械设备明细表；
2. 所用催化剂类型和特性；	21. 设备一览表；
3. 所有的包括工艺化学物质的流量和化学反应数据；	22. 设备厂家提供的图纸；
4. 主要过程反应，包括顺序、反应速率、平衡途径、反应动力学数据等；	23. 仪表明细表；
5. 不希望的反应，如分解、自聚合反应的动力学数据；	24. 管道说明书；
6. 压力、浓度、催化速率比值等参数的极限值，以及超出极限值的情况下，进行操作可能产生的后果；	25. 公用设施说明书；
7. 工艺流程图、工艺操作步骤或单元操作过程，包括从原料的贮存，加料的准备至产品产出及储存的整个过程操作说明；	26. 检验和检测报告；
8. 设计动力及平衡点；	27. 电力分布图；
9. 主要物料量；	28. 仪表布置及逻辑图；
10. 基本控制原料说明（例：辨识主要控制变化及选择变化的原因）；	29. 控制及报警系统说明书；
11. 对某些化学物质包含的特殊危险或特性，要求进行的专门设计说明；	30. 计算机控制系统软硬件设计；
12. 原材料、中间体、产品、副产品和废物的安全、卫生及环保数据；	31. 操作规程（包括关键参数）；
13. 规定的极限值和/或容许的极限值；	32. 维修操作规程；
14. 规章制度及标准；	33. 应急救援计划和规程；
15. 工艺变更说明书；	34. 系统可靠性设计依据；
16. 厂区平面布置图；	35. 通风可靠性设计依据；
17. 单元的电力分级图；	36. 安全系统设计依据；
18. 建筑和设备布置图；	37. 消费系统设计依据；
19. 管道和仪表图；	38. 事故报告；
	39. 气象数据；
	40. 人口分布数据；
	41. 场地水文资料；
	42. 已有的安全研究；
	43. 内部标准和检查表；
	44. 有关行业生产经验

在安全评价资料、数据采集处理方面，应遵循以下原则：首先应保证满足评价的全面、客观、具体、准确的要求；其次应尽量避免不必要的资料索取，从而给企业带来的不必要负担。根据这一原则，参考国外评价资料要求，结合我国对各类安全评价的各项要求，各阶段安全评价资料、数据应满足的一般要求见表5-2。

安全评价所需资料、数据　　　　　　　　　　　表5-2

资料类别＼评价类别	安全预评价	安全验收评价	安全现状评价	专项安全评价
有关法规、标准、规范	√	√	√	√
评价所依据的工程设计文件	√	√	√	—
厂区或装置平面布置图	√	√	√	—
工艺流程图与工艺概况	√	√	√	—
设备清单	√	√	√	√
厂区位置图及厂区周围人口分布数据	√	√	√	—
开车试验资料	—	√	√	√（有关的）
气体防护设备分布情况	√	√	√	—
强制检定仪器仪表标定检定资料	—	√	√	√（有关的）
特种设备检测和检验报告	—	√	√	√（有关的）
近年来的职业卫生监测数据	—	√	√	√（有关的）
近年来的事故统计及事故记录	—	—	√	√（有关的）
气象条件	√	√	√	—
重大事故应急预案	√	√	√	√（有关的）
安全卫生组织机构网络	√	√	√	—
厂区消防组织、机构、装备	√	√	√	—
预评价报告	—	√	√	—
验收评价报告	—	—	√	—
安全现状评价报告	—	—	—	√
不同行业的其他资料要求	—	—	—	√

注：表中"√"表示该类评价需要该项资料。

二、评价数据的分析处理

（一）数据收集

数据收集是进行安全评价最关键的基础工作。所收集的数据要以满足安全评价需要为前提。由于相关数据可能分别掌握在管理部门（设备、安全、卫生、消防、人事、劳资、财务等）、检测部门（质量科、技术科）以及生产车间，因此，数据收集时要做好协调工作。尽量使收集到的数据全面、客观、具体、准确。

（二）数据范围

收集数据的范围以已确定的评价边界为限，兼顾与评价项目相联系的接口。如：对改造项目进行评价时，动力系统不属改造范围，但动力系统的变化会导致所评价系统的变化，因此，数据收集应该将动力系统的数据包括在内。

（三）数据内容

安全评价要求提供的数据内容一般分为：人力与管理数据、设备与设施数据、物料与材料数据、方法与工艺数据、环境与场所数据。

（四）数据来源

被评价单位提供的设计文件（可行性研究报告或初步设计）、生产系统实际运行状况和管理文件等；其他法定单位测量、检测、检验、鉴定、检定、判定或评价的结果或结论等；评价机构或其委托检测单位，通过对被评价项目或可类比项目实地检查、检测、检验得到的相关数据，以及通过调查、取证得到的安全技术和管理数据；相关的法律法规、标准规范、事故案例、材料或物性数据、相关的救援知识等。

（五）数据的真实性和有效性控制

对收集到的安全评价资料数据，应关注以下几个方面：收集的资料数据，要对其真实性和可信度进行评估，必要时可要求资料提供方书面说明资料来源；对用作类比推理的资料要注意类比双方的相关程度和资料获得的条件；代表性不强的资料（未按随机原则获取的资料）不能用于评价；安全评价引用反映现状的资料必须在数据有效期限内。

（六）数据汇总及数理统计

通过现场检查、检测、检验及访问，得到大量数据资料，首先应将数据资料分类汇总，再对数据进行处理，保证其真实性、有效性和代表性，必要时可进行复测，经数理统计将数据整理成可以与相关标准比对的格式，采用能说明实际问题的评价方法，得出评价结果。

（七）数据分类

1. 定性检查结果，如：符合、不符合、无此项或文字说明等；

2. 定量检测结果，如：$20mg/m^3$、$30mA$、$88dB$（A）、$0.8MPa$ 等带量纲的数据；

3. 汇总数据，如：起重机械 30 台/套、职工安全培训率 89% 等计数或比例数据；

4. 检查记录，如：易燃易爆物品储量 12t、防爆电器合格证编号等；

5. 照片、录像，如：法兰间采用四氟乙烯垫片、反应釜设有防爆片和安全阀、将器具放入冲压机光电感应器生效联锁切断电源等用录像记录安全装置试验结果，效果更好，特别是制作评价报告电子版本时，图像数据更为直观；

6. 其他数据类型，如：连续波形对比数据、数据分布、线性回归、控制图等图表数据。

（八）数据结构（格式）

1. 汇总类，如：厂内车辆取证情况汇总、特种作业人员取证汇总；

2. 检查表类，如：安全色与安全标志检查表；

3. 定量数据消除量纲加权变成指数进行分级评价，如：有毒作业分级；

4. 定性数据通过因子加权赋值变成指数进行分级评价，如：机械工厂安全评价；

5. 引用类，如：引用其他法定检测机构"专项检测、检验"的数据；

6. 其他数据格式，如：集合、关系、函数、矩阵、树（林、二叉树）、图（有向图、串）、形式语言（群、环）、偏集和格、逻辑表达式、卡诺图等。

（九）数据处理

在安全检测检验中，通常用随机抽取的样本来推断总体。为了使样本的性质充分反映总体的性质，在样本的选取上遵循随机化原则：样本各个体选取要具有代表性，不得任意删留。

样本各个体选取必须是独立的，各次选取的结果互不影响。

对获得的数据在使用之前，要进行数据处理，消除或减弱不正常数据对检测结果的影响。若采用了无效或无代表性的数据，会造成检查、检测结果错误，得出不符合实际情况的评价结论。在处理数据时应注意以下几种数据特征。

1. 概率

随机事件在若干次观测中出现的次数叫频数，频数与总观测次数之比叫频率。当检测次数逐渐增多时，某一检测数据出现的频率总是趋近某一常数，此常数能表示现场出现此检测数据的可能性，这就是概率。在概率论中，把事件发生可能性的数称为概率。在实际工作中，常以频率近似地代替概率。

2. 显著性差异

概率在 $0 \sim 1$ 的范围内波动。当概率为 1 时，此事件必然发生；当概率为 0 时，此事件必然不发生。数理统计中习惯上认为概率 $P \leqslant 0.05$ 为小概率，并以此作为事物间差别有无显著性的界限。

原设定的系统，若系统之间无显著性差异（通过显著性检验确定），就可将其合并，采用相同的安全技术措施；若系统之间存在显著性差异，就应分别对待。

数据整理和加工有三种基本形式：按一定要求将原始数据进行分组，作出各种统计表及统计图；将原始数据由小到大顺序排列，从而由原始数列得到递增数列；按照统计推断的要求将原始数据归纳为一个或几个数字特征。

（十）"异常值"和"未检出"的处理

1. "异常值"的处理

异常值是指现场检测或实验室分析结果中偏离其他数据很远的个别极端值，极端值的存在导致数据分布范围拉宽。当发现极端值与实际情况明显不符时，首先要在检测条件中直接查找可能造成干扰的因素，以便使极端值的存在得到解释，并加以修正。若发现极端值属外来影响造成则应舍去。若查不出产生极端值的原因时，应对极端值进行判定再决定取舍。

对极端值有许多处理方法。在这里介绍一种"Q 值检验法"。

"Q 值检验法"是迪克森（W. J. Dixon）在 1951 年专为分析化学中少量观测次数（$n < 10$）提出的一种简易判据式。检验时将数据从小到大依次排列：X_1，X_2，X_3，……，X_{n-1}，X_n，然后将极端值代入以下公式求出 Q 值，将 Q 值对照表 5-3 的 $Q_{0.90}$，若 Q 值$\geqslant Q_{0.90}$ 则有 90% 的置信此极端值应被舍去。

$$Q = \frac{X_n - X_{n-1}}{X_n - X_1} \quad （检验最大值 X_n 时）$$

$$Q = \frac{X_2 - X_1}{X_n - X_1} \quad （检验最小值 X_1 时）$$

式中　$X_n - X_{n-1}$ 及 $X_2 - X_1$ ——极端值与邻近值间的偏差；

$$X_n - X_1 \text{——全距。}$$

2～10 观测次数的置信因素

表 5-3

观测次数	$Q_{0.90}$	观测次数	$Q_{0.90}$
2	不能舍去	7	0.51
3	0.94	8	0.47
4	0.76	9	0.44
5	0.64	10	0.41
6	0.56		

【例 5-1】 现场仪器测在同一点上 4 次测出：0.1014，0.1012，0.1025，0.1016，其中 0.1025 与其他数值差距较大，是否应该舍去？

根据"Q 值检验法"：

$$Q = \frac{X_n - X_{n-1}}{X_n - X_1} = \frac{0.1025 - 0.1016}{0.1025 - 0.1012} = 0.69 < 0.76 (4 \text{ 次观测的 } Q_{0.90} = 0.76)$$

所以：0.1025 不能舍弃，测出结果应用 4 次观测均值 0.1017。

2．"未检出"的处理

在检测上，有时因采样设备和分析方法不够精密，会出现一些小于分析方法"检出限"的数据，在报告中称为"未检出"。这些"未检出"并不是真正的零值，而是处于"零值"与"检出限"之间的值，用"0"来代替不合理（可造成统计结果偏低）。"未检出"的处理在实际工作中可用两种方法进行处理：

（1）将"未检出"按标准的 1/10 加入统计整理；

（2）将"未检出"按分析方法"最低检出限"的 1/2 加入统计。

总之，在统计分组时不要轻易将"未检出"舍掉。

（十一）检测数据质量控制

检测质量经常采用两种控制方式来保证获得数据的正确性：一是用线性回归方法对原制作的"标准曲线"进行复核；二是核对精密度和准确度。

记录精密度和准确度最简便的方法是制作"休哈特控制图"，通过控制图可以看出检测、检验是否在控制之中，有利于观察正、负偏差的发展趋势，及时发现异常，找出原因，采取措施。

第二节　安全评价结论编制

一、评价结论的编制原则

由于系统进行安全评价时，通过分析和评估将单元各评价要素的评价结果汇总成各单元安全评价的小结，因此，整个项目的评价结论应是各评价单元评价小结的高度概括，而不是将各评价单元的评价小结简单地罗列起来作为评价的结论。

评价结论的编制应着眼于整个被评价系统的安全状况。评价结论应遵循客观公正、观点明确的原则，做到概括性、条理性强且文字表达精练。

（一）客观公正性

评价报告应客观、公正地针对评价项目的实际情况，实事求是地给出评价结论。应注意既不夸大危险也不缩小危险。

1. 对危险、危害性分类、分级的确定，如火灾危险性分类、防雷分类、重大危险源辨识、火灾危险环境、电力装置危险区域的划分、毒性分级等，应恰如其分，实事求是。

2. 对定量评价的计算结果应认真地分析是否与实际情况相符，如果发现计算结果与实际情况出入较大，就应该认真分析所建立的数学模型或采用的定量计算模式是否合理，数据是否合格，计算是否有误。

（二）观点明确

在评价结论中观点要明确，不能含糊其辞、模棱两可、自相矛盾。

（三）清晰准确

评价结论应是评价报告进行充分论证的高度概括，层次要清楚，语言要精练，结论要准确，要符合客观实际，要有充足的理由。

二、编制安全评价结论的一般步骤

安全评价结论应体现系统安全的概念，要阐述整个被评价系统的安全能否得到保障，系统客观存在的固有危险、有害因素在采取安全对策措施后能否得到控制及其受控的程度如何。

编制安全评价结论的一般步骤为：

1. 收集资料：与评价相关的技术与管理资料。

2. 按评价方法从现场获得与各评价单元相关的基础数据。

3. 确定评价结果：将各单元的数据进行处理后得到各单元评价结果。

4. 确定各单元评价小结：根据单元评价结果进行整合。

5. 得出评价结论：将各单元的评价小结进行整合得出评价结论。

三、编制安全评价结论

评价结论应较全面地考虑评价项目各方面的安全状况，要从"人、机、料、法、环"理出评价结论的主线并进行分析。交代建设项目在安全卫生技术措施、安全设施上是否能满足系统安全的要求，安全验收评价还需考虑安全设施和技术措施的运行效果及可靠性。

（一）评价结果分析

1. 人力资源和安全管理方面

（1）人力资源：安全管理人员和生产人员是否经安全培训，是否满足安全生产需要，是否持证上岗等。

（2）安全管理：是否建立安全管理体系，是否建立支持文件（管理制度）和程序文件（作业规程），设备装置运行是否建立台账，安全检查是否有记录，是否建立事故应急救援预案等。

2. 设备装置和附件设施方面

（1）设备装置：生产系统、设备和装置的本质安全程度，控制系统是否做到了故障安全型，即一旦超越设计或操作控制的参数限度时，是否具备能使系统或设备回复到安全状态的能力及其可靠性。

（2）附件设施：安全附件和安全设施配置是否合理，是否能起到安全保障作用，其有效性是否得到证实；一旦超越正常的工艺条件或发生误操作时，安全设施是否能保证系统安全。

3. 物质物料和材质材料方面

（1）物质物料：危险化学品的安全技术说明书（MSDS）是否建立，项目是否构成重大危险源，在燃爆和急性中毒上是否得到有效控制。

（2）材质材料：设备、装置及危险化学品的包装物的材质是否符合要求，材料是否采取防腐蚀措施（如：牺牲阳极法）、测定数据是否完整（如：测厚、探伤等）。

4. 方法工艺和作业操作

（1）方法工艺：生产过程工艺的本质安全程度、生产工艺条件正常和工艺条件发生变化时的适应能力。

（2）作业操作：生产作业及操作控制是否按安全操作规程进行。

5. 生产环境和安全条件

（1）生产环境：生产作业环境能否符合防火、防爆、防急性中毒的安全要求。

（2）安全条件：自然条件对评价对象的影响，周围环境对评价对象的影响，评价对象总图布置是否合理，物流路线是否安全和便捷，作业人员安全生产条件是否符合相关要求。

（二）评价结果归类及重要性判断

由于系统内各单元评价结果之间存在关联，且各评价结果在重要性上不平衡，对安全评价结论的贡献有大有小，因此在编写评价结论之前最好对评价结果进行整理、分类并按严重度和发生频率分别将结果排序列出。

例如，将影响特别重大的危险（群死群伤）或故障（事故）频发的结果、将影响重大危险（个别伤亡）或故障（事故）发生的结果、将影响一般危险（偶有伤亡）或故障（事故）偶然发生的结果等进行排序列出。

（三）评价结论的主要内容

安全评价结论的内容因评价种类（安全预评价、安全验收评价、安全现状评价和专项评价）的不同而各有差异。通常情况下，安全评价结论的主要内容应包括：

1. 评价结果分析

（1）评价结果概述、归类、危险程度排序；

（2）对于评价结果可接受的项目还应进一步提出要重点防范的危险、危害性；

（3）对于评价结果不可接受的项目，要指出存在的问题，列出不可接受的充足理由；

（4）对受条件限制而遗留的问题提出改进方向和措施建议。

2. 评价结论

（1）评价对象是否符合国家安全生产法规、标准要求；

（2）评价对象在采取所要求的安全对策措施后达到的安全程度。

3．持续改进方向

（1）提出保持现已达到安全水平的要求（加强安全检查、保持日常维护等）；

（2）进一步提高安全水平的建议（冗余配置安全设施、采用先进工艺、方法、设备等）；

（3）其他建设性的建议和希望。

第三节　安全预评价报告

安全预评价是根据建设项目可行性研究报告的内容，分析和预测该建设项目可能存在的危险、有害因素的种类和程度，提出合理可行的安全对策措施及建议。安全预评价报告的编写依据《安全预评价导则》AQ 8002—2007。

一、安全预评价程序

安全预评价程序如图 5-1 所示。

二、安全预评价报告的主要内容

安全预评价报告是安全预评价工作过程的具体体现，是评价对象在建设过程中或实施过程中的安全技术性指导文件。安全预评价报告文字应简洁、准确，可同时采用图表和照片，以使评价过程和结论清楚、明确，利于阅读和审查。

《安全预评价导则》中对预评价报告的主要内容提出了要求，主要内容应包括：

1．结合评价对象的特点，阐述编制安全预评价报告的目的。

2．列出有关的法律法规、标准、规章、规范和评价对象被批准设立的相关文件及其他有关参考资料等安全预评价的依据。

3．介绍评价对象的选址、总图及平面布置、水文情况、地质条件、工业园区规划、生产规模、工艺流程、功能分布、主要设施、设备、装置、主要原材料、产品（中间产品）、经济技术指标、公用工程及辅助设施、人流、物流等概况。

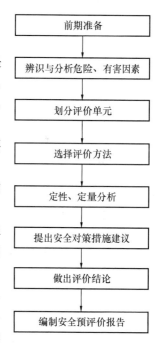

图 5-1　安全预评价程序

4．列出辨识与分析危险、有害因素的依据，阐述辨识与分析危险、有害因素的过程。

5．阐述划分评价单元的原则、分析过程等。

6．列出选定的评价方法，并做简单介绍。阐述选定此方法的原因。详细列出定性、定量评价过程。明确重大危险源的分布、监控情况以及预防事故扩大的应急预案内容。给出相关的评价结果，并对得出的评价结果进行分析。

7. 列出安全对策措施建议的依据、原则、内容。

8. 作出评价结论。

安全预评价结论应简要列出主要危险、有害因素评价结果，指出评价对象应重点防范的重大危险有害因素，明确应重视的安全对策、措施建议，明确评价对象潜在的危险、有害因素在采取安全对策措施后，能否得到控制以及受控的程度如何。给出评价对象从安全生产角度是否符合国家有关法律法规、标准、规章、规范的要求。

三、安全预评价报告格式

1. 封面。封面上应有建设单位名称、建设项目名称、评价报告（安全预评价报告）名称、预评价报告书的编号、安全评价机构名称、安全预评价机构资质证书编号及报告完成日期。

2. 安全评价资质证书影印件。

3. 著录项。包括安全评价机构法人代表、审核定稿人、课题组长等主要责任者姓名；评价人员、各类技术专家以及其他有关责任者名单；评价机构印章及报告完成日期。评价人员和技术专家均要手写签名。

4. 前言。

5. 目录。

6. 正文。

7. 附件。

8. 附录。

第四节　安全验收评价报告

安全验收评价是检验和评判"三同时"落实效果的工具，是为安全验收进行的技术准备，建设项目安全验收评价报告将作为建设单位申请"建设项目安全验收"的依据。《中华人民共和国安全生产法》第二十八条规定：新建、改建、扩建工程项目的安全设施必须与主体工程同时设计、同时施工、同时投入生产和使用（简称"三同时"）。安全设施投资应当纳入建设项目概算。安全验收评价与"三同时"的关系如图 5-2 所示。

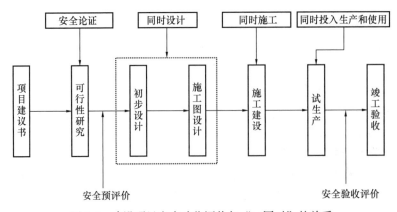

图 5-2　建设项目安全验收评价与"三同时"的关系

一、安全验收评价程序

安全验收评价工作程序一般包括：前期准备，编制安全验收评价计划，安全验收评价现场检查，编制安全验收评价报告，安全验收评价报告评审。

（一）前期准备

前期准备工作包括：明确被评价对象和范围，进行现场调查，收集国内外相关法律法规、技术标准及建设项目的有关资料等。

（二）编制安全验收评价计划

在前期准备工作的基础上，编制安全验收评价计划，分析项目建成后存在的危险、有害因素的分布与控制情况，依据有关安全生产的法律法规和技术标准，确定安全验收评价的重点和要求；依据项目实际情况选择验收评价方法；测算安全验收评价进度。

安全验收评价工作的进度安排应能有效地实施科学的进度管理方法（如网络计划技术），能反映工作量和工作效率，必要时可画出"甘特（Gantt）图"（见表5-4）。

安全验收评价工作进度甘特图　　　　　　　表 5-4

阶段	工作过程	安全验收评价工作进度											
		1	2	3	4	5	6	7	8	9	10	11	12
Ⅰ	前置性检查	▨	▨										
	工况调查		▨	▨									
	编写计划书			▨									
Ⅱ	资料收集	▨	▨										
	文件审核					▨							
	现场检查						▨						
	数据汇总				▨						▨		
	编制报告初稿						▨	▨	▨				
Ⅲ	初稿确认									▨			
	整改复查										▨		
	编制正式报告											▨	
	报告评审												▨

注：工作进度表中的数字可填入具体日期范围。

（三）安全验收评价现场检查及评价

1. 编制安全检查表。安全检查表是"前期准备"的成果，是安全验收评价人员进行工作的工具。

编制检查表的作用：使检查内容较周密和完整，既可保持现场检查时的连续性和节奏性，又可减少评价人员的随意性；可提高现场检查的工作效率，并提供检查的原始证据。

2. 现场检查及测定。对项目的生产、辅助、生活三个区域进行检查测定。

检查方式：按部门检查；按过程检查；顺向追踪；逆向追踪。工作中可以根据实际情况灵活运用。证据收集方法：一般有"问、听、看、测、记"。它们不是独立的，而是连贯的、有序的，每项检查内容都可以用一遍或多遍。

3. 安全评价。通过现场检查、检测、检验及访问，得到大量数据资料，首先将数据资料分类汇总，再对数据进行处理，保证其真实性、有效性和代表性。经数理统计将数据整理成可以与相关标准比对的格式，考察各相关系统的符合性和安全设施的有效性，列出不符合项，按不符合项的性质和数量得出评价结论并采取相应措施。

4. 安全对策措施。对检查、检测、检验得到的不合格项进行分析，对照相关法规和标准，提出安全技术及管理方面的安全对策措施。对安全对策措施的要求："否决项"不符合，必须提出整改意见；"非否决项"不符合，提出要求改进的意见；对相关标准"宜"的要求，提出持续改进的建议。

（四）编制安全验收评价报告

在"前期准备"、"评价计划"和"现场检查及评价"工作的基础上，对照相关法律法规、技术标准，编制安全验收评价报告。

（五）安全验收评价报告的评审

安全验收评价报告评审是建设单位按规定将安全验收评价报告送专家评审组进行技术评审，并由专家评审组提出书面评审意见。评价机构根据专家评审组的评审意见修改、完善安全验收评价报告。

二、安全验收评价报告的主要内容

安全验收评价技术文件是安全验收评价工作过程中形成的建设项目安全验收评价报告，其格式应依据《安全验收评价导则》进行编制。

安全验收评价报告的内容应能反映安全验收评价两方面的作用：一是为企业服务，帮助企业查出事故隐患，落实整改措施以达到安全要求；二是为政府安全生产监督管理部门服务，提供建设项目安全验收的依据。

（一）安全验收评价报告的要求

1. 初步设计中安全设（措）施，按设计要求与主体工程同时建成并投入使用的情况；

2. 建设项目中使用的特种设备，经具有法定资格的单位检验合格，并取得安全使用证（或检验合格证书）的情况；

3. 工作环境、劳动条件等，经测试与国家有关规定的符合程度；

4. 建设项目中安全设（措）施，经现场检查与国家有关安全规定或标准的符合情况；

5. 安全生产管理机构，安全管理规章制度，必要的检测仪器、设备，劳动安全卫生培训教育及特种作业人员培训，考核及取证等情况；

6. 事故应急救援预案的编制情况。

（二）安全验收评价报告的主要内容

1. 结合评价对象的特点，阐述编制安全验收评价报告的目的。

2. 列出有关的法律法规、标准、行政规章、规范；评价对象初步设计、变更设计或工业园区规划设计文件；安全验收评价报告；相关的批复文件等评价依据。

3. 介绍评价对象的选址、总图及平面布置、生产规模、工艺流程、功能分布、主要设施、设备、装置、主要原材料、产品（中间产品）、经济技术指标、公用工程及辅助设施、人流、物流、工业园区规划等概况。

4. 危险、有害因素的辨识与分析。列出辨识与分析危险、有害因素的依据，阐述辨识与分析危险、有害因素的过程。明确在安全运行中实际存在和潜在的危险、有害因素。

5. 阐述划分评价单元的原则、分析过程等。

6. 选择适当的评价方法并做简单介绍。描述符合性评价过程、事故发生可能性及其严重程度分析计算。得出评价结果，并进行分析。

7. 列出安全对策措施建议的依据、原则、内容。

8. 列出评价对象存在的危险、有害因素种类及其危险危害程度。说明评价对象是否具备安全验收的条件。对达不到安全验收要求的评价对象，明确提出整改措施建议。明确评价结论。

三、安全验收评价报告格式

1. 封面。封面上应有建设单位名称、建设项目名称、评价报告（安全验收评价报告）名称、预评价报告书的编号、安全评价机构名称、安全验收评价机构资质证书编号及报告完成日期。

2. 安全评价单位资格证书影印件。

3. 著录项。同安全预评价的要求。

4. 前言。

5. 目录。

6. 正文。

7. 附件。

8. 附录。

第五节　安全现状评价报告

一、安全现状评价程序

安全现状评价程序如图 5-3 所示。

二、安全现状评价报告的主要内容

安全现状评价报告的编写需要参照《安全评价通则》的要求，不同行业在评价内容上有不同的侧重点，可进行部分调整或补充。安全现状评价的主要内容包括：

（一）前期准备

明确评价对象，备齐有关安全评价所需的设备、工具，收集国内外相关法律法规、标准、规章、规范等资料。

（二）辨识与分析危险、有害因素

根据评价对象的具体情况，辨识和分析危险、有害因素，确定其存在的部位、方式，

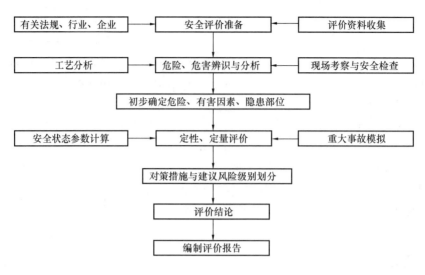

图 5-3　安全现状评价程序

以及发生作用的途径和变化规律。

（三）划分评价单元

评价单元划分应科学、合理、便于实施评价、相对独立且具有明显的特征界限。

（四）定性、定量评价

根据评价单元的特性，选择合理的评价方法，对评价对象发生事故的可能性及其严重程度进行定性、定量评价。

（五）对策措施建议

1. 依据危险、有害因素辨识结果与定性、定量评价结果，遵循针对性、技术可行性、经济合理性的原则，提出消除或减弱危险、危害的技术和管理对策措施建议。

2. 对策措施建议应具体详实、具有可操作性。按照针对性和重要性的不同，措施和建议可分为应采纳和宜采纳两种类型。

（六）安全评价结论

（1）安全评价机构应根据客观、公正、真实的原则，严谨、明确地做出安全评价结论。

（2）安全评价结论的内容应包括高度概括评价结果，从风险管理角度给出评价对象在评价时与国家有关安全生产的法律法规、标准、规章、规范的符合性结论，给出事故发生的可能性和严重程度的预测性结论，以及采取安全对策措施后的安全状态等。

安全现状评价报告的内容要求比预评价报告要更详尽、更具体，特别是对危险分析要求较高。安全现状评价要由懂工艺和操作、仪表电气、消防以及安全工程的专家参与完成。评价组成员的专业能力应涵盖评价范围所涉及的专业内容。

三、安全现状评价报告格式

1. 封面。同预评价和验收评价要求。

2. 安全评价单位资格证书影印件。

3. 著录项。同预评价和验收评价要求。

4. 前言。

5. 目录。

6. 正文。

7. 附件。

8. 附录。

思 考 题

1. 安全评价所需的数据有哪些?

2. 简述数据采集分析处理方法。

3. 简述安全评价结论的编制原则和一般步骤。

4. 分析安全评价结果与安全评价结论的关系。

5. 简述安全预评价报告主要内容及格式。

6. 简述安全验收评价报告主要内容及格式。

7. 简述安全现状评价报告主要内容及格式。

第六章　安全对策措施与事故应急救援预案

安全对策措施是要求设计单位、生产单位、经营单位在建设项目设计、生产经营、管理中采取的消除或减弱危险、有害因素的技术措施和管理措施，是预防事故和保障整个生产、经营过程安全的对策措施。

第一节　安全对策措施的基本要求和遵循的原则

一、安全对策措施基本要求

在考虑、提出安全对策措施时，有如下基本要求：

1. 能消除或减弱生产过程中产生的危险、危害；
2. 处置危险和有害物，并降低到国家规定的限值内；
3. 预防生产装置失灵和操作失误产生的危险、危害；
4. 能有效预防重大事故和职业危害的发生；
5. 发生意外事故时，能为遇险人员提供自救和互救条件。

二、制定安全对策措施应遵循的原则

在制定安全对策措施时，应遵循如下原则：

（一）安全技术措施等级顺序

当劳动安全技术措施（简称安全技术措施）与经济效益发生矛盾时，应优先考虑安全技术措施上的要求，并应按下列安全技术措施等级顺序选择安全技术措施。

1. 直接安全技术措施。生产设备本身应具有本质安全性能，不出现任何事故和危害。
2. 间接安全技术措施。若不能或不完全能实现直接安全技术措施时，必须为生产设备设计出一种或多种安全防护装置（不得留给用户去承担），最大限度地预防、控制事故或危害的发生。
3. 指示性安全技术措施。间接安全技术措施也无法实现或实施时，须采用检测报警装置、警示标志等措施，警告、提醒作业人员注意，以便采取相应的对策措施或紧急撤离危险场所。
4. 若间接、指示性安全技术措施仍然不能避免事故、危害发生，则应采用安全操作规程、安全教育、培训和个体防护用品等措施来预防、减弱系统的危险、危害程度。

（二）根据安全技术措施等级顺序的要求应遵循的具体原则

1. 消除。通过合理的设计和科学的管理，尽可能从根本上消除危险、有害因素。如采用无害化工艺技术，生产中以无害物质代替有害物质，实现自动化作业、遥控技术等。

2. 预防。当消除危险、有害因素有困难时，可采取预防性技术措施，预防危险、危害的发生。如使用安全阀、安全屏护、漏电保护装置、安全电压、熔断器、防爆膜、事故排放装置等。

3. 减弱。在无法消除危险、有害因素和难以预防的情况下，可采取减少危险、危害的措施。如局部通风排毒装置、生产中以低毒性物质代替高毒性物质、降温措施、避雷装置、消除静电装置、减振装置、消声装置等。

4. 隔离。在无法消除、预防、减弱的情况下，应将人员与危险、有害因素隔开和将不能共存的物质分开。如遥控作业、安全罩、防护屏、隔离操作室、安全距离、事故发生时的自救装置（如防护服、各类防毒面具）等。

5. 连锁。当操作者失误或设备运行一旦达到危险状态时，应通过连锁装置终止危险、危害发生。

6. 警告。在易发生故障和危险性较大的地方，配置醒目的安全色、安全标志，必要时设置声、光或声光组合报警装置。

（三）安全对策措施应具有针对性、可操作性和经济合理性

1. 针对性是指针对不同行业的特点和评价中提出的主要危险、有害因素及其后果，提出对策措施。由于危险、有害因素及其后果具有隐蔽性、随机性、交叉影响性，对策措施不仅要针对某项危险、有害因素采取措施，而且应使系统全面地达到国家安全指标为目的，采取优化组合的综合措施。

2. 提出的对策措施是设计单位、建设单位、生产经营单位进行安全设计、生产、管理的重要依据，因而对策措施应在经济、技术、时间上是可行的，是能够落实和实施的。此外，要尽可能具体指明对策措施所依据的法规、标准，说明应采取的具体的对策措施，以便于应用和操作。不宜笼统地将"按某某标准有关规定执行"作为对策措施提出。

3. 经济合理性是指不应超越国家及建设项目生产经营单位的经济、技术水平，按过高的安全指标提出安全对策措施。即在采用先进技术的基础上，考虑到进一步发展的需要，以安全法规、标准和规范为依据，结合评价对象的经济、技术状况，使安全技术装备水平与工艺装备水平相适应，求得经济、技术、安全的合理统一。

（四）对策措施应符合有关的国家标准和行业安全设计规定的要求

在评价中，应严格按法律、法规、技术标准及规范的要求提出安全对策措施。

第二节　安全技术对策措施

安全技术对策措施的原则是优先应用无危险或危险性较小的工艺和物料，广泛采用综合机械化、自动化生产装置（生产线）和自动化监测、报警、排除故障和安全联锁保护等装置，实现自动化控制、遥控或隔离操作。尽可能防止操作人员在生产过程中直接接触可能产生危险因素的设备、设施和物料，使系统在人员误操作或生产装置（系统）发生故障的情况下也不会造成事故的综合措施是应优先采取的对策措施。

一、厂址及厂区平面布局的对策措施

(一) 项目选址

选址时，除考虑建设项目经济性和技术合理性并满足工业布局和城市规划要求外，在安全方面应重点考虑地质、地形、水文、气象等自然条件对企业安全生产的影响和企业与周边区域的相互影响。

1. 自然条件的影响

(1) 不得在各类（风景、自然、历史文物古迹、水源等）保护区、有开采价值的矿藏区、各种（滑坡、泥石流、溶洞、流砂等）直接危害地段、高放射本底区、采矿陷落（错动）区、淹没区、地震断层区、地震烈度高于九度地震区、Ⅳ级湿陷性黄土区、Ⅲ级膨胀土区、地方病高发区和化学废弃物层上面建设。

(2) 依据地震、台风、洪水、雷击、地形和地质构造等自然条件资料，结合建设项目生产过程和特点采取易地建设或采取有针对性的、可靠的对策措施。如设置可靠的防洪排涝设施、按地震烈度要求设防、工程地质和水文地质不能完全满足工程建设需要时的补救措施、产生有毒气体的工厂不宜设在盆地窝风处等。

(3) 对产生和使用危险危害性大的工业产品、原料、气体、烟雾、粉尘、噪声、振动和电离、非电离辐射的建设项目，还必须依据国家有关专门（专业）法规、标准的要求，提出对策措施。例如生产和使用氰化物的建设项目禁止建在水源的上游附近。

2. 与周边区域的相互影响

除环保、消防行政部门管理的范畴外，主要考虑风向和建设项目与周边区域（特别是周边生活区、旅游风景区、文物保护区、航空港和重要通信、输变电设施和开放型放射工作单位、核电厂、剧毒化学品生产厂等）在危险、危害性方面相互影响的程度，采取位置调整、按国家规定保持安全距离和卫生防护距离等对策措施。

例如，根据区域内各工厂和装置的火灾、爆炸危险性分类，考虑地形、风向等条件进行合理布置，以减少相互间的火灾爆炸威胁；易燃易爆的生产区沿江河岸边布置时，宜位于邻近江河的城镇、重要桥梁、大型锚地、船厂、港区、水源等重要建筑物或构筑物的下游，并采取防止可燃液体流入江河的有效措施；公路、地区架空电力线路或区域排洪沟严禁穿越厂区。与相邻的工厂或设施的防火间距应符合《建筑设计防火规范》GB 50016—2014、《石油化工企业设计防火规范》GB 50160—2008 等有关标准的规定。危险、危害性大的工厂企业应位于危险、危害性小的工厂企业全年主导风向的下风侧或最小频率风向的上风侧；使用或生产有毒物质、散发有害物质的工厂企业应位于城镇和居住区全年主导风向的下风侧或最小频率风向的上风侧；有可能对河流、地下水造成污染的生产装置及辅助生产设施，应布置在城镇、居住区和水源地的下游及地势较低地段（在山区或丘陵地区应避免布置在窝风地带）；产生高噪声的工厂应远离噪声敏感区（居民、文教、医疗区等）并位于城镇居民集中区的夏季最小风频风向的上风侧，对噪声敏感的工业企业应位于周围主要噪声源的夏季最小风频风向的下风侧；建设项目不得建在开放型放射工作单位的防护检测区和核电厂周围的限制区内；按建设项目的生产规模、产生危险、有害因素的种类和性质、地区平均风速等条件，与居住区的最短距离，应不小于规定的卫生防护距离；与爆炸危险单位（含生产爆破器材的单位）应保持规定的安全距离等。

(二) 厂区平面布置

在满足生产工艺流程、操作要求、使用功能需要和消防、环保要求的同时，主要从风向、安全（防火）距离、交通运输安全和各类作业、物料的危险、危害性出发，在平面布置方面采取对策措施。

1. 功能分区

将生产区、辅助生产区（含动力区、储运区等）、管理区和生活区按功能相对集中分别布置。布置时应考虑生产流程、生产特点和火灾爆炸危险性，结合地形、风向等条件，以减少危险、有害因素的交叉影响。管理区、生活区一般应布置在全年或夏季主导风向的上风侧或全年最小风频风向的下风侧。辅助生产设施的循环冷却水塔（池）不宜布置在变配电所、露天生产装置和铁路冬季主导风向的上风侧和怕受水雾影响设施全年主导风向的上风侧。

2. 厂内运输和装卸

厂内运输和装卸包括厂内铁路、道路、输送机通廊和码头等运输和装卸（含危险品的运输、装卸）。应根据工艺流程、货运量、货物性质和消防的需要，选用适当运输和运输衔接方式，合理组织车流、物流、人流（保持运输畅通、物流顺畅且运距最短、经济合理，避免迂回和平面交叉运输、道路与铁路平交和人车混流等），为保证运输、装卸作业安全，应从设计上对厂内的路和道路（包括人行道）的布局、宽度、坡度、转弯（曲线）半径、净空高度、安全界线及安全视线、建筑物与道路间距和装卸（特别是危险品装卸）场所、堆场（仓库）布局等方面采取对策措施。

依据行业、专业标准（如化工企业、炼油厂、工业锅炉房、氧气站、乙炔站等）规定的要求，应采取相应的运输、装卸对策措施。

为满足工艺流程的需要和避免危险、有害因素相互影响，应合理布置厂房内的生产装置、物料存放区和必要的运输、操作、安全、检修通道。

例如，全厂性污水处理场及高架火炬等设施，宜布置在人员集中场所及明火或散发火花地点的全年最小风频风向的上风侧；空气分离装置，应布置在空气清洁地段并位于散发乙炔、其他烃类气体、粉尘等场所的全年最小风频风向的下风侧；液化烃或可燃液体罐组，不应毗邻布置在高于装置、全厂性重要设施或人员集中场所的阶梯上，并且不宜紧靠排洪沟；当厂区采用阶梯式布置时，阶梯间应有防止泄漏液体漫流措施；设置环形通道，保证消防车、急救车顺利通过可能出现事故的地点；易燃、易爆产品的生产区域和仓储区域，根据安全需要，设置限制车辆通行或禁止车辆通行的路段；道路净空高度不得小于5m；厂内铁路线路不得穿过易燃、易爆区；主要人流出入口与主要货流出入口分开布置，主要货流出口、入口宜分开布置；码头应设在工厂水源地下游，设置单独危险品作业区并与其他作业区保持一定的防护距离等；汽车装车站、液化烃装车站、危险品仓库等机动车辆频繁出入的设施，应布置在厂区边缘或厂区外，并设独立围墙；采用架空电力线路进出厂区的总变配电所，应布置在厂区边缘等。

3. 危险设施/处理有害物质设施的布置

可能泄漏或散发易燃、易爆、腐蚀、有毒、有害介质（气体、液体、粉尘等）的生产、储存和装卸设施（包括锅炉房、污水处理设施等）、有害废弃物堆场等的布置应遵循以下原则：

（1）应远离管理区、生活区、中央实（化）验室、仪表修理间，尽可能露天、半封闭布置。应布置在人员集中场所、控制室、变配电所和其他主要生产设备的全年或夏季主导风向的下风侧或全年最小风频风向的上风侧并保持安全、卫生防护距离；当评价出的危险、危害半径大于规定的防护距离时，宜采用评价推荐的距离。储存、装卸区宜布置在厂区边缘地带。

（2）有毒、有害物质的有关设施应布置在地势平坦、自然通风良好地段，不得布置在窝风低洼地段。

（3）剧毒物品的有关设施还应布置在远离人员集中场所的单独地段内，宜以围墙与其他设施隔开。

（4）腐蚀性物质的有关设施应按地下水位和流向，布置在其他建筑物、构筑物和设备的下游。

（5）易燃易爆区应与厂内外居住区、人员集中场所、主要人流出入口、铁路、道路干线和产生明火地点保持安全距离；易燃易爆物质仓储、装卸区宜布置在厂区边缘，可能泄漏、散发液化石油气及相对密度大于 0.7（空气＝1）可燃气体和可燃蒸气的装置不宜毗邻生产控制室、变配电所布置；油、气储罐宜低位布置。

（6）辐射源（装置）应设在僻静的区域，与居住区、人员集中场所、人流密集区和交通主干道、主要人行道保持安全距离。

4. 强噪声源、振动源的布置

（1）主要噪声源应符合《工业企业厂界噪声标准》GB 12348—2008、《工业企业噪声控制设计规范》GB/T 50087—2013、《工业企业设计卫生标准》GBZ 1—2010 等的要求，噪声源应远离厂内外要求安静的区域，宜相对集中、低位布置；高噪声厂房与低噪声厂房应分开布置，其周围宜布置对噪声非敏感设施（如辅助车间、仓库、堆场等）和较高大、朝向有利于隔声的建（构）筑物作为缓冲带；交通干线应与管理区、生活区保持适当距离。

（2）强振动源（包括锻锤、空压机、压缩机、振动落砂机、重型冲压设备等生产装置、发动机实验台和火车、重型汽车道路等）应与管理、生活区和对其敏感的作业区（如实验室、超精加工、精密仪器等）之间，按功能需要和精密仪器、设备的允许振动速度要求保持防振距离。

5. 建筑物自然通风及采光

为了满足采光、避免西晒和自然通风的需要，建筑物的采光应符合《建筑采光设计标准》GB 50033—2013 和《工业企业设计卫生标准》GBZ 1—2010 的要求，建筑物（特别是热加工和散发有害介质的建筑物）的朝向应根据当地纬度和夏季主导风向确定（一般夏季主导风向与建筑物长轴线垂直或夹角应大于 45°）。半封闭建筑物的开口方向，面向全年主导风向，其开口方向与主导风向的夹角不宜大于 45°。在丘陵、盆地和山区，则应综合考虑地形、纬度和风向来确定建筑物的朝向。建筑物的间距应满足采光、通风和消防要求。

6. 其他要求

依据《工业企业总平面设计规范》GB 50187—2012、《厂矿道路设计规范》GBJ 22—1987、行业规范（机械、化工、石化、冶金、核电厂等）和有关单体、单项（石油库、氧气站、压缩空气站、乙炔站、锅炉房、冷库、辐射源和管路布置等）规范的要求，应采取的其他相应的平面布置对策措施。

二、防火、防爆对策措施

引发火灾、爆炸事故的因素很多，一旦发生事故危害后果极其严重。为了确保安全生产，首先必须做好预防工作，消除可能引起燃烧爆炸的危险因素。从理论上讲，使可燃物质不处于危险状态，或者消除一切着火源，这两个措施，只要控制其一，就可以防止火灾和化学爆炸事故的发生。但在实践中，由于生产条件的限制或某些不可控因素的影响，仅采取一种措施是不够的，往往需要采取多方面的措施，以提高生产过程的安全程度。另外还应考虑其他辅助措施，以便在发生火灾爆炸事故时，减少危害的程度，将损失降到最低限度，这些都是在防火防爆工作中必须全面考虑的问题。

（一）防火、防爆对策措施的原则

1. 防止可燃可爆系统的形成

防止可燃物质、助燃物质（空气、强氧化剂）、引燃能源（明火、撞击、炽热物体、化学反应热等）同时存在；防止可燃物质、助燃物质混合形成的爆炸性混合物（在爆炸极限范围内）与引燃能源同时存在。

为防止可燃物与空气或其他氧化剂作用形成危险状态，在生产过程中，首先，应加强对可燃物的管理和控制，利用不燃或难燃物料取代可燃物料，不使可燃物料泄漏和聚集形成爆炸性混合物；其次是防止空气和其他氧化性物质进入设备内，或防止泄漏的可燃物料与空气混合。

（1）取代或控制用量

在工艺上可行的条件下，在生产过程中不用或少用可燃可爆物质。如用不燃或不易燃烧爆炸的有机溶剂如 CCl_4 或水取代易燃的苯、汽油，根据工艺条件选择沸点较高的溶剂等。

（2）加强密闭

为防止易燃气体、蒸气和可燃性粉尘与空气形成爆炸性混合物，应设法使生产设备和容器尽可能密闭操作。对具有压力的设备，应防止气体、液体或粉尘逸出与空气形成爆炸性混合物；对真空设备，应防止空气漏入设备内部达到爆炸极限。开口的容器、破损的铁桶、容积较大且没有保护措施的玻璃瓶不允许储存易燃液体；不耐压的容器不能储存压缩气体和加压液体。

为保证设备的密闭性，对处理危险物料的设备及管路系统应尽量少用法兰连接，但要保证安装检修方便；输送危险气体、液体的管道应采用无缝钢管；盛装具有腐蚀性介质的容器，底部尽可能不装阀门，腐蚀性液体应从顶部抽吸排出。如用计液玻璃管，要装设结实的保护，以免打碎玻璃，漏出易燃液体，应慎重使用脆性材料。

如设备本身不能密封，可采用液封或负压操作，以防系统中有毒或可燃性气体逸入厂房。

加压或减压设备，在投产前和定期检修后应检查密闭性和耐压程度；所有压缩机、液泵、导管、阀门、法兰接头等容易漏油、漏气部位应经常检查，填料如有损坏应立即调换，以防渗漏；设备在运行中也应经常检查气密情况，操作温度和压力必须严格控制，不允许超温、超压运行。

接触氧化剂如高锰酸钾、氯酸钾、硝酸铵、漂白粉等生产的传动装置部分的密闭性能必须良好。应定期清洗传动装置，及时更换润滑剂，以免传动部分因摩擦发热而导致燃烧爆炸。

（3）通风排气

为保证易燃、易爆、有毒物质在厂房生产环境里不超过危险浓度，必须采取有效的通风排气措施。

在防火防爆环境中对通风排气的要求应按两方面考虑，即当仅是易燃易爆物质时，其在车间内的浓度，一般应低于爆炸下限的1/4；对于具有毒性的易燃易爆物质，在有人操作的场所，还应考虑该毒物在车间内的最高容许浓度。

应合理选择通风方式。通风方式一般宜采取自然通风，但自然通风不能满足要求时应采取机械通风。

对有火灾爆炸危险的厂房，通风气体不能循环使用；排风/送风设备应有独立分开的风机室，送风系统应送入较纯净的空气；排除、输送温度超过80℃的空气或其他气体以及有燃烧爆炸危险的气体、粉尘的通风设备，应用非燃烧材料制成；空气中含有易燃易爆危险物质的场所使用通风机和调节设备应防爆。

排除有燃烧爆炸危险的粉尘和容易起火的碎屑的排风系统，其除尘器装置也应防爆。有爆炸危险粉尘的空气流体宜在进入排风机前选用恰当的方法进行除尘净化；如粉尘与水会发生爆炸，则不应采用湿法除尘；排风管应直接通往室外安全处。

对局部通风，应注意气体或蒸气的密度，密度比空气大的气体要防止在低洼处积聚；密度比空气小的要防止在高处死角上积聚。有时即使是少量也会使厂房局部空间达到爆炸极限。

设备的一切排气管（放气管）都应伸出屋外，高出附近屋顶；排气不应造成负压，也不应堵塞，如排出蒸气遇冷凝结，则放空管还应考虑有加热蒸汽保护措施。

（4）惰性化

在可燃气体或蒸气与空气的混合气中充入惰性气体，可降低氧气、可燃物的百分比，从而消除爆炸危险和阻止火焰的传播。在以下几种场合常使用惰性化：易燃固体的粉碎、研磨、混合、筛分以及粉状物料的气流输送；可燃气体混合物的生产和处理过程；易燃液体的输送和装卸作业；开工、检修前的处理作业等。

2. 消除、控制引燃能源

为预防火灾及爆炸灾害，对点火源进行控制是消除燃烧三要素同时存在的一个重要措施。引起火灾爆炸事故的能源主要有明火、高温表面、摩擦和撞击、绝热压缩、化学反应热、电气火花、静电火花、雷击和光热射线等。在有火灾爆炸危险的生产场所，对这些着火源都应引起充分的注意，并采取严格的控制措施。

（1）明火和高温表面

对于易燃液体的加热应尽量避免采用明火。一般加热时可采用过热水或蒸汽；当采用矿物油、联苯醚等载热体时，注意加热温度必须低于载热体的安全使用温度，在使用时要保持良好的循环并留有载热体膨胀的余地，防止传热管路产生局部高温出现结焦现象；定期检查载热体的成分，及时处理或更换变质的载热体；当采用高温熔盐载热体时，应严格控制熔盐的配比，不得混入有机杂质，以防载热体在高温下爆炸。如果必须采用明火，设备应严格密封，燃烧室应与设备分开设置或隔离，并按防火规定留出防火间距。

在使用油浴加热时，要有防止油蒸气起火的措施。在积存有可燃气体、蒸气的管沟、深坑、下水道及其附近，没有消除危险之前，不能有明火作业。

在有火灾爆炸危险场所必须进行明火作业时应按动火制度进行。汽车、拖拉机、柴油机等在未采取防火措施时不得进入危险场所。烟囱应有足够的高度，必要时装火星熄灭器，在一定范围内不得堆放易燃易爆物品。

高温物料的输送管线不应与可燃物、可燃建筑构件等接触；应防止可燃物散落在高温表面上；可燃物的排放口应远离高温表面，如果接近，则应有隔热措施。

设立固定动火区应符合下述条件：固定动火区距易燃易爆设备、储罐、仓库、堆场等的距离，应符合有关防火规范的防火间距要求；区内可能出现的可燃气体的含量应在允许含量以下；在生产装置正常放空时可燃气应不致扩散到动火区；室内动火区，应与防爆生产现场隔开，不准有门窗串通，允许开的门窗应向外开启，道路应畅通；周围 10m 以内不得存放易燃易爆物；区内备有足够的灭火器具。

维修作业在禁火区动火，有关动火审批、动火分析等要求，必须按有关规范规定严格执行，采取预防措施，并加强监督检查，以确保安全作业。

对危险化学品的设备、管道，维修动火前必须进行清洗、扫线、置换。此外，对附近的地面、阴沟也要用水冲洗。

明火与有火灾及爆炸危险的厂房和仓库等相邻时，应保证足够的安全间距。

（2）摩擦与撞击

摩擦与撞击往往成为引起火灾爆炸事故的原因。如机器上轴承等摩擦发热起火；金属零件、铁钉等落入粉碎机、反应器、提升机等设备内，由于铁器和机件的撞击起火；磨床砂轮等摩擦及铁质工具相互撞击或与混凝土地面撞击发生火花；导管或容器破裂，内部溶液和气体喷出时摩擦起火；在某种条件下乙炔与铜制件生成乙炔铜，一经摩擦和冲击即能起火起爆等。因此在有火灾爆炸危险的场所，应采取防止火花生成的措施。

（3）防止电气火花

一般的电气设备很难完全避免电火花的产生，因此在火灾爆炸危险场所必须根据物质的危险特性正确选用不同的防爆电气设备。

必须设置可靠的避雷设施；有静电积聚危险的生产装置和装卸作业应有控制流速、导除静电、静电消除器、添加防静电剂等有效的消除静电措施。根据整体防爆的要求，按危险区域等级和爆炸性混合物的类别、级别、组别配备相应符合国家标准规定的防爆等级的电气设备，并按国家规定的要求施工、安装、维护和检修（详见电气防火、防爆措施部分）。

3. 有效监控，及时处理

在可燃气体、蒸气可能泄漏的区域设置检测报警仪，这是监测空气中易燃易爆物质含量的重要措施。当可燃气体或液体万一发生泄漏而操作人员尚未发现时，检测报警仪可在设定的安全浓度范围内发出警报，便于及时处理泄漏点，从而早发现，早排除，早控制，防止事故发生和蔓延扩大。

（二）工艺防火、防爆对策措施

有爆炸危险的生产过程，应尽可能选择物质危险性较小、工艺条件较缓和及成熟的工艺路线；生产装置、设备应具有承受超压性能和完善的生产工艺控制手段，设置可靠的温度、压力、流量、液面等工艺参数的控制仪表和控制系统，对工艺参数控制要求严格的，应设置双系列控制仪表和控制系统；还应设置必要的超温超压的报警、监视、泄压、抑制爆炸装置和防止高低压窜气（液）、紧急安全排放装置。

1. 工艺过程的防火、防爆设计

（1）工艺过程中使用和产生易燃易爆介质时，必须考虑防火、防爆等安全对策措施，在工艺设计时加以实施。

（2）工艺过程中有危险的反应过程，应设置必要的报警、自动控制及自动联锁停车的控制设施。

（3）工艺设计要确定工艺过程泄压措施及泄放量，明确排放系统的设计原则（排入全厂性火炬、排入装置内火炬、排入全厂性排气管网、排入装置的排气管道或直接放空）。

（4）工艺过程设计应提出保证供电、供水、供风及供汽系统可靠性的措施。

（5）生产装置出现紧急情况或发生火灾爆炸事故需要紧急停车时，应设置必要的自动紧急停车措施。

（6）采用新工艺、新技术进行工艺过程设计时，必须审查其防火、防爆设计技术文件资料，核实其技术在安全防火、防爆方面的可靠性，确定所需的防火、防爆设施。

（7）引进国外技术、国内自行设计时，生产工艺过程的防火、防爆设计，必须满足我国安全防火、防爆法规及标准的要求，应审查生产工艺的防火、防爆设计说明书。

（8）成套引进建设工程、国外提供初步设计时，其生产过程的防火、防爆设计，除必须符合引进合同所规定的条款及确认的标准规范外，应审查国外厂商提供的各种防火、防爆设计内容，不得低于我国现行防火、防爆规范、法规及标准的要求。

2. 物料的防火、防爆设计

（1）对生产过程中所用的易发生火灾爆炸危险的原材料、中间物料及成品，应列出其主要的化学性能及物理化学性能（如爆炸极限、密度、闪点、自燃点、引燃能量、燃烧速度、导电率、介电常数、腐蚀速度、毒性、热稳定性、反应热、反应速度、热容量等）。

（2）对生产过程中的各种燃烧爆炸危险物料（包括各种杂质）的危险性（爆炸性、燃烧性、混合危险性等），应综合分析研究，在设计时采取有效措施加以控制。

3. 工艺流程防火、防爆设计

（1）工艺流程设计，应全面考虑操作参数的监测仪表、自动控制回路，设计应正确可靠，吹扫应考虑周全。应尽量减少工艺流程中火灾爆炸危险物料的存量。应考虑正常开停车、正常操作、异常操作处理及紧急事故处理时的安全对策措施和设施。火灾爆炸危险性较大的工艺流程设计，应针对容易发生火灾爆炸事故的部位和一定时机（如开车、停车及操作切换等），采取有效的安全措施，并在设计中组织各专业设计人员加以实施。

（2）工艺安全泄压系统设计，应考虑设备及管线的设计压力，允许最高工作压力与安全阀、防爆膜的设定压力的关系，并对火灾时的排放量，停水、停电及停气等事故状态下的排放量进行计算及比较，选用可靠的安全泄压设备，以免发生爆炸。

（3）化工企业火炬系统的设计，应考虑进入火炬的物料处理量、物料压力、温度、堵塞、爆炸等因素的影响。

（4）控制室的设计，应考虑事故状态下的控制室结构及设施，不致受到破坏或倒塌，并能实施紧急停车、减少事故的蔓延和扩大。

（5）工艺操作的计算机控制设计，应考虑分散控制系统、计算机备用系统及计算机安全系统，确保发生火灾爆炸事故时能正常操作。

（6）对工艺生产装置的供电、供水、供风、供汽等公用设施的设计，必须满足正常生产和事故状态下的要求，并符合有关防火、防爆法规、标准的规定。

（7）应尽量消除产生静电和静电积聚的各种因素，采取静电接地等各种防静电措施，静电接地设计应遵守有关静电接地设计规程的要求。

（8）工艺过程设计中，应设置各种自控检测仪表、报警信号系统及自动和手动紧急泄压排放安全联锁设施。非常危险的部位，应设置常规检测系统和异常检测系统的双重检测体系。

4. 工艺布置的防火、防爆设计

（1）生产装置的平面布置，除应按工艺流程进行设计外，还应考虑符合有关防火、防爆规范的要求。

（2）生产装置中处理同类火灾爆炸危险物料的设备或厂房，应尽量集中布置，便于统筹安排防火防爆设施。

（3）生产装置内的设备，应尽量布置在露天、敞开或半敞开式的建筑物、构筑物内，以减小火灾爆炸时造成的损坏。

（4）室内有爆炸危险的生产部位，应布置在单层厂房内，并应靠近厂房的外墙。在多层厂房内易燃易爆的生产部位应布置在最上一层靠外墙处。在有爆炸危险的厂房内，不应设置办公室、休息室等设施。

（5）有火灾爆炸危险的生产厂房，靠近易爆部位应设置必要的泄压面积，泄压部位不应布置在邻近人员集中或交通要道处，以减少对邻近生产装置和建筑物的影响。必要时可设防护挡板或防护空地。有火灾爆炸危险的生产设备、建筑物、构筑物，应布置在一端，也可设在防爆构筑物内，如爆炸危险性大的反应器与其他设备之间，应设防爆墙隔离，若多个反应器，其间也应设防爆墙相互隔离。明火设备的布置应远离可能泄漏易燃液化气、可燃气体、可燃蒸气的工艺设备及储罐。

（6）工艺生产装置内露天布置的设备、储罐、建筑物及构筑物，宜按生产流程分区集中布置。

（7）生产装置的集中控制室、变配电室、分析化验室等辅助建筑物，应布置在非防火、防爆危险区。

（8）工艺装置各类机械设备、建筑物、构筑物的分布间距，应考虑防火、防爆距离及安全疏散通道，且有足够的道路及空间便于作业人员操作检修。

（三）仪表及自控防火、防爆对策措施

尽可能提高系统自动化程度，采用自动控制技术、遥控技术，自动（或遥控）控制工艺操作程序和物料配比、温度、压力等工艺参数；在设备发生故障、人员误操作形成危险状态时，通过自动报警、自动切换备用设备、启动连锁保护装置和安全装置、实现事故性安全排放直至安全顺序停机等一系列的自动操作，保证系统的安全。

针对引发事故的原因和紧急情况下的需要，应设置故障的安全控制系统（FSC）、特殊的连锁保护、安全装置和就地操作应急控制系统，以提高系统安全的可靠性。具体要求为：

1. 采用本质安全型电动仪表时，即使由于某种原因而产生火花、电弧或过热也不会构成点火源而引起燃烧或爆炸，因此原则上可以适用于最高级别的火灾爆炸危险场所。但在安装设计时必须要考虑有关的技术规定，如本质安全电路和非本质安全电路不能相混；构成本质安全电路必须应用安全栅；本质安全系统的接地问题必须符合有关防火、防爆规定的要求。

2. 生产装置的监测、控制仪表除按工艺控制要求选型外，还应根据仪表安装场所的火灾危险性和爆炸危险性，按爆炸和火灾危险场所电力装置设计规范选型。

3. 设计所选用的控制仪表及控制回路必须可靠，不得因设计重复控制系统而选用不能保证质量的控制仪表。

4. 当仪表的供电、供气中断时，调节阀的状态应能保证不导致事故或扩大事故。

5. 仪表的供电应有事故电源，供气应有储气罐，容量应能保证停电、停气后维持30min 的用量。

6. 在考虑信号报警器及安全联锁防爆设计时，应遵循下列原则：系统的构成可以选用有触点的继电器，也可以选用无触点的回路，但必须保证动作可靠。信号报警接点可利用仪表的内藏接点，也可以单独设置报警单元。自动保护（联锁）用接点，重要场合宜与信号接点分开，单独设置故障检出。联锁系统动作后应有征兆报警设施。重要场合，联锁故障检查器可设2个或2个以上，以确保可靠性。

7. 可燃气体监测报警仪的报警系统应设在生产装置的控制室内，设计时必须考虑以下几点：可燃气体或有毒有害气体监测报警仪的质量、防爆性能必须达到国家标准；必须正确确定监测报警仪的检测点；检测器和报警器等的选用和安装必须符合有关规定。

8. 引进技术所选用监测控制仪表不应低于我国现行标准的要求。

9. 生产装置的控制室不得兼值班工人休息室。

10. 在容易泄漏油气和可能引起火灾爆炸事故的地点，如甲类压缩机附近，集中布置的甲类设备和泵附近，加热炉的防火墙外侧及其仪表送配电室，变电所附近的门外等处，在条件可能时，应设置可燃气体报警仪。

（四）设备防火、防爆设计

设备、机器种类繁多，其中化工设备就可分为塔槽类、换热设备、反应器、分离器、加热炉和废热锅炉等设备；压力容器按工作压力不同，分为低压、中压、高压和超高压4个等级；化工机器是完成化工生产正常运行必不可少的。

以化工设备、机器为例，生产过程中接触的物料大多具有易燃易爆、有毒、有腐蚀性，且生产工艺复杂，工艺条件苛刻，设备与机器的质量、材料等要求高。材料的正确选择是设备与机器优化设计的关键，也是确保装置安全运行、防止火灾爆炸的重要手段。选择材料应注意以下几个问题：

1. 必须全面考虑设备与机器的使用场合、结构形式、介质性质、工作特点、材料性能、工艺性能和经济合理性。

2. 材料选用应符合各种相应标准、法规和技术文件的要求。

3. 所选用材料的化学成分、金相组织、机械性能、物理性能、热处理焊接方法应符合有关的材料标准，与之相应的材料试验和鉴定应由用户和制造厂商定。

4. 由制造厂提供的其他材料，经试验、技术鉴定后，确能保证设计要求的，用户方可使用。

5. 处理、输送和分离易燃易爆、有毒和强化学腐蚀性介质时，材料的选用尤其慎重，应遵循有关材料标准。

6. 与设备所用材料相匹配的焊接材料要符合有关标准、规定。

7. 进行技术革新、设备改造，使用代材时，要有严格的审批手续。

8. 严格执行进厂设备、备件、材料的质量检查验收制度，防止不合格设备、备件、材料进入生产装置投入生产，消除设备本身的不安全因素。

9. 在设计、材料分类和加工等各阶段，都可能发生材料误用问题，因此要严格管理制度，严把设备采购关，防止低劣产品进厂。

10. 在设备与机器的火灾爆炸破坏事故中，有的是由于结构设计不合理引起的。因此在结构安全设计上要符合要求，便于制造、便于无损检测，并考虑尽量降低局部附加应力和应力集中。

11. 设备的强度设计直接涉及其安全可靠性，因此在设计中，一定要选择正确的计算方法。

总之，设备与机器在设计时必须安全可靠，其选型、结构、技术参数等方面必须准确无误，并符合设计标准的要求。工艺提出的专业设计条件应正确无误（包括形式、结构、材料、压力、温度、介质、腐蚀性、安全附件、抗震、防静电、泄压、密封、接管、支座、保温、保冷、喷淋等设计参数），对于易燃易爆、有毒介质的储运机械设备，应符合有关安全标准要求。

（五）工艺管线的防火、防爆设计

1. 工艺管线必须安全可靠，且便于操作。设计中所选用的管线、管件及阀门的材料，应保证有足够的机械强度及使用期限。管线的设计、制造、安装及试压等技术条件应符合国家现行标准和规范。

2. 工艺管线的设计应考虑抗震和管线振动、脆性破裂、温度应力、失稳、高温蠕变、腐蚀破裂及密封泄漏等因素，并采取相应的安全措施加以控制。

3. 工艺管线上安装的安全阀、防爆膜、泄压设施、自动控制检测仪表、报警系统、安全联锁装置及卫生检测设施，应设计合理且安全可靠。

4. 工艺管线的防雷电、暴雨、洪水、冰雹等自然灾害以及防静电等安全措施，应符合有关法规的要求。

5. 工艺管线的工艺取样、废液排放、废气排放等设计必须安全可靠，且应设置有效的安全设施。

6. 工艺管线的绝热保温、保冷设计，应符合设计规范的要求。

（六）安全防护设计

1. 通风设计

非敞开式的甲乙类生产厂房应有良好通风，以减少厂房内部可燃气体、可燃液体蒸气或可燃粉尘的积聚，使之不至于达到爆炸范围。厂房通风有自然通风、机械通风或正压通风。采用自然通风时，要根据季节风向采取相应措施，保证厂房内有足够的换气次数。在寒冷季节自然通风用的进风口的位置其边缘不宜低于4m，如低于4m，应采取防止冷风吹向工作地点的措施。

当自然通风达不到生产要求时，应设置机械通风，且风机应采用防爆型。

（1）机械通风的进风口位置，应符合下列要求：

1）应设置在室外空气比较清洁的地点。

2）应尽量在排风口上风侧（指全年主导风向），且应低于排风口。

3）进风口的底部距室外地坪不宜低于2m。

4）降温用的进风口，宜设置在北墙外。

（2）机械通风的排风方式应符合下列要求：

1）放散的可燃气体较空气轻时，宜从上部排放。

2）放散的可燃气体较空气重时，宜从上、下部同时排出，但气体温度较高或受到散热影响产生气流上升时，宜从上部排出。

3）当挥发性物质蒸发后，被周围空气冷却下沉或经常有挥发性物质洒落到地面时，应从上、下部同时排出。

有可燃气体的生产车间，应设事故排风装置。正压通风是化工等生产装置采用的一种独特形式。在多数工艺操作过程中，大量采用仪表自动控制。一般将各种自动控制仪表的表盘及其继电器集中在控制室内。由于各种自动控制仪表的接线点和继电器都不防爆，而大量的可燃气体又随时可能存在，因此，为安全操作仪表及保证仪表的准确性，设计时，要对仪表控制室和在线分析室进行正压通风。

正压通风就是使控制室内的空气压略大于室外空气压。这样，就能阻止室外的可燃气体进入控制室内。送进控制室的正压风必须清新干净，因此，正压通风的风源必须取自安全清洁的地点。甲乙类生产区域内的变电所也应进行正压通风。各种通风的进风口位置、排风方式等的设计必须遵守有关标准或规范。

2. 惰性气体保护

惰性气体保护的作用是缩小或消除易燃可燃物质的爆炸范围，从而防止燃烧爆炸。

工业上常用的惰性气体保护有氮、二氧化碳、水蒸气等，惰性气体保护可应用于以下几种情况：

（1）对具有爆炸性的生产设备和储罐，充灌惰性气体。

（2）易燃固体的压碎、研磨、筛分、混合以及呈粉末状态输送时，可在惰性气体覆盖下进行。

（3）易燃固体的粉状、粒状的料仓可用惰性气体加以保护。

（4）可燃气体混合物在处理过程中，加惰性气体作为保护气体。

（5）有火灾爆炸危险的工艺装置、储罐、管道等连接惰性气体管，以备在发生火灾时使用惰性气体充灌保护。

（6）用惰性气体（如氮气）输送爆炸危险性液体。

（7）在有爆炸危险性的生产中，对能引起火花危险的电器、仪表等，用惰性气体（如氮气）正压保护。

（8）有火灾爆炸危险的生产装置停车检修时，在动火之前用惰性气体对有爆炸危险的设备、管线、容器等进行置换。

（9）发生事故有大量危险物质泄漏时，用大量惰性气体（如水蒸气）稀释。

（10）备用的反应器、干燥器等用惰性气体保护。

生产中惰性气体的需用量，一般不是根据惰性气体达到哪一数值时可以遏止爆炸发生，而是根据加入惰性气体后氧的浓度降到哪一数值时才不能发生爆炸来确定。

3. 保险装置

保险装置就是当生产中发生危险情况时，能自动动作以消除危险状态的装置。例如，备用电源在突然停电时能自动投用，从而能避免发生各类事故。一般比较重要的工厂都设置双电源。正常生产时，两回路电源独立供电，每回路各带 1/2 负荷，事故时带全部负荷。当任一供电线路发生故障突然停电时，在极短的时间内母线联络开头自动闭合，使失电的一段母线立即恢复供电，对一些特别重要的机泵，设计时应考虑装设失电再启动装置或不间断供电装置（UPS）。

一些关键设备，设计时应考虑气动备用装置，以便在停电的情况下，确保安全生产。例如，蒸馏塔的回流调节阀，高压罐的压力控制调节阀，要选用气关式，以备停气时，确保调节阀开，避免塔、罐超温超压。储罐上的呼吸阀是防止储罐被抽瘪和超压破裂的安全保险设备。

4. 安全监测

生产中产生可燃气体、可燃液体蒸气或可燃粉尘时，当这些可燃物质在空气中的浓度达到爆炸极限时，遇火源就会发生爆炸。因此，随时监测空气中可燃物质的浓度是防止发生火灾爆炸的重要措施。当测量仪表测定出空气中的可燃物质浓度超过爆炸下限的 20%或 25%时，就会发出报警，警告操作者尽快采取措施，降低空气中可燃物质的浓度。爆炸危险性大的生产装置和反应设备，设置可燃气体自动分析仪器并自动报警和联锁控制已成为必不可少的安全措施。

（七）建（构）筑物防火防爆措施

1. 生产及储存的火灾危险性分类

根据《建筑设计防火规范》GB 50016—2014 规定，生产的或储存的火灾危险性分为甲、乙、丙、丁、戊五类。《石油化工企业设计防火规范》GB 50160—2008 中，同样以使用、生产或储存的物质的危险性进行火灾危险性分类。根据火灾危险性的不同，可从防火间距、建筑耐火等级、容许层数、安全疏散、消防灭火设施等方面提出防止和限制火灾爆炸的要求和措施。

2. 建筑物的耐火等级

在《建筑设计防火规范》里，将建筑物分为 4 个耐火等级。对建筑物的主要构件，如承重墙、梁、柱、楼板等的耐火性能均作出了明确规定。在建筑设计时对那些火灾危险性特别大的，使用大量可燃物质和贵重器材设备的建筑，在容许的条件下，应尽可能采用耐火等级较高的建筑材料施工。在确定耐火等级时，各构件的耐火极限应全部达到要求。

3. 厂房的耐火等级、层数和占地面积

厂房的层数及面积、耐火等级应符合《建筑设计防火规范》等标准的要求。

4. 厂房建筑的防爆设计

（1）合理布置有爆炸危险的厂房

1）有爆炸危险的厂房宜采用单层建筑。除有特殊需要外，一般情况下，有爆炸危险的厂房宜采用单层建筑。

2）有爆炸危险的生产不应设在地下室或半地下室。

3）敞开式或半敞开式建筑的厂房，自然通风良好，因而能使设备系统中泄漏出来的可燃气体、可燃液体蒸气及粉尘很快地扩散，使之不易达到爆炸极限，有效地排除形成爆炸的条件。但对采用敞开或半敞开式建筑的生产设备和装置，应注意气象条件对生产设备和操作人员健康的影响等，并妥善合理地处理夜间照明、雨天防滑、夏日防晒、冬季防寒和有关休息等方面的问题。

4）对单层厂房来说，应将有爆炸危险的设备配置在靠近一侧外墙门窗的地方。工人操作位置在室内一侧，且在主导风向的上风位置。配电室、车间办公室、更衣室等有火源及人员集中的用房，采用集中布置在厂房一端的方式，设防爆墙与生产车间分隔，以保安全。

有爆炸危险的多层厂房的平面设备布置，其原则基本上与单层厂房相同，但对多层厂房不应将有爆炸危险的设备集中布置在底层或夹在中间层。应将有爆炸危险的生产设备集中布置在顶层或厂房一端的各楼层。

（2）采用耐火、耐爆结构

对有爆炸危险的厂房，应选用耐火、耐爆较强的结构形式，以避免和减轻现场人员的伤亡和设备物资的损失。

厂房的结构形式有砖混结构、现浇钢筋混凝土结构、装配式钢筋混凝土结构和钢框架结构等。在选型时，应根据它们的特点以满足生产与安全的一致性及使用性和节约投资等方面的综合考虑。

钢结构厂房，其耐爆强度是很高的，但由于受热后钢材的强度大大下降，如温度升到500℃时，其强度只有原来的1/2，耐火极限低，在高温时将失去承受荷载的能力，所以对钢结构的厂房，其容许极限温度应控制在400℃以下。至于可发生400℃以上温度事故的厂房，如用钢结构则应在主要钢构件外包上非燃烧材料的被覆，被覆的厚度应满足耐火极限的要求，以保证钢构件不致因高温而降低强度。

（3）设置必要的泄压面积

有爆炸危险的厂房，应设置泄压轻质屋盖、泄压门窗、轻质外墙。布置泄压面，应尽可能靠近爆炸部位，泄压方向一般向上，侧面泄压应尽量避开人员集中场所、主要通道及能引起二次爆炸的车间、仓库。

对有爆炸危险厂房所规定的泄压面积与厂房体积的比值（m^2/m^3），应采用0.05～0.22的比值。当厂房体积超过1000m^3，采用上述比值有困难时，可适当降低，但不宜小于0.03m^2/m^3。

（4）设置防爆墙、防爆门、防爆窗

1）防爆墙应具有耐爆炸压力的强度和耐火性能。防爆墙上不应开通气孔道，不宜开普通门、窗、洞口，必要时应采用防爆门窗。

2）防爆窗的窗框及玻璃均应采用抗爆强度高的材料。窗框可用角钢、钢板制作。而玻璃则应采用夹层的防爆玻璃。

3）防爆门应具有很高的抗爆强度，需采用角钢或槽钢、工字钢拼装焊接制作门框骨架，门板则以抗爆强度高的装甲钢板或锅炉钢板制作。门的铰链装配时，应衬有青铜套轴和垫圈，门扇的周边衬贴橡皮带软垫，以排除因开关时由于摩擦碰撞可能产生的火花。

（5）不发火地面

不发火地面按构造材料性质可分为两大类，即不发火金属地面和不发火非金属地面。不发火金属地面，其材料一般常用铜板、铝板等有色金属制作。不发火非金属材料地面，又可分为不发火有机材料制造的地面，如沥青、木材、塑料橡胶等敷设的，由于这些材料的导电性差，具有绝缘性能，因此对导走静电不利，当用这种材料时，必须同时考虑导走静电的接地装置；另一种为不发火无机材料地面，是采用不发火水泥石砂、细石混凝土、水磨石等无机材料制造，骨料可选用石灰石、大理石、白云石等不发火材料，但这些石料在破碎时多采用球磨机加工，为防止可能带进的铁屑，在配料前应先用磁棒搅拌石子以吸掉钢屑铁粉，然后配料制成试块，进行试验，确认为不发火后才能正式使用。

在使用不发火混凝土制作地面时，分格材料不应使用玻璃，而应采用铝或铜条分格。

（6）露天生产场所内建筑物的防爆

敞开布置生产设备、装置，使生产实现露天化，可以不需要建造厂房。但按工艺过程的要求，尚需建造中心控制室、配电室、分析室、办公室、生活室等用房，这些建筑通常设置在有爆炸危险场所内或附近。这些建筑自身内部不产生爆炸性物质，但它处于有爆炸危险场所范围，生产设备、装置或物料管道的跑、冒、滴、漏而逸出或挥发的气体，有可能扩散到这些建筑物内，而这些建筑物在使用过程中又有产生各种火源的可能，一旦着火爆炸将波及整个露天装置区域，所以这些建筑必须采取有效的防爆措施。包括：

1）保持室内正压。一般采用机械送风，使室内维持正压，从而避免室内爆炸性混合物的形成，排除形成爆炸的条件。送风机的空气引入口必须置于气体洁净的地方，防止可燃气体或蒸气的吸入。

2）开设双门斗。

3）设耐爆固定窗。

4）采用耐爆结构。

5）室内地面应高出露天生产界区地面。

6）当由于工艺布置要求建筑留有管道孔隙及管沟时，管道孔隙要采取密封措施，材料应为非燃烧体填料；管沟则应设置阻火分隔密封。

（7）排水管网的防爆

应采取合理的排水措施，连接下水主管道处应设水封井。对工艺物料管道、热力管道、电缆等设施的地面管沟，为防止可燃气体或蒸气扩散到其他车间的管沟空间，应设置阻火分隔设施。如在地面管沟中段或地下管沟穿过防爆墙外设阻火分隔沟坑。坑内填满干砂或碎石以阻止火焰蔓延及可燃气体或蒸气、粉尘扩散窜流。

（8）防火间距

在设计总平面布置时，留有足够的防火间距。在此间距间不得有任何建构筑物和堆放危险品。防火间距计算方法是以建筑物外墙凸出部分算起；铁路的防火间距，是从铁路中心线算起；公路的防火间距是从邻近一边的路边算起。

防火间距的确定，应以生产的火灾危险性大小及其特点来综合评定。其考虑原则是：

1）发生火灾时，直接与其相邻的装置或设施不会受到火焰加热；

2）邻近装置中的可燃物（或厂房），不会被辐射热引燃；

3）要考虑燃烧着的液体从火灾地点流不到或飞散不到其他地点的距离。

我国现行的设计防火规范，如《建筑设计防火规范》、《石油化工企业设计防火规范》等，对各种不同装置、设施、建筑物的防火间距均有明确规定，在总平面布置设计时，都应遵照执行。

（9）安全疏散设施及安全疏散距离

安全疏散设施包括安全出口，即疏散门、过道、楼梯、事故照明和排烟设施等。一般来说，安全出口的数目不应少于两个（层面面积小、现场作业人员少者例外）；过道、楼梯的宽度是根据层面能容纳的最多人数在发生事故时能迅速撤出现场为依据而设计的，所以必须保证畅通，不得随意堆物，更不能堆放易燃易爆物品。疏散门应向疏散方向开启，不能采用吊门和侧拉门，严禁采用转门，要求在内部可随时推动门把手开门，门上禁止上锁。疏散门不应设置门槛。

为防止在发生事故时照明中断而影响疏散工作的进行，在人员密集的场所、地下建筑等疏散过道和楼梯上均应设置事故照明和安全疏散标志，照明应是专用的电源。

甲、乙、丙类厂房和高层厂房的疏散楼梯应采用封闭楼梯间，高度超过 32m 且每层人数在 10 人以上的，宜采用防烟楼梯间或室外楼梯。

（八）消防设施

在进行工厂设计时，必须同时进行消防设计。在采取有效的防火措施的同时应根据工厂的规模、火灾危险性和相邻单位消防协作的可能性，设置相应的灭火设施。

1. 消防用水

消防用水量应为同一时间内火灾次数与一次灭火用水量的乘积。在考虑消防用水时，首先应确定工厂在同一时间内的火灾次数。

一次灭火用水量应根据生产装置区、辅助设施区的火灾危险性、规模、占地面积、生产工艺的成熟性以及所采用的防火设施等情况，综合考虑确定。

2. 消防给水设施

（1）消防水池或天然水源，可作为消防供水源。当利用此类水源时，应有可靠的吸水设施，并保证枯水时最低消防用水量，消防水池不得被易燃可燃液体污染。

（2）消防给水管道是保证消防用水的给水管道，可与生活、生产用水的水道合并，如不经济或不可能，则设独立管道。低压消防给水系统不宜与循环冷却水系统合并，但可作备用水源。消防给水管道可采用低压或高压给水。采用低压给水时，管道压力应保证在消防用水达到设计用水量时不低于 15m（从地面算起）；采用高压给水时，其压力宜为 0.7～1.2MPa。

（3）消防给水管网应采用环状布置，其输水干管不应少于两条，目的在于当其中一条发生事故时仍能保证供水。环状管道应用阀分成若干段，此阀应常开，以便检修时使用。

（4）室外消火栓应沿道路设置，便于消防车吸水，设置数量由消火栓的保护半径和室外消防用水量确定。低压给水管网室外消火栓保护半径，不宜超过 120m。露天生产装置的消火栓宜在装置四周设置。当装置宽度大于 120m 时，可在装置内的路边增设。易燃、可燃液体罐区及液化石油气罐区的消火栓应该设在防火堤外。

（5）设有消防给水的建筑物，各层均应设室内消火栓；甲、乙类厂房室内消火栓的距离不应大于 30m。宜设置在明显易于取用的地点，栓口离地面高度为 1.1m。

3. 露天装置区消防给水

石油化工企业露天装置区有大量高温、高压（或负压）的可燃液体或气体、金属设备、塔器等，一旦火警，必须及时冷却防止火势扩大。故应设灭火、冷却消防给水设施。

（1）消防供水竖管。即输送泡沫液或消防水的主管，根据需要设置，在平台上应有接口，在竖管旁设消防水带箱，备齐水带、水枪和泡沫管枪。

（2）冷却喷淋设备。当塔器、容器的高度超过 30m 时，为确保火灾时及时冷却，宜设固定冷却设备。

（3）消防水幕。有些设备在不正常情况下会泄出可燃气体，有的设备则具有明火或高温，对此可采用水幕分隔保护，也有用蒸汽幕的。消防水幕应具有良好的均匀连续性。

（4）带架水枪。在危险性较大且较高的设备四周，宜设置固定的带架水枪（水炮）。一般，炼制塔群和框架上的容器除有喷淋、水幕设施外，再设带架水枪。

4. 灭火器

厂内除设置全厂性的消防设施外，还应设置小型灭火器和其他简易的灭火器材，其种类及数量，应根据场所的火灾危险性、占地面积及有无其他消防设施等情况综合全面考虑。

5. 消防站

消防站是消防力量的固定驻地。油田、石油化工厂、炼油及其他大型企业，应建立本厂的消防站。其布置应该是消防队接到火警后 5min 内消防车能到达消防管辖区（或厂区）最远点的甲、乙、丙类生产装置、厂房或库房；按行车距离计，消防站的保护半径不应大于 2.5km，对于丁类、戊类火灾危险性场所，也不宜超过 4km。

消防车辆应按扑救工厂一处最大火灾的需要进行配备。

消防站应装设不少于 2 处同时报警的受警电话和有关单位的联系电话。

6. 消防供电

为了保证消防设备不间断供电，应考虑建筑物的性质、火灾危险性、疏散和火灾扑救难度等因素。

鉴于消防水泵、消防电梯、火灾事故照明、防烟、排烟等消防用电设备在火灾时必须确保运行，而平时使用的工作电源发生火灾时又必须停电，从保障安全和方便使用出发，消防用电设备配电线路应设置单独的供电回路，即要求消防用电设备配电线路与其他动力、照明线路（从低压配电室至最末一级配电箱）分开单独设置，以保证消防设备用电。为避免在紧急情况下操作失误，消防配电设备应有明显标志。

为了便于安全疏散和火灾扑救，在有众多人员聚集的大厅及疏散出口处、高层建筑的疏散走道和出口处、建筑物内封闭楼梯间、防烟楼梯间及其前室，以及消防控制室、消防水泵房等处应设置事故照明。

（九）其他防火、防爆对策措施

1. 生产装置的供暖设计，应符合《工业建筑供暖通风和空气调节设计规范》GB 50019—2015 的要求。

2. 生产过程中，散发可燃气体、蒸气、粉尘与供暖管道、散热器表面接触能引起燃烧的厂房；生产过程中，散发的粉尘受到水、水蒸气的作用能引起自燃、爆炸的厂房，应采用不循环使用的热风供暖。

3. 在散发可燃粉尘、纤维的厂房内，集中供暖的热媒温度，不能过高。易燃易爆生产厂房不得采用火炉或其他明火供暖。

4. 有燃烧爆炸危险的气体或粉尘的不供暖的厂房内，不应有供暖管道穿过。

5. 生产过程必须有可靠的供电、供气（汽）、供水等公用工程系统，对"特别危险场所"应设置双电源供电或备用电源，重要的控制仪表应设置不间断电源（UPS）。"特别危险场所"和"高度危险场所"应设置排除险情装置。

6. 建筑物的朝向应有利于火灾、爆炸危险气体的散发；厂房应有足够的泄压面积和必要的安全通道（如：生产控制室在背向生产设备的一侧设安全通道）。

7. 根据《危险化学品安全管理条例》（国务院令第591号）等有关规定，严格限制火灾爆炸危险物料的加工、处理量和储存量。库房内的火灾爆炸危险物品必须分类存放，并有明显的货物标志，留有足够的垛距、墙距、顶距和安全通道。

8. 按煤、黄磷、硝化纤维胶片等自燃物品的性能，采取定期（或自动）测温、通风（喷淋）降温措施和防止自燃的储存方式。

9. 为防止电子计算机房火灾事故的发生，电子计算机房的设计应严格执行《电子信息系统机房设计规范》GB 50174—2008。

三、电气安全对策措施

以防触电、防电气火灾爆炸、防静电和防雷击为重点，提出防止电气事故的对策措施。

（一）防触电

为防止人体直接、间接和跨步电压触电（电击、电伤），应采取以下措施：

1. 接零、接地保护系统

按电源系统中性点是否接地，分别采用保护接零（TN-S，TN-C-S，TN-C系统）或保护接地（TT，IT系统）。在建设项目中，中性点接地的低压电网应优先采用TN-S，TN-C-S保护系统。

2. 漏电保护

按《剩余电流动作保护装置安装和运行》GB 13955—2005的要求，在电源中性点直接接地的TN，TT保护系统中，在规定的设备、场所范围内必须安装漏电保护器（部分标准称作漏电流动作保护器、剩余电流动作保护器）和实现漏电保护器的分级保护。对一旦发生漏电、切断电源时，会造成事故和重大经济损失的装置和场所，应安装报警式漏电保护器。

不允许停电的特殊设备和场所、公共场所的应急照明和安全设备、防盗报警电源、消防电梯和消防设备电源均应安装报警式漏电保护器。

3. 绝缘

指根据环境条件（潮湿、高温、有导电性粉尘、腐蚀性气体、金属占有系数大的工作环境，如：机加工、铆工、电炉电极加工、锻工、铸工、酸洗、电镀、漂染车间和水泵房、空压站、锅炉房等场所）选用加强绝缘或双重绝缘（Ⅱ类）的电动工具、设备和导线，采用绝缘防护用品（绝缘手套、绝缘鞋、绝缘垫等）、不导电环境（地面、墙面均用不导电材料制成）。上述设备和环境均不得有保护接零或保护接地装置。

4. 电气隔离

采用原、副边电压相等的隔离变压器，实现工作回路与其他回路电气上的隔离。在隔离变压器的副边构成一个不接地隔离回路（工作回路），可阻断在副边工作的人员单相触电时电击电流的通路。隔离变压器的原、副边间应有加强绝缘，副边回路不得与其他电气回路、大地、保护接零（地）线有任何连接；应保证隔离回路（副边）电压$U \leqslant 500V$、线路长度$L \leqslant 200m$，且副边电压与线路长度的乘积$U \cdot L \leqslant 100000Vm$；副边回路较长时，还应装设绝缘监测装置；隔离回路带有多台用电设备时，各设备金属外壳间应采取等电位连接措施，所用的插座应带有供等电位连接的专用插孔。

5. 安全电压（或称安全特低电压）

直流电源采用低于120V的电源。交流电源用专门的安全隔离变压器（或具有同等隔离能力的发电机、独立绕组的变流器、电子装置等）提供安全电压电源（42V，36V，24V，12V，6V）并使用Ⅲ类设备、电动工具和灯具。应根据作业环境和条件选择工频安全电压额定值（如在潮湿、狭窄的金属容器、隧道、矿井等工作的环境，宜采用12V安全电压）。

用于安全电压电路的插销、插座应使用专用的插销、插座，不得带有接零或接地插头和插孔；安全电压电源的原、副边均应装设熔断器作短路保护。当电气设备采用超过24V安全电压时，必须采取防止直接接触带电体的保护措施。

6. 屏护和安全距离

屏护包括屏蔽和障碍。是指能防止人体有意、无意触及或过分接近带电体的遮拦、护罩、护盖、箱匣等装置，是将带电部位与外界隔离、防止人体误入带电间隔的简单、有效的安全装置。例如：开关盒、母线护网、高压设备的围栏、变配电设备的遮拦等。

安全距离是指有关规程明确规定的、必须保持的带电部位与地面、建筑物、人体、其他设备、其他带电体、管道之间的最小电气安全空间距离。安全距离的大小取决于电压的高低、设备的类型和安装方式等因素，设计时必须严格遵守规定的安全距离。当无法达到时，还应采取其他安全技术措施。

7. 连锁保护

设置防止误操作、误入带电间隔等造成触电事故的安全连锁保护装置。

例如：变电所的程序操作控制锁、双电源的自动切换连锁保护装置、打开高压危险设备的屏护时的报警和带电装置自动断电保护装置、电焊机空载断电或降低空载电压装置等。

8. 其他对策措施

防止间接触电的电气间隔、等电位环境和不接地系统防止高压窜入低压的措施等。

（二）电气防火、防爆对策措施

1. 危险环境的划分

为正确选用电气设备、电气线路和各种防爆设施，必须正确划分所在环境危险区域的大小和级别。

（1）气体、蒸气爆炸危险环境

根据爆炸性气体混合物出现的频繁程度和持续时间，可将危险环境分为0区、1区和

2区。

通风情况是划分爆炸危险区域的重要因素。划分危险区域时，应综合考虑释放源和通风条件，并应遵循以下原则：

良好的通风可使爆炸危险区域的范围缩小或可忽略不计，或可使其等级降低，甚至划分为非爆炸危险区域。因此，释放源应尽量采用露天、开敞式布置，达到良好的自然通风以减低危险性和节约投资。相反，若通风不良或通风方向不当，可使爆炸危险区域范围扩大，或使危险等级提高。即使在只有一个级别释放源的情况下，不同的通风方式也可能把释放源周围的范围变成不同等级的区域。

释放源处于无通风的环境时，可能提高爆炸危险区域的等级，连续级或第一级释放源可能导致0区，第二级释放源可能导致1区。

在障碍物、凹坑、死角等处，由于通风不良，局部地区的等级要提高，范围要扩大。另一方面，堤或墙等障碍物有时可能限制爆炸性混合物的扩散而缩小爆炸危险范围（应同时考虑到气体或蒸气的密度）。

（2）粉尘、纤维爆炸危险环境

粉尘、纤维爆炸危险区域是指生产设备周围环境中，悬浮粉尘、纤维量足以引起爆炸以及在电气设备表面会形成层积状粉尘、纤维而可能形成自燃或爆炸的环境。在 GB 4208—2008 中，根据爆炸性气体混合物出现的频繁程度和持续时间，将此类危险环境划为 10 区和 11 区。

（3）火灾危险环境

火灾危险环境分为 21 区、22 区和 23 区，与旧标准 H－1 级、H－2 级和 H－3 级火灾危险场所一一对应，分别为有可燃液体、有可燃粉尘或纤维、有可燃固体存在的火灾危险环境。

2. 爆炸危险环境中电气设备的选用

选择电气设备前，应掌握所在爆炸危险环境的有关资料，包括环境等级和区域范围划分，以及所在环境内爆炸性混合物的级别、组别等有关资料。

应根据电气设备使用环境的等级、电气设备的种类和使用条件选择电气设备。所选用的防爆电气设备的级别和组别不应低于该环境内爆炸性混合物的级别和组别。当存在两种以上的爆炸性物质时，应按混合后的爆炸性混合物的级别和组别选用。如无据可查又不可能进行试验时，可按危险程度较高的级别和组别选用。

爆炸危险环境内的电气设备必须是符合现行国家标准并有国家检验部门防爆合格证的产品。

爆炸危险环境内的电气设备应能防止周围化学、机械、热和生物因素的危害，应与环境温度、空气湿度、海拔高度、日光辐射、风沙、地震等环境条件下的要求相适应。其结构应满足电气设备在规定的运行条件下不会降低防爆性能的要求。

在爆炸危险环境，应尽量少用携带式设备和移动式设备，应尽量少安装插销座。

采用非防爆型设备隔墙机械传动时，隔墙必须是非燃烧材料的实体墙，穿轴孔洞应当封堵，安装电气设备的房间的出口只能通向非爆炸危险环境；否则，必须保持正压。

3. 防爆电气线路

在爆炸危险环境中，电气线路安装位置、敷设方式、导体材质、连接方法等的选择均应根据环境的危险等级进行。

4. 电气防火防爆的基本措施

（1）消除或减少爆炸性混合物

消除或减少爆炸性混合物属一般性防火防爆措施。例如，采取封闭式作业，防止爆炸性混合物泄漏；清理现场积尘，防止爆炸性混合物积累；设计正压室，防止爆炸性混合物侵入；采取开式作业或通风措施，稀释爆炸性混合物；在危险空间充填惰性气体或不活泼气体，防止形成爆炸性混合物；安装报警装置等。

在爆炸危险环境，如有良好的通风装置，能降低爆炸性混合物的浓度，从而降低环境的危险等级。

蓄电池可能有氢气逸出，应有良好的通风。变压器室一般采用自然通风，若采用机械通风时，其送风系统不应与爆炸危险环境的送风系统相连，且供给的空气不应含有爆炸性混合物或其他有害物质。几间变压器室共用一套送风系统时，每个送风支管上应装防火阀，其排风系统应独立装设。排风口不应设在窗口的正下方。

（2）隔离和间距

隔离是将电气设备分室安装，并在隔墙上采取封堵措施，以防止爆炸性混合物进入。电动机隔墙传动时，应在轴与轴孔之间采取适当的密封措施；将工作时产生火花的开关设备装于危险环境范围以外（如墙外）；采用室外灯具通过玻璃窗给室内照明等都属于隔离措施。将普通拉线开关浸泡在绝缘油内运行，并使油面有一定高度，保持油的清洁；将普通日光灯装入高强度玻璃管内，并用橡皮塞严密堵塞两端等都属于简单的隔离措施。

变、配电室与爆炸危险环境或火灾危险环境毗邻时，隔墙应用非燃性材料制成。与1区和10区环境共用的隔墙上，不应有任何管线、沟道穿过；与2区或11区环境共用的隔墙上，只允许穿过与变、配电室有关的管线和沟道，孔洞、沟道应用非燃性材料严密堵塞。

毗邻变、配电室的门及窗应向外开，并通向无爆炸或火灾危险的环境。

室外变、配电站与建筑物、堆场、储罐应保持规定的防火间距，且变压器油量越大，建筑物耐火等级越低及危险物品储量越大，所要求的间距也越大，必要时可加防火墙。露天变配电装置不应设置在易于沉积可燃粉尘或可燃纤维的地方。

为了防止电火花或危险温度引起火灾，开关、插销、熔断器、电热器具、照明器具、电焊设备和电动机等均应根据需要，适当避开易燃物或易燃建筑构件。起重机滑触线的下方不应堆放易燃物品。

10kV及其以下架空线路，严禁跨越火灾和爆炸危险环境；当线路与火灾和爆炸危险环境接近时，其间水平距离一般不应小于杆柱高度的1.5倍；在特殊情况下，采取有效措施后允许适当减小距离。

（3）消除引燃源

为了防止出现电气引燃源，应根据爆炸危险环境的特征和危险物的级别和组别选用电气设备和电气线路，并保持电气设备和电气线路安全运行。安全运行包括电流、电压、温升和温度等参数不超过允许范围，还包括绝缘良好、连接和接触良好、整体完好无损、清洁、标志清晰等。

在爆炸危险环境，应尽量少用携带式电气设备，少装插销座和局部照明灯。为了避免产生火花，在爆炸危险环境更换灯泡应停电操作。在爆炸危险环境内一般不应进行测量操作。

（4）爆炸危险环境接地和接零

在爆炸危险环境，必须将所有设备的金属部分、金属管道以及建筑物的金属结构全部接地（或接零）并连接成连续整体，以保持电流途径不中断。接地（或接零）干线宜在爆炸危险环境的不同方向且不少于两处与接地体相连，连接要牢固，以提高可靠性。

单相设备的工作零线应与保护零线分开，相线和工作零线均应装有短路保护元件，并装设双极开关同时操作相线和工作零线。1区和10区的所有电气设备和2区除照明灯具以外，其他电气设备应使用专门接地（或接零）线，而金属管线、电缆的金属包皮等只能作为辅助接地（或接零）。除输送爆炸危险物质的管道以外，2区的照明器具和20区的所有电气设备，允许利用连接可靠的金属管线或金属桁架作为接地（或接零）线。

在不接地配电网中，必须装设一相接地时或严重漏电时能自动切断电源的保护装置或能发出声、光双重信号的报警装置。在变压器中性点直接接地的配电网中，为了提高可靠性，缩短短路故障持续时间，系统单相短路电流应当大一些。

（三）防静电对策措施

为预防静电妨碍生产、影响产品质量、引起静电电击和火灾爆炸，从消除、减弱静电的产生和积累着手采取对策措施。

1. 工艺控制

从工艺流程、材料选择、设备结构和操作管理等方面采取措施，减少、避免静电荷的产生和积累。

对因经常发生接触、摩擦、分离而起电的物料和生产设备，宜选用在静电起电极性序列表中位置相近的物质（或在生产设备内衬配与生产物料相同的材料层），或生产设备采取合理的物质组合使分别产生的正、负电荷相互抵消，最终达到起电最小的目的。选用导电性能好的材料，可限制静电的产生和积累。

在搅拌过程中，适当安排加料顺序和每次加料量，可降低静电电压。

用金属齿轮传动代替皮带传动，采用导电皮带轮和导电性能较好的皮带（或皮带涂以导电性涂料），选择防静电运输皮带、抗静电滤料等。

在生产工艺设计上，控制输送、卸料、搅拌速度，尽可能使有关物料接触压力较小、接触面积较小、接触次数较少、运动和分离速度较慢。

生产设备和管道内、外表面应光滑平整、无棱角，容器内避免有静电放电条件的细长导电性突出物，管道直径不应有突变，避免粉料不正常滞留、堆积和飞扬等。还应配备密闭、清扫和排放粉料的装置。

带电液体、强带电粉料经过静电发生区后，工艺上应设置静电消散区（如设置缓和容器和静停时间等），避免静电积累。

尽量减少带电液体的杂质和水分，可燃液体表面禁止存在不接地导体漂浮物；气流输送物料系统内应防止金属导体混入，形成对地绝缘导体。

2. 泄漏

生产设备和管道应避免采用静电非导体材料制造。所有存在静电引起爆炸和静电影响生产的场所，其生产装置（设备和装置外壳、管道、支架、构件、部件等）都必须接地，使已产生的静电电荷尽快对地泄漏、散失。对金属生产装置应采用直接静电接地，非金属静电导体和静电亚导体的生产装置则应作间接接地。

金属导体与非金属静电导体、静电亚导体互相联结时，接触面之间应加降低接触电阻的金属箔或涂导电性涂料。

必要时，还应采取将局部环境相对湿度增至 50％～70％以上和将亲水性绝缘材料增湿以降低绝缘体表面电阻；或加适量防静电添加剂（石墨、炭黑、金属粉、合成脂肪酸盐、油酸等）来降低物料的电阻率等措施，加速静电的泄漏。

在气流输送系统的管道中央，顺流向加设两端接地的金属线以降静电电位。

装卸甲、乙和丙A类的油品的场所（包括码头），应设有为油罐车（轮船）等移动式设备跨接的防静电接地装置；移动式设备、油品装卸设备均应静电接地连接。

移动设备在工艺操作或运输之前，就将接地工作做好；工艺操作结束后，经过规定的静置时间，才能拆除接地线。

在爆炸危险场所的工作人员禁止穿戴化纤、丝绸衣物，应穿戴防静电的工作服、鞋、手套；火药加工场所，必要时操作人员应佩戴接地的导电的腕带、腿带和围裙；地面均应配用导电地面。

生产现场使用静电导体制作的操作工具，应予接地。

禁止采用直接接地的金属导体或筛网与高速流动的可燃粉末接触的方法消除静电。

3. 中和

采用各类感应式、高压电源式和放射源式等静电消除器（中和器）消除（中和）、减少静电非导体的静电，各类静电消除器的接地端应按说明书的要求进行接地。

4. 屏蔽

用屏蔽体来屏蔽非带电体，能使之不受外界静电场的影响。

5. 综合措施

综合采取工艺、泄漏、中和、屏蔽等措施，使系统的静电电位、泄漏电阻、空间平均电场强度、面电荷密度等参数控制在各行业、专业标准规定的限值范围内。

6. 其他措施

根据行业、专业有关静电标准（化工、石油、橡胶、静电喷漆等）的要求，应采取的其他对策措施。

（四）防雷对策措施

1. 直击雷防护

第一类防雷建筑物、第二类防雷建筑物和第三类防雷建筑物的易受雷击部位应采取防直击雷的防护措施；可能遭受雷击，且一旦遭受雷击后果比较严重的设施或堆料（如装卸油台、露天油罐、露天储气罐等）也应采取防直击雷的措施；高压架空电力线路、发电厂和变电站等也应采取防直击雷的措施。

装设避雷针、避雷线、避雷网、避雷带是直击雷防护的主要措施。

避雷针分独立避雷针和附设避雷针。独立避雷针是离开建筑物单独装设的。一般情况下，其接地装置应当单设，接地电阻一般不应超过 10Ω。严禁在装有避雷针的建筑物上架设通信线、广播线或低压线。利用照明灯塔作独立避雷针支柱时，为了防止将雷电冲击电压引进室内，照明电源线必须采用铅皮电缆或穿入铁管，并将铅皮电缆或铁管埋入地下。

独立避雷针不应设在人经常通行的地方。

附设避雷针是装设在建筑物或构筑物屋面上的避雷针。多支附设避雷针相互之间应连接起来，有其他接闪器者（包括屋面钢筋和金属屋面）也应相互连接起来，并与建筑物或构筑物的金属结构连接起来。其接地装置可以与其他接地装置共用，宜沿建筑物或构筑物四周敷设，其接地电阻不宜超过 $1\sim2\Omega$。如利用自然接地体，为了可靠起见，还应装设人工接地体。人工接地体的接地电阻不宜超过 5Ω。装设在建筑物屋面上的接闪器应当互相连接起来，并与建筑物或构筑物的金属结构连接起来。建筑物混凝土内用于连接的单一钢筋的直径不得小于 10mm。

露天装设的有爆炸危险的金属储罐和工艺装置，当其壁厚不小于 4mm 时，一般可不再装设接闪器，但必须接地。接地点不应少于两处，其间距不应大于 30m，冲击接地电阻不应大于 30Ω。

利用山势装设的远离被保护物的避雷针或避雷线，不得作为被保护物的主要直击雷防护措施。

防雷装置承受雷击时，其接闪器、引下线和接地装置呈现很高的冲击电压，可能击穿与邻近的导体之间的绝缘，造成二次放电。二次放电可能引起爆炸和火灾，也可能造成电击。为了防止二次放电，不论是空气中还是地下，都必须保证接闪器、引下线、接地装置与邻近导体之间有足够的安全距离。冲击接地电阻越大，被保护点越高，避雷线支柱越高及避雷线挡距越大，则要求防止二次放电的间距越大。在任何情况下，第一类防雷建筑物防止二次放电的最小间距不得小于 3m，第二类防雷建筑物防止二次放电的最小间距不得小于 2m。不能满足间距要求时，应予跨接。

为了防止防雷装置对带电体的反击事故，在可能发生反击的地方，应加装避雷器或保护间隙，以限制带电体上可能产生的冲击电压。降低防雷装置的接地电阻，也有利于防止二次放电事故。

2. 感应雷防护

雷电感应也能产生很高的冲击电压，在电力系统中应与其他过电压同样考虑；在建筑物和构筑物中，应主要考虑由二次放电引起爆炸和火灾的危险。无火灾和爆炸危险的建筑物及构筑物一般不考虑雷电感应的防护。

为了防止静电感应产生的高电压，应将建筑物内的金属设备、金属管道、金属的架、钢室架、钢窗、电缆金属外皮，以及突出屋面的放散管、风管等金属物件与防雷电感应的接地装置相连。屋面结构钢筋宜绑扎或焊接成闭合回路。

根据建筑物的不同屋顶，应采取相应的防止静电感应的措施。对于金属屋顶，应将屋顶妥善接地；对于钢筋混凝土屋顶，应将屋面钢筋焊成边长 $5\sim12m$ 的网格，连成通路并予以接地；对于非金属屋顶，宜在屋顶上加装边长 $5\sim12m$ 的金属网格，并予以接地。屋顶或其上金属网格的接地可以与其他接地装置共用。防雷电感应接地干线与接地装置的连接不得少于 2 处。

为防止电磁感应，平行敷设的管道、构架、电缆相距不到 100mm 时，须用金属线跨接，跨接点之间的距离不应超过 30m；交叉相距不到 100mm 时，交叉处也应用金属线跨接。

此外，管道接头、弯头、阀门等连接处的过渡电阻大于 0.03Ω 时，连接处也应用金属线跨接。在非腐蚀环境，对于5根及5根以上螺栓连接的法兰盘，以及对于第二类防雷建筑物可不跨接。

防电磁感应的接地装置也可与其他接地装置共用。

3.雷电侵入波防护

雷击低压线路时，雷电侵入波将沿低压线传入用户，进入户内。特别是采用木杆或木横担的低压线路，由于其对地冲击绝缘水平很高，会使很高的电压进入户内，酿成大面积雷害事故。除电气线路外，架空金属管道也有引入雷电侵入波的危险。

对于建筑物，雷电侵入波可能引起火灾或爆炸，也可能伤及人身。因此，必须采取防护措施。

条件许可时，第一类防雷建筑物全长宜采用直接埋地电缆供电；爆炸危险较大或年平均雷暴日30d/a以上的地区，第二类防雷建筑物应采用长度不小50m的金属铠装直接埋地电缆供电。

户外天线的馈线临近避雷针或避雷针引下线时，馈线应穿金属管线或采用屏蔽线，并将金属管屏蔽接地。如果馈线未穿金属管，又不是屏蔽线，则应在馈线上装设避雷器或放电间隙。

4.电子设备防雷

依据电子设备受雷电影响程度、环境条件、工作状态和电子设备的介质绝缘强度、耐流量、阻抗，确定受保护设备的耐过电压能力的等级，通过在电路上串联或并联保护元件，切断或短路直击雷、雷电感应引起的过电压，保护电子设备不受到破坏。常用的保护元件有气体放电管、压敏电阻、热线圈、熔丝、排流线圈、隔离变压器等。保护电路的设计、保护元件的选用和安装位置以及应采取的其他措施均应符合《电子设备雷击试验方法》GB/T 3482—2008的规定。

四、机械伤害防护措施

（一）安全防护措施

安全防护是通过采用安全装置、防护装置或其他手段，对一些机械危险进行预防的安全技术措施，其目的是防止机器在运行时产生各种对人员的接触伤害。防护装置和安全装置有时也统称为安全防护装置。安全防护的重点是机械的传动部分、操作区、高处作业区、机械的其他运动部分、移动机械的移动区域，以及某些机器由于特殊危险形式需要采取的特殊防护等。采用何种手段防护，应根据对具体机器进行风险评价的结果来决定。

1.安全防护装置的一般要求

安全防护装置必须满足与其保护功能相适应的安全技术要求，其基本安全要求如下：结构形式和布局设计合理，具有切实的保护功能，以确保人体不受到伤害；结构要坚固耐用，不易损坏；安装可靠，不易拆卸；装置表面应光滑、无尖棱利角，不增加任何附加危险，不应成为新的危险源；装置不容易被绕过或避开，不应出现漏保护区；满足安全距离的要求，使人体各部位（特别是手或脚）无法接触危险；不影响正常操作，不得与机械的任何可动零部件接触；对人的视线障碍最小；便于检查和修理。

2.安全防护装置的设置原则

安全防护装置的设置原则有以下几点：以操作人员所站立的平面为基准，凡高度在

2m 以内的各种运动零部件应设防护；以操作人员所站立的平面为基准，凡高度在 2m 以上，有物料传输装置、皮带传动装置以及在施工机械施工处的下方，应设置防护；凡在坠落高度基准面 2m 以上的作业位置，应设置防护；为避免挤压伤害，直线运动部件之间或直线运动部件与静止部件之间的间距应符合安全距离的要求；运动部件有行程距离要求的，应设置可靠的限位装置，防止因超行程运动而造成伤害；对可能因超负荷发生部件损坏而造成伤害的，应设置负荷限制装置；有惯性冲撞运动部件必须采取可靠的缓冲装置，防止因惯性而造成伤害事故；运动中可能松脱的零部件必须采取有效措施加以紧固，防止由于启动、制动、冲击、振动而引起松动；每台机械都应设置紧急停机装置，使已有的或即将发生的危险得以避开。紧急停机装置的标识必须清晰、易识别，并可迅速接近其装置，使危险过程立即停止并不产生附加风险。

3. 安全防护装置的选择

选择安全防护装置的形式应考虑所涉及的机械危险和其他非机械危险，根据运动件的性质和人员进入危险区的需要决定。对特定机器安全防护应根据对该机器的风险评价结果进行选择。

（1）机械正常运行期间操作者不需要进入危险区的场合

操作者不需要进入危险区的场合，应优先考虑选用固定式防护装置，包括进料、取料装置，辅助工作台，适当高度的栅栏及通道防护装置等。

（2）机械正常运转时需要进入危险区的场合

当操作者需要进入危险区的次数较多、经常开启固定防护装置会带来不便时，可考虑采用联锁装置、自动停机装置、可调防护装置、自动关闭防护装置、双手操纵装置、可控防护装置等。

（3）对非运行状态等其他作业期间需要进入危险区的场合

对于机器的设定、示教、过程转换、查找故障、清理或维修等作业，防护装置必须移开或拆除，或安全装置功能受到抑制，可采用手动控制模式、止—动操纵装置或双手操纵装置、点动—有限运动操纵装置等。

有些情况下，可能需要几个安全防护装置联合使用。

（二）履行安全人机工程学原则

1. 操纵（控制）器的安全人机学要求

操纵器的设计应考虑到功能、准确性、速度和力的要求，与人体运动器官的运动特性相适应，与操作任务要求相适应；同时，还应考虑由于采用个人防护装备（如防护鞋、手套等）带来的约束。操纵装置应满足以下安全人机学要求：

（1）操纵器的表面特征。操纵器的形状、尺寸、间隔和触感等表面特征的设计和配置，应使操作者的手或脚能准确、快速地执行控制任务，并使操作受力分布合理。

（2）操纵力和行程。操纵器的行程和操作力应根据控制任务、生物力学及人体测量参数选择，操纵力不应过大，使劳动强度增加；操纵行程不应超过人的最佳用力范围，避免操作幅度过大，引起疲劳。

（3）操纵器的布置。操纵器数量较多时，其布置与排列应以能确保安全、准确、迅速地操作来配置，可以根据控制器在过程中的功能和使用的顺序将它们分成若干部分。应首先考虑重要度和使用频率，同时兼顾人的操作习惯、操作顺序和逻辑关系；应尽可能给出明显指示正确动作次序的示意图，与相应的信号装置设在相邻位置或形成对应的空间关系，以保证正确有序的操作。

（4）操纵器的功能。各种操纵器的功能应易于辨认，避免混淆，使操作者能安全、即时地操作。必要时应辅以符合标准规定且容易理解的形象化符号或文字说明。当执行几种不同动作采用同一个操纵器时，每种动作的状态应能清晰地显示。例如，按压式操纵器，应能显示"接通"或"断开"的工作状态。

（5）操纵方向与系统过程的协调。操纵器的控制功能与动作方向应与机械系统过程的变化运动方向一致。控制动作、设备的应答和显示信息应相互适应和协调，同样操作模式的同类型机器应采用标准布置，以减少操作差错。

（6）防止附加风险。设有多个挡位的控制机构，应有可靠的定位措施，防止操作越位、意外触碰移位、因振动等原因自行移动；双手操作式的操纵器应保证安全距离，防止单手操作的可能；多人操作应有互锁装置，避免因多人动作不协调而造成危险；对关键的控制器应有防止误动作的保护措施，使操作不会引起附加风险。

2. 显示器的安全人机学要求

显示器是显示机械运行状态的装置，是人们用以观察和监控系统过程的手段。显示装置的设计、性能和形式选择、数量和空间布局等，均应符合信息特征和人的感觉器官的感知特性，使人能迅速、通畅、准确地接收信息。

显示装置应满足以下安全人机学要求：

（1）显示信息的形式。指示器、刻度盘和视觉显示装置的设计应在人能感知的参数和特征范围之内，显示形式（常见有数字式和指针式）、尺寸应便于察看，信息含义明确、耐久、清晰易辨。

（2）显示器的布置。当信号和显示器的数量较多时，在安全、准确、迅速的原则下，应根据其功能和显示的种类不同，根据工艺流程、重要程度和使用频度的要求，适应人的视觉习惯，按从左到右、从上到下的优先顺序，布置在操作者视距和听力的最佳范围内；还可依据过程的机能、测定种类等划分为若干部分顺序排列。

（3）显示器的数量。信号和显示器的种类与数量应符合信息的特性，要少而精，提供的信息量应控制在不超过人能接受的生理负荷限度内；信号显示的变化速率和方向应与主信息源变化的速率和方向相一致。

（4）危险信号和报警装置。对安全性有重大影响的危险信号和报警装置，应配置在机械设备相应的易发生故障或危险性较大的部位，优先采用声、光组合信号，其强度、对比性要明显区别并突出于其他信号。报警装置应与相关的操纵器构成一个整体或紧密相连。

3. 工作位置的安全性

确定操作者在机械上的作业区设计时，考虑人机系统的安全性和可靠性，合理布置机械设备上直接由人操作或使用的部件（包括各种显示器、操纵器、照明器），以及创造良好的与人的劳动姿势有关的工作空间、工作椅、作业面等条件，防止产生疲劳和发生事故。

（1）工作空间。对机械工作空间的设计应考虑到工作过程中对人身体所产生的约束条件，其工作空间应保证操作人员的头、臂、手、腿是有合乎心理要求和生理要求的充分的活动余地；危险作业点，应留有足够在意外情况下能避让的空间和安全通道。

必要时提供工作室，以防御外界的有害作用，保证操作者不受存在的危险（如灼热、气温、通风不良、视野、噪声、振动、上方落物）的伤害。工作室及装潢所用材料必须是耐燃的，有紧急逃难措施，视野良好，保证操作者在无任何危险情况下进行机械操作。

（2）工作台面。工作高度应适合于操作者的身体测量参数及所要完成的工作类型。工作面或工作台应设计得能满足安全、舒适的身体姿势；可使身体躯干挺直、舒展得开，身体重量能适当地得到支承；各种操作器应布置在人的相应器官功能可及的范围内。

（3）座位装置。座位结构及尺寸应符合人的解剖生理特点和功能的发挥，高低可调，以适应不同人员的需要。座椅须能承受相应载荷时不破坏，应将振动降低到合理的最低程度并满足工作需要和舒适的要求。

（4）良好的视野。操作者应在操作位置直接看到或通过监控装置了解到控制目标的运行状态，在主要操作位置能够确认没有人面临危险；否则，操纵系统的设计应该做到：每当机器要启动时，都能发出听觉或视觉警告信号，使面临危险的人有时间撤离，或能采取措施防止机械启动。

（5）高处作业位置。操作人员的工作位置在坠落基准面 2m 以上时，必须充分考虑脚踏和站立的安全性，配置供站立的平台、梯子和防坠落的栏杆或防护板等。若操作人员需要经常变换工作位置，还须配置走板宽度不小于 500mm 的安全通道。当机械设备的操作位置高度在 30m（含 30m）以上时，必须配置安全可靠的载人升降设备。

（6）工作环境。机械工作现场的环境应避免人员暴露于危险及有害物质（如温度、振动、噪声、粉尘、辐射、有毒）的影响中；在室外工作时，对不利的气候影响（如热、冷、风、雨、雪、冰）应提供适当的遮掩物；应满足照明要求，优先采用自然光，当工作环境照明不足时，辅之以机器的局部人工照明，光源的位置在使用中进行调整时不应引起任何危险。避免眩光、阴影和频闪效应引起的风险。

4. 操作姿势的安全要求

工作过程设计、操作的内容、重复程度及操作者对整个工作过程的控制，应避免超越操作者生理或心理的功能范围，养成良好的作业习惯，保持正确的操作姿势，保护作业人员的健康和安全，有利于完成预定工作。

（1）负载限度。机器各部分的布局要合理，减少操作者操作时来回走动、大幅度扭转或摆动，使操作时的姿势、用力、动作互相协调，避免用力过度或频率过快，还应保证负荷适量。超负荷使人产生疲劳，负荷不足或单调重复的工作会降低对危险的警惕性。

（2）工作节奏。设计机器时应考虑操作模式，人的身体动作应遵循自然节奏，避免将操作者的工作节奏与机器的自动连续循环相联系，否则，会使操作者处于被动配合状态，由于工作节奏过分紧张，产生疲劳而导致危险。

（3）作业姿势。身体姿势不应由于长时间的静态肌肉紧张而引起疲劳，机械设备上的操作位置，应能保证操作者可以变换姿势，交替采用坐姿和立姿。若两者必择其一，则优先选择坐姿，因坐姿稳定性好，并可同时解放手和脚进行操作。

（4）提供必要的支承。如果必须施用较大的肌力或需要在振动、颠簸环境下进行精细或连续调节的操作时，应该通过采取适宜的身体姿势并提供适当的身体支承，以保持操作平稳、准确。手控操纵器应提供依托装置；脚控操纵器应考虑在操作者有靠背座椅坐着的条件下使用。

（5）保持平衡。身体动作的幅度、强度、速度和节拍应互相协调，提供适合于不同操作者的调整机器的工具，使操作者保持操作姿势平衡，防止失稳跌倒，尤其是在高处作业时，更要特别注意。

（三）安全信息的使用

使用信息由文字、标记、信号、符号或图表组成，以单独或联合使用的形式，向使用者传递信息，用以指导使用者（专业或非专业）安全、合理、正确地使用机器。

1. 使用信息的一般要求

（1）明确机器的预定用途。使用信息应具备保证安全和正确使用机器所需的各项说明。

（2）规定和说明机器的合理使用方法。使用信息中应要求使用者按规定方法合理地使用机器，说明安全使用的程序和操作模式。对不按要求而采用其他方式操作机器的潜在风险，应提出适当的警告。

（3）通知和警告遗留风险。遗留风险是指通过设计和采用安全防护技术都无效或不完全有效的那些风险。通过使用信息，将其通知和警告使用者，以便在使用阶段采用补救安全措施。

（4）使用信息应贯穿机械使用的全过程。该过程包括运输、交付试验运转（装配、安装和调整）、使用（设定、示教或过程转换、运转、清理、查找故障和机器维修），如果需要的话还应包括解除指令、拆卸和报废处理在内的所有过程，都应提供必要的信息。这些使用信息在各阶段可以分开使用，也可以联合使用。

（5）使用信息不可用于弥补设计缺陷。不能代替应该由设计来解决的安全问题，使用信息只起提醒和警告的作用，不能在实质意义上避免风险。

2. 信息的使用根据

（1）风险的大小和危险的性质。根据风险大小可依次采用安全色、安全标志、警告信号，直到警报器。

（2）需要信息的时间。提示操作要求的信息应采用简洁的形式长期固定在所需的机器部位附近，显示状态的信息应与机器运行同步出现，警告超载的信息应在接近额定值时提前发出，危险紧急状态的信息应及时，持续的时间应与危险存在的时间一致，信号的消失应随危险状态而定。

（3）机器结构和操作的复杂程度。对于简单的机器，一般只需提供有关标志和使用操作说明书；对于结构复杂的机器，特别是有一些危险性的大型设备，除了各种安全标志和使用说明书（或操作手册）外，还应配备有关负载安全的图表、运行状态信号，必要时应提供报警装置等。

（4）视觉颜色与信息内容。红色表示禁止和停止，危险警报和要求立即处理的情况；红色闪光警告操作者状况紧急，应迅速采取行动；黄色提示注意和警告；绿色表示正常工作状态；蓝色表示需要执行的指令或必须遵守的规定。

3. 使用信息的配置位置和形式

（1）在机身上，可配置各种标志、信号、文字警告等；

（2）随机文件，如可配置操作手册、说明书等；

（3）其他方式，可根据需要，以适当的信息形式配置。

对重要信息（如须给出的各种警告信息），应采用标准化用语。

（四）起重作业的安全对策措施

起重吊装作业潜在的危险性是物体打击。如果吊装的物体是易燃、易爆、有毒、腐蚀性强的物料，若吊索吊具发生意外断裂、吊钩损坏或违反操作规程等发生吊物坠落，除有可能直接伤人外，还会将盛装易燃、易爆、有毒、腐蚀性强的物件包装损坏，介质流散出来，造成污染，甚至会发生火灾、爆炸、腐蚀、中毒等事故。起重设备在检查、检修过程中，存在着触电、高处坠落、机械伤害等危险性，汽车吊在行驶过程中存在着引发交通事故的潜在危险性。

1. 吊装作业人员必须持有 2 种作业证。吊装质量大于 10t 的物体应办理《吊装安全作业证》。

2. 吊装质量≥40t 的物体和土建工程主体结构，应编制吊装施工方案。吊物虽不足 40t，但在形状复杂、刚度小、长径比大、精密贵重、施工条件特殊的情况下，也应编制吊装施工方案。吊装施工方案经施工主管部门和安全技术部门审查，报主管厂长或总工程师批准后方可实施。

3. 各种吊装作业前，应预先在吊装现场设置安全警戒标志并设专人监护，非施工人员禁止入内。

4. 吊装作业中，夜间应有足够的照明，室外作业遇到大雪、暴雨、大雾及六级以上大风时，应停止作业。

5. 吊装作业人员必须佩戴安全帽，安全帽应符合《安全帽》GB 2811—2007 的规定，高处作业时应遵守厂区高处作业安全规程的有关规定。

6. 吊装作业前，应对起重吊装设备、钢丝绳、揽风绳、链条、吊钩等各种机具进行检查，必须保证安全可靠，不准带病使用。

7. 吊装作业时，必须分工明确、坚守岗位，并按《起重吊运指挥信号》GB 5082—1985 规定的联络信号，统一指挥。

8. 严禁利用管道、管架、电杆、机电设备等作吊装锚点。未经机动、建筑部门审查核算，不得将建筑物、构筑物作为锚点。

9. 吊装作业前必须对各种起重吊装机械的运行部位、安全装置以及吊具、索具进行详细的安全检查，吊装设备的安全装置应灵敏可靠。吊装前必须试吊，确认无误方可作业。

10. 任何人不得随同吊装重物或吊装机械升降。在特殊情况下，必须随之升降的，应采取可靠的安全措施，并经过现场指挥员批准。

11. 吊装作业现场如须动火时，应遵守厂区动火作业安全规程的有关规定。吊装作业现场的吊绳索、揽风绳、拖拉绳等应避免同带电线路接触，并保持安全距离。

12. 用定型起重吊装机械（履带吊车、轮胎吊车、桥式吊车等）进行吊装作业时，除遵守通用标准外，还应遵守该定型机械的操作规程。

13. 吊装作业时，必须按规定负荷进行吊装，吊具、索具经计算选择使用，严禁超负荷运行。所吊重物接近或达到额定起重吊装能力时，应检查制动器，用低高度、短行程试吊后，再平稳吊起。

14. 悬吊重物下方严禁站人、通行和工作。

15. 在吊装作业中，有下列情况之一者不准吊装：指挥信号不明；超负荷或物体质量不明；斜拉重物；光线不足、看不清重物；重物下站人，或重物越过人头；重物埋在地下；重物紧固不牢，绳打结、绳不齐；棱刃物体没有衬垫措施；容器内介质过满；安全装置失灵。

16. 汽车吊作业时，除要严格遵守起重作业和汽车吊的有关安全操作规程外，还应保证车辆的完好，不准带病运行，做到行驶安全。

五、有害因素控制对策措施

有害因素控制对策措施的原则是优先采用无危害或危害性较小的工艺和物料，减少有害物质的泄漏和扩展；尽量采用生产过程密闭化、机械化、自动化的生产装置（生产线）和自动监测、报警装置和连锁保护、安全排放等装置，实现自动控制、遥控或隔离操作。尽可能避免、减少操作人员在生产过程中直接接触产生有害因素的设备和物料，是优先采取的对策措施。

（一）预防中毒的对策措施

根据《职业性接触毒物危害程度分级》GBZ 230—2010、《工业企业设计卫生标准》GBZ 1—2010、《工作场所有害因素职业接触限值》GBZ 2—2007、《生产过程安全卫生要求总则》GB/T 12801—2008、《使用有毒物品作业场所劳动保护条例》（国务院令第 352 号）等，对物料和工艺、生产设备（装置）、控制及操作系统、有毒介质泄漏（包括事故泄漏）处理、抢险等技术措施进行优化组合，采取综合对策措施。

1. 物料和工艺

尽可能以无毒、低毒的工艺和物料代替有毒、高毒工艺和物料，是防毒的根本性措施。例如：应用水溶性涂料的电泳漆工艺、无铅字印刷工艺、无氰电镀工艺、用甲醛脂、醇类、丙酮、醋酸乙酯、抽余油等低毒稀料取代含苯稀料，以锌钡白、钛白代替油漆颜料中的铅白，使用无汞仪表消除生产、维护、修理时的汞中毒等。

2. 工艺设备（装置）

生产装置应密闭化、管道化、尽可能实现负压生产，防止有毒物质泄漏、外逸。生产过程机械化、程序化和自动控制可使作业人员不接触或少接触有毒物质，防止误操作造成的中毒事故。

3. 通风净化

受技术、经济条件限制，仍然存在有毒物质逸散且自然通风不能满足要求时，应设置必要的机械通风排毒、净化（排放）装置，使工作场所空气中有毒物质浓度限制到规定的最高容许浓度值以下。

机械通风排毒方法主要有全面通风换气、局部排风、局部送风三种。

（1）全面通风。在生产作业条件不能使用局部排风或有毒作业地点过于分散、流动时，采用全面通风换气。全面通风换气量应按机械通风除尘部分规定的原则计算。

（2）局部排风。局部排风装置排风量较小、能耗较低、效果好，是最常用的通风排毒方法。机械通风排毒的气流组织和局部通风排毒的设计，参照局部机械通风排尘部分。

（3）局部送风。局部送风主要用于有毒物质浓度超标、作业空间有限的工作场所，新鲜空气往往直接送到人的呼吸带，以防止作业人员中毒、缺氧。

（4）净化处理。对排出的有毒气体、液体、固体应有经过相应的净化装置处理，以达到环境保护排放标准。常用的净化方法有吸收法、吸附法、燃烧法、冷凝法、稀释法及化学处理法等。有关净化处理的要求，一般由环境保护行政部门进行管理。

对有回收利用价值的有毒、有害物质应经回收装置处理，回收、利用。

4. 应急处理

对有毒物质泄漏可能造成重大事故的设备和工作场所必须设置可靠的事故处理装置和应急防护设施。

应设置有毒物质事故安全排放装置（包括储罐）、自动检测报警装置、连锁事故排毒装置，还应配备事故泄漏时的解毒（含冲洗、稀释、降低毒性）装置。例如：光气（$COCl_2$）生产，应实现遥控操作；当事故泄漏时，用遥控的喷淋管喷液氨雾解毒（$COCl_2$＋$4NH_3$→$CO(NH_2)_2$＋$2NH_4Cl$），同时连锁事故通风装置将室内含光气的废气送到喷淋塔中，用氨水、液碱喷淋并对废水用碱性物质（氢氧化钠、碳酸钠等）相应处理，达到无害排放。

大中型化工、石油企业及有毒气体危害严重的单位，应有专门的气体防护机构；接触极度危害、高度危害有毒物质的车间应设急救室；均应配备相应的抢救设施。

根据有毒物质的性质、有毒作业的特点和防护要求，在有毒作业工作环境中应配置事故柜、急救箱和个体防护用品（防毒服、手套、鞋、眼镜、过滤式防毒面具、长管面具、空气呼吸器、生氧面具等），个体冲洗器、洗眼器等卫生防护设施的服务半径应小于15m。

5. 急性化学物中毒事故的现场急救

急性中毒事故的发生，可能使大批人员受到毒害，病情往往较重。因此，现场及时有效地处理与急救，对挽救患者的生命、防止并发症起关键作用。

6. 其他措施

在生产设备密闭和通风的基础上实现隔离（用隔离室将操作地点与可能发生重大事故的剧毒物质生产设备隔离）、遥控操作。配备定期和快速检测工作环境空气中有毒物质浓度的仪器，有条件时应安装自动检测空气中有毒物质浓度和超限报警装置。配备检修时的解毒吹扫、冲洗设施。

生产、储存、处理极度危害和高度危害毒物的厂房和仓库，其顶棚、墙壁、地面均应光滑，便于清扫，必要时加设防水、防腐等特殊保护层及专门的负压清扫装置和清洗设施。

采取防毒教育、定期检测、定期体检、定期检查、监护作业、急性中毒及缺氧窒息抢救训练等管理措施。根据《职业性急性化学物中毒诊断总则》GBZ 71—2013、《职业性急性隐匿式化学物中毒的诊断规则》GBZ 72—2002、《职业性急性化学物中毒性心脏病诊断》GBZ 74—2009、《职业性急性化学物中毒性血液系统疾病的诊断》GBZ 76—2002 以及有关的化学物中毒诊断标准及处理原则提出相应对策措施，确保做出迅速正确地诊断和救治。

根据有关标准（石油、化工、农药、涂装作业、干电池、煤气站、铅作业、汞温度计等）的要求，应采取的其他防毒技术措施和管理措施。

（二）预防缺氧、窒息的对策措施

1. 针对缺氧危险工作环境（密闭设备：指船舱、容器、锅炉、冷藏车、沉箱等；地下有限空间：指地下管道、地下库室、隧道、矿井、地窖、沼气池、化粪池等；地上有限空间：指储藏室、发酵池、垃圾站、冷库、粮仓等）发生缺氧窒息和中毒窒息（如二氧化碳、硫化氢和氰化物等有害气体窒息）的原因，应配备（作业前和作业中）氧气浓度、有害气体浓度检测仪器、报警仪器、隔离式呼吸保护器具（空气呼吸器、氧气呼吸器、长管面具等）、通风换气设备和抢救器具（绳缆、梯子、氧气呼吸器等）。

2. 按先检测、通风，后作业的原则，工作环境空气氧气浓度大于18％和有害气体浓度达到标准要求后，在密切监护下才能实施作业；对氧气、有害气体浓度可能发生变化的作业和场所，作业过程中应定时或连续检测（宜配设连续检测、通风、报警装置），保证安全作业，严禁用纯氧进行通风换气，以防止氧中毒。

3. 对由于防爆、防氧化的需要不能通风换气工作场所、受作业环境限制不易充分通风换气的工作场所和已发生缺氧、窒息的工作场所，作业人员、抢救人员必须立即使用隔离式呼吸保护器具，严禁使用净气式面具。

4. 有缺氧、窒息危险的工作场所，应在醒目处设警示标志，严禁无关人员进入。

5. 有关缺氧、窒息的安全管理、教育、抢救等措施和设施同防毒措施部分。

（三）防尘对策措施

1. 工艺和物料

选用不产生或少产生粉尘的工艺，采用无危害或危害性较小的物料，是消除、减弱粉尘危害的根本途径。例如，用湿法生产工艺代替干法生产工艺（如用石棉湿纺法代干纺法，水磨代干磨，水力清理、电液压清理代机械清理，使用水雾电弧气刨等），用密闭风选代替机械筛分，用压力铸造、金属模铸造工艺代替砂模铸造工艺，用树脂砂工艺代替水玻璃砂工艺，用不含游离二氧化硅含量或含量低的物料代替含量高的物料，不使用含猛、铅等有毒物质，不使用或减少产生呼吸性粉尘（5μm以下的粉尘）的工艺措施等。

2. 限制、抑制扬尘和粉尘扩散

（1）采用密闭管道输送、密闭自动（机械）称量、密闭设备加工，防止粉尘外逸；不能完全密闭的尘源，在不妨碍操作条件下，尽可能采用半封闭罩、隔离室等设施来隔绝、减少粉尘与工作场所空气的接触，将粉尘限制在局部范围内，减弱粉尘的扩散。利用条缝吹风口吹出的空气扁射流形成的空气屏幕，能将气幕两侧的空气环境隔离，防止有害物质由一侧向另一侧扩散。

（2）通过降低物料落差、适当降低溜槽倾斜度、隔绝气流、减少诱导空气量和设置空间（通道）等方法，抑制由于正压造成的扬尘。

（3）对亲水性、弱黏性的物料和粉尘应尽量采用增湿、喷雾、喷蒸汽等措施，可有效地抑制物料在装卸、运转、破碎、筛分、混合和清扫等过程中粉尘的产生和扩散；厂房喷雾有助于室内飘尘的凝聚、降落。

对冶金、建材、矿山、机械、粮食、轻工等行业的振动筛、破碎机、皮带输送机转运点、矿山坑道、毛皮加工等开放性尘源，均可用高压静电抑尘装置有效地抑制金、钨、铜、铀等金属粉尘和煤、焦炭、粮食、毛皮等非金属粉尘以及电焊烟尘、爆破烟尘等粉尘的扩散。

（4）为消除二次尘源、防止二次扬尘，应在设计中合理布置，尽量减少积尘平面，地面、墙壁应平整光滑、墙角呈圆角，便于清扫；使用负压清扫装置来清除逸散、沉积在地面、墙壁、构件和设备上的粉尘；对炭黑等污染大的粉尘作业及大量散发沉积粉尘的工作场所，则应采用防水地面、墙壁、顶棚、构件和水冲洗的方法，清理积尘。严禁用吹扫方式清扫积尘。

（5）对污染大的粉状辅料（如橡胶行业的炭黑粉）宜用小袋包装运输，连同包装一并加料和加工，限制粉尘扩散。

3. 通风除尘

建筑设计时要考虑工艺特点和除尘的需要，利用风压、热压差，合理组织气流（如进排风口、天窗、挡风板的设置等），充分发挥自然通风改善作业环境的作用。当自然通风不能满足要求时，应设置全面或局部机械通风除尘装置。

（1）全面机械通风。对整个厂房进行的通风、换气。是把清洁的新鲜空气不断地送入车间，将车间空气中的有害物质（包括粉尘）浓度稀释并将污染的空气排到室外，使室内空气中有害物质的浓度达到标准规定的最高容许浓度以下。一般多用于存在开放性、移动性有害物质源的工作场所。当数种有毒蒸气或数种有刺激性气体同时在室内散发时，全面通风换气量应按各种有害物质分别稀释到相应的最高容许浓度所需换气量的总和计算。同时散发数种其他有害物质时，则按分别稀释到相应最高容许浓度所需换气量中的最大值计算。

（2）局部机械通风。是对厂房内某些局部部位进行的通风、换气，使局部作业环境条件得到改善。局部机械通风包括局部送风和局部排风。

局部送风是把清洁、新鲜空气送至局部工作地点，使局部工作环境质量达到标准规定的要求；主要用于室内有害物质浓度很难达到标准规定的要求、工作地点固定且所占空间很小的工作场所。

局部排风是在产生的有害物质的地点设置局部排风罩，利用局部排风气流捕集有害物质并排至室外，使有害物质不致扩散到作业人员的工作地点；局部排风是通风排除有害物质最有效的方法，也是目前工业生产中控制粉尘扩散、消除粉尘危害的最有效的一种方法。

通风气流一般应使清洁、新鲜空气先经过工作地带，再流向有害物质产生部位，最后通过排风口排出；含有害物质的气流不应通过作业人员的呼吸带。

局部通风、除尘系统的吸尘罩（形式、罩口风速、控制风速）、风管（形状尺寸、材料、布置、风速和阻力平衡）、除尘器（类型、适用范围、除尘效率、分级除尘效率、处理风量、漏风率、阻力、运行温度及条件、占用空间和经济性等）、风机（类型、风量、风压、效率、温度、特性曲线、输送有害气体性质、噪声）的设计和选用，应科学、经济、合理和使工作环境空气中粉尘浓度达到标准规定的要求。

（3）除尘器收集的粉尘应根据工艺条件、粉尘性质、利用价值及粉尘量，采用就地回收（直接卸到料仓、皮带运输机、溜槽等生产设备内）、集中回收（用气力输送集中到料罐内）、湿法处理（在灰斗、专用容器内加水搅拌，或排入水封形成泥浆，再运输、输送到指定地点）等方式，将粉尘回收利用或综合利用并防止二次扬尘。

由于工艺、技术上的原因，通风和除尘设施无法达到劳动卫生指标要求的有尘作业场所，操作人员必须佩戴防尘口罩（工作服、头盔、呼吸器、眼镜）等个体防护用品。

（四）噪声控制措施

根据《噪声作业分级》LD 80—1995、《工业企业噪声控制设计规范》GB/T 50087—2013、《工业企业噪声测量规范》GBJ 122—1988、《建筑施工场界噪声排放标准》GB 12523—2011、《工业企业厂界环境噪声排放标准》GB 12348—2008 和《工业企业设计卫生标准》GBZ 1—2010 等，采取低噪声工艺及设备、合理平面布置、隔声、消声、吸声等综合技术措施，控制噪声危害。

1. 工艺设计与设备选择

为消除、减少噪声源，应尽量减少冲击性工艺和高压气体排空的工艺；尽可能以焊代铆、以液压代冲压、以液动代气动，物料运输中避免大落差翻落和直接撞击。

采用振动小、噪声低的设备，使用哑音材料降低撞击噪声；控制管道内的介质流速、管道截面不宜突变、选用低噪声阀门；强烈振动的设备、管道与基础、支架、建筑物及其他设备之间采用柔性连接或支撑等。

采用操作机械化（包括进、出料机械化）和运行自动化的设备工艺，实现远距离的监视操作。

2. 噪声源的平面布置

主要强噪声源应相对集中（厂区、车间内），宜低位布置、充分利用地形隔挡噪声。主要噪声源（包括交通干线）周围宜布置对噪声较不敏感的辅助车间、仓库、料场、堆场、绿化带及高大建、构筑物；用以隔挡对噪声敏感区、低噪声区的影响。必要时，与噪声敏感区、低噪声区之间需保持防护间距、设置隔声屏障。

3. 隔声、消声、吸声和隔振降噪

采取上述措施后噪声级仍达不到要求，则应用采隔声、消声、吸声、隔振等综合控制技术措施。尽可能使工作场所的噪声危害指数达到《噪声作业分级》LD 80—1995 规定的 0 级，且各类地点噪声 A 声级不得超过《工业企业噪声控制设计规范》GB/T 50087—2013 规定的噪声限制值。

（五）振动控制措施

根据《工作场所有害因素职业接触限值　第 2 部分：物理因素》GBZ 2.2—2007，提出工艺和设备、减振、个体防护等方面的对策措施。

1. 工艺和设备

从工艺和技术上消除或减少振动源是预防振动危害最根本的措施；如用油压机或水压机代替气（汽）锤、用水爆清砂或电液清砂代替风铲清砂、以电焊代替铆接等。

选用动平衡性能好、振动小、噪声低的设备；在设备上设置动平衡装置，安装减振支架、减振手柄、减振垫层、阻尼层；减轻手持振动工具的重量等。

2. 基础

高速基础重量、刚度、面积，使基础固有频率避开振源频率，错开 30% 以上，防止发生共振。

基础隔振是将振动设备的基础与基础支撑之间用减振材料（橡胶、软木、泡沫乳胶、矿渣棉等）、减振器（金属弹簧、橡胶减振器和减振垫等）隔振，减少振源的振动输出；在振源设备周围地层中设置隔振沟、板桩墙等隔振层，切断振波向外传播的途径。

3. 个体防护

穿戴防振手套、防振鞋等个体防护用品，降低振动危害程度。

（六）其他有害因素控制措施

1. 防辐射（电离辐射）对策措施

根据《电离辐射防护与辐射源安全基本标准》GB 18871—2002、《放射性物质安全运输规程》GB 11806—2004、《低、中水平放射性固体废物暂时储存规定》GB 11928—89、《高水平放射性废液储存厂房设计规定》GB 11929—2011、《操作非密封源的辐射防护规定》GB 11930—2010《放射性同位素与射线装置安全和防护管理办法》等，按辐射源的特征（α 粒子、β 粒子、γ 射线、χ 射线、中子等，密闭型、开放型）和毒性（极毒、高毒、中毒、低毒）、工作场所的级别（控制区、监督区、非限制区和控制区再细分的区、级、开放型放射源工作场所的级别），为防止非随机效应的发生和将随机效应的发生率降到可以接受的水平，遵守辐射防护三原则（屏蔽、防护距离和缩短照射时间）采取对策措施，使各区域工作人员受到的辐射照射不得超过标准规定的个人剂量限制值。

（1）外照射源应根据需要和有关标准的规定，设置永久性或临时性屏蔽（屏蔽室、屏蔽墙、屏蔽装置）。屏蔽的选材、厚度、结构和布置方式应满足防护、运行、操作、检修、散热和去污的要求。

（2）设置与设备的电气控制回路连锁的辐射防护门，并采取迷宫设计。设置监测、预警和报警装置和其他安全装置，高能 X 射线照射室内应设紧急事故开关。

（3）在可能发生空气污染的区域（如操作放射性物质的工作箱、手套箱、通风柜等），必须设有全面或局部的送、排风装置，其换气次数、负压大小和气流组织应能防止污染的回流和扩散。

（4）工作人员进入辐射工作场所时，必须根据需要穿戴相应的个体防护用品（防放射性服、手套、眼面护品和呼吸防护用品），佩戴相应的个人剂量计。

（5）开放型放射源工作场所入口处，一般应设置更衣室、淋浴室和污染检测装置。

（6）应有完善的监测系统和特殊需要的卫生设施（污染洗涤、冲洗设施和消洗急救室等）。

（7）根据《电离辐射防护与辐射源安全基本标准》GB 18871—2002 的要求，对有辐射照射危害的工作场所的选址、防护、监测（个体、区域、工艺、和事故的监测）、运输、管理等方面提出应采取的其他措施。

（8）核电厂的核岛区和其他控制的防护措施，按《核电厂安全系统中数字计算机的适用准则》GB/T 13629—2008、《核动力厂环境辐射防护规定》GB/T 6249—2011 以及由国家核安全局依据专业标准、规范提出。

2. 防非电离辐射对策措施

（1）防紫外线措施

电焊等作业、灯具和炽热物体（达到 1200℃以上）发射的紫外线，主要通过防护屏蔽（滤紫外线罩、挡板等）和保护眼睛、皮肤的个人防护用品（防紫外线面罩、眼镜、手套和工作服等）防护。目前我国尚无紫外线防护卫生标准，建议采用美国卫生标准（连续7h 接触不超过 0.5mW/cm²，连续 24h 接触不超过 0.1 mW/cm²）。

（2）防红外线（热辐射）措施

主要是尽可能采用机械化、遥控作业、避开热源；其次，应采用隔热保温层、反射性屏蔽（铝箔制品、铝挡板等）、吸收性屏蔽（通过对流、通风、水冷等方式冷却的屏蔽）和穿戴隔热服、防红外线眼镜、面具等个体防护用品。

（3）防激光辐射措施

为防止激光对眼睛、皮肤的灼伤和对身体的伤害，达到《作业场所激光辐射卫生标准》GB 10435—1989 规定的眼直视激光束的最大容许照射量、激光照射皮肤的最大容许照射量，应采取下列措施：

1）优先采取用工业电视、安全观察孔监视的隔离操作；观察孔的玻璃应有足够的衰减指数，必要时还应设置遮光屏罩。

2）作业场所的地、墙壁、顶棚、门窗、工作台应采用暗色不反光材料和毛玻璃；工作场所的环境色与激光色谱错开（如红宝石激光操作室的环境色可取浅绿色）。

3）整体光束通路应完全隔离，必要时设置密闭式防护罩；当激光功率能伤害皮肤和身体时，应在光束通路影响区设置保护栏杆，栏杆门应与电源、电容器放电电路连锁。

4）设局部通风装置，排除激光束与靶物相互作用时产生的有害气体。

5）激光装置宜与所需高压电源分室布置；针对大功率激光装置可能产生的噪声和有害物质，采取相应的对策措施。

6）穿戴有边罩的激光防护镜和白色防护服。

3. 防电磁辐射对策措施

根据《电磁环境控制限值》GB 8702—2014、《电磁环境控制限值》GB 8702—2014、《作业场所微波辐射卫生标准》GB 10436—1989，按辐射源的频率（波长）和功率分别或组合采取对策措施。

（1）用金属板（网）制作接地或不接地的屏蔽（板、罩、室）近距离屏蔽辐射源，将电磁场限制在限定范围内，防止辐射能量对作业人员和其他仪器、设备影响，是防护电磁辐射的主要方式；用屏蔽来屏蔽其他仪器、设备设施和作业人员的操作位置，是根据需要采取的防护工作。

（2）敷设吸收材料层，吸收辐射能量。通常采用屏蔽—吸收组合方式，提高防护性能。

（3）使用滤波器防止电磁辐射通过贯穿屏蔽的线路传播和泄漏。

（4）增大辐射源与人体的距离。

（5）辐射源的屏蔽室（罩）门应与辐射源电源联锁，防止误打开门时人员受到伤害。

（6）当采取的防护措施不能达到规定的限值或需要不停机检修时，必须穿戴防微波服（眼镜、面具）等个体防护用品。

4. 高温作业的防护措施

根据《高温作业分级》GB 4200—2008、《工业设备及管道绝热工程施工规范》GB 50126—2008，按各区对限制高温作业级别的规定采取措施。

尽可能实现自动化和远距离操作等隔热操作方式，设置热源隔热屏蔽（热源隔热保温层、水幕、隔热操作室（间）、各类隔热屏蔽装置）。通过合理组织自然通风气流、设置全面、局部送风装置或空调降低工作环境的温度。供应清凉饮料。依据《高温作业分级》GB 4200—2008 的规定，限制持续接触热时间。使用隔热服（面罩）等个体防护用品。尤其是特殊高温作业人员，应使用适当的防护用品，如防热服装（头罩、面罩、衣裤和鞋袜等）以及特殊防护眼镜等。注意补充营养及合理的膳食制度，供应高温饮料，口渴饮水，少量多次为宜。

5. 低温作业、冷水作业防护措施

根据《低温作业分级》GB/T 14440—1993、《冷水作业分级》GB/T 14439—1993 提出相应的对策措施。

实现自动化、机械化作业，避免或减少低温作业和冷水作业。控制低温作业，冷水作业时间。穿戴防寒服（手套、鞋）等个体防护用品。设置供暖操作室、休息室、待工室等。冷库等低温封闭场所，应设置通信、报警装置，防止误将人员关锁。

六、其他安全对策措施

（一）防高处坠落、物体打击对策措施

可能发生高处坠落危险的工作场所，应设置便于操作、巡检和维修作业的扶梯、工作平台、防护栏杆、护栏、安全盖板等安全设施；梯子、平台和易滑倒操作通道的地面应有防滑措施；设置安全网、安全距离、安全信号和标志、安全屏护和佩戴个体防护用品（安全带、安全鞋、安全帽、防护眼镜等）是避免高处坠落、物体打击事故的重要措施。

针对特殊高处作业（指强风、高温、低温雨天、雪天、夜间、带电、悬空、抢救高处作业）特有的危险因素，提出针对性的防护措施。高处作业应遵守"十不登高"：

1. 患有禁忌症者不登高；

2. 未经批准者不登高；

3. 未戴好安全帽、未系安全带者不登高；

4. 脚手板、跳板、梯子不符合安全要求不登高；

5. 攀爬脚手架、设备不登高；

6. 穿易滑鞋、携带笨重物体不登高；

7. 石棉、玻璃钢瓦上无垫脚板不登高；

8. 高压线旁无可靠隔离安全措施不登高；

9. 酒后不登高；

10. 照明不足不登高。

（二）安全色、安全标志

根据《安全色》GB 2893—2008、《安全标志》GB 2894—2008，充分利用红（禁止、危险）、黄（警告、注意）、蓝（指令、遵守）、绿（通行、安全）四种传递安全信息的安全色，正确使用安全色，使人员能够迅速发现或分辨安全标志、及时受到提醒，以防止事故、危害的发生。

1. 安全标志的分类与功能

安全标志分为禁止标志、警告标志、指令标志和提示标志四类：

（1）禁止标志，表示不准或制止人们的某种行动；

（2）警告标志，使人们注意可能发生的危险；

（3）指令标志，表示必须遵守，用来强制或限制人们的行为；

（4）提示标志，示意目标地点或方向。

2. 安全标志应遵守的原则

醒目清晰：一目了然，易从复杂背景中识别；符号的细节、线条之间易于区分。

简单易辨：由尽可能少的关键要素构成，符号与符号之间易分辨，不致混淆。

易懂易记：容易被人理解（即使是外国人或不识字的人），牢记不忘。

3. 标志应满足的要求

（1）含义明确无误。标志、符号和文字警告应明确无误，不使人费解或误会；使用容易理解的各种形象化的图形符号应优先于文字警告，文字警告应采用使用机器的国家的语言；确定图形符号应做理解性测试，标志必须符合公认的标准。

（2）内容具体且有针对性。符号或文字警告应表示危险类别，具体且有针对性，不能笼统写"危险"两字。例如，禁火、防爆的文字警告，或简要说明防止危险的措施（例如指示佩戴个人防护用品），或具体说明"严禁烟火"、"小心碰撞"等。

（3）标志的设置位置。机械设备易发生危险的部位，必须有安全标志。标志牌应设置在醒目且与安全有关的地方，使人们看到后有足够的时间来注意它所表示的内容。不宜设在门、窗、架或可移动的物体上。

（4）标志应清晰持久。直接印在机器上的信息标志应牢固，在机器的整个寿命期内都应保持颜色鲜明、清晰、持久。每年至少应检查一次，发现变形、破损或图形符号脱落及变色等影响效果的情况，应及时修整或更换。

（三）储运安全对策措施

1. 厂内运输安全对策措施

（1）着重就铁路、道路线路与建筑物、设备、大门边缘、电力线、管道等的安全距离和安全标志、信号、人行通道（含跨线地道、天桥）、防护栏杆，以及车辆、道口、装卸方式等方面的安全设施提出对策措施。例如，厂内铁路道口设置必要的警示标志、声光报警装置、栏木、遮断信号机、护桩和标线等；装卸、搬运易燃、易爆、剧毒化学危险品应采用的专用运输工具、专用装卸器具，装卸机械和工具应按其额定负荷降低 20% 使用；液体金属、高温货物运输时的特殊安全措施等。

（2）根据《工业企业厂内铁路、道路运输安全规程》GB 4387—2008、《工业车辆安全要求和验证》GB 10827.1—2014 和各行业有关标准的要求，提出其他对策措施。

2. 化学危险品储运安全对策措施

（1）危险货物包装应按《危险货物包装标志》GB 190—2009 设标志；

（2）危险货物包装运输应按《危险货物运输包装通用技术条件》GB 12463—2009 执行；

（3）应按《化学危险品标签编写导则》GB 15258—2009 编写危险化学品标签；

（4）应按《常用化学危险品储存通则》GB 15603—1995 对上述物质进行妥善储存，加强管理；

（5）应按《化学品安全技术说明书内容和项目顺序》GB/T 16483—2008 编写危险化学品安全技术说明书。内容包括：标识、成分及理化特性、燃烧爆炸危险特性、毒性及健康危害性、急救、防护措施、包装与储运、泄漏处理与废弃等八大部分，化学危险品的作业场所、管理及使用应遵照《化学品安全技术说明书内容和项目顺序》GB/T 16483—2008 的附录 1 至附录 4。

（6）根据《危险化学品安全管理条例》（国务院第 591 号令），危险化学品必须储存在专用仓库内，储存方式、方法与储存数量必须符合国家标准，并由专人管理。危险化学品出入库，必须进行检查登记。库存危险化学品应当定期检查。例如，氰化物等剧毒化学品必须在专用仓库内单独存放，实行双人收发、保管制度。储存单位应当将储存氰化物的数量、地点以及管理人员的情况，报当地公安部门和负责危险化学品安全监督管理综合工作的部门备案。

危险化学品专用仓库，应当符合国家标准对安全、消防的要求，设置明显标志。危险化学品专用仓库的储存设备和安全设施应当定期检测。

（四）焊割作业的安全对策措施

国内外不少案例表明，造船、化工等行业在焊割作业时发生的事故较多，有的甚至引发了重大事故。因此，对焊割作业应予以高度重视，采取有力对策措施，防止事故发生和对焊工健康的损害。

1. 存在易燃、易爆物料的企业应建立严格的动火制度

动火必须经批准并制定动火方案，如：要有负责人、作业流程图、操作方案、安全措施、人员分工、监护、化验；特别是要确认易燃、易爆、有毒、窒息性物料及氧含量在规定的范围内，经批准后方可动火。

2. 焊割作业要求

焊割作业应遵守《焊接与切割安全》GB 9448—1999 等有关国家标准和行业标准。

电焊作业人员除进行特殊工种培训、考核、持证上岗外，还应严格遵照焊割规章制度、安全操作规程进行作业。

电弧焊时应采取隔离防护、保持绝缘良好，正确使用劳动防护用品，正确采取保护接地或保护接零等措施。

3. 焊割作业应严格遵守"十不焊"

无操作证，又没有证焊工在现场指导，不准焊割；禁火区，未经审批并办理动火手续，不准焊割；不了解作业现场及周围情况，不准焊割；不了解焊割物内部情况，不准焊割；盛装过易燃、易爆、有毒物质的容器、管道，未经彻底清洗置换，不准焊割；用可燃材料作保温层的部位及设备未采取可靠的安全措施，不准焊割；有压力或密封的容器、管道，不准焊割；附近堆有易燃、易爆物品，未彻底清理或采取有效安全措施，不准焊割；作业点与外单位相邻，在未弄清对外单位或区域有无影响或明知危险而未采取有效的安全措施，不准焊割；作业场所及附近有与明火相抵触的工作，不准焊割。

（五）防腐蚀对策措施

1. 大气腐蚀

在大气中，由于氧的作用，雨水的作用，腐蚀性物质的作用，裸露的设备、管线、阀、泵及其他设施会产生严重腐蚀，设备、设施、泵、螺栓、阀等锈蚀，会诱发事故的发生。因此，设备、管线、阀、泵及其他设施等，需要选择合适的材料及涂覆防腐涂层予以保护。

2. 全面腐蚀

在腐蚀介质及一定温度、压力下，会发生金属表面或大面积均匀的腐蚀，如果腐蚀速度控制在 0.05～0.5mm/a、＜0.05mm/a，金属材料耐蚀等级分别为良好、优良。

对于这种腐蚀，应考虑介质、温度、压力等因素，选择合适的耐腐蚀材料或在接触介质的内表面涂覆涂层，或加入缓蚀剂。

3. 电偶腐蚀

这是容器、设备中常见的一种腐蚀，亦称为"接触腐蚀"或"双金属腐蚀"。它是两种不同金属在溶液中直接接触，因其电极电位不同构成腐蚀电池，使电极电位较负的金属发生溶解腐蚀。

4. 缝隙腐蚀

在生产装置的管道连接处、衬板、垫片等处的金属与金属、金属与非金属间及金属涂层破损时，金属与涂层间所构成的窄缝于电解液中，会造成缝隙腐蚀，防止缝隙腐蚀的措施：采用合适的抗缝隙腐蚀材料；采用合理的设计方案如尽量减少缝隙宽度（1/40mm≤缝隙腐蚀≤25/8mm）、死角、腐蚀液（介质）的积存，法兰配合严密，垫片要适宜等；采用电化学保护；采用缓蚀剂等。

5. 孔蚀

由于金属表面露头、错位、介质不均匀等，使其表面膜完整性遭到破坏，成为点蚀源，腐蚀介质会集中于金属表面个别小点上形成深度较大的腐蚀。防止孔蚀的方法有：减少溶液中腐蚀性离子浓度；减少溶液中氧化性离子；降低溶液温度；采用阴极保护；采用点蚀合金。

6. 其他

如金属材料在腐蚀环境中会产生沿晶界间腐蚀的晶间腐蚀，它可以在外观无任何变化的情况下，完全丧失金属的强度；金属及合金在拉应力和特定介质环境的共同作用下会产生应力腐蚀破坏，其外观见不到任何变化，裂纹发展迅速，危险性更大。此外，还要注意氯离子对不锈钢的腐蚀、在高温高压下的氢腐蚀（使钢组织发生化学变化）、在交变应力作用下的疲劳腐蚀等。

建构筑物应严格按照《工业建筑防腐蚀设计规范》GB 50046—2008 的要求进行防腐设计，并按《建筑防腐蚀工程施工及验收规范》GB 50212—2002 的要求进行竣工验收。

（六）生产设备的选用

在选用生产设备时，除考虑满足工艺功能外，应对设备的劳动安全性能给予足够的重视；保证设备在按规定作用时，不会发生任何危险，不排放出超过标准规定的有害物质；应尽量选用自动化程度、本质安全程度高的生产设备。

生产设备本身应具有必要的强度、刚度和稳定性，符合安全人—机工程的原则，最大限度地减轻劳动者的体力、脑力消耗以及精神紧张状态，合理地采用机械化、自动化和计算机技术和有效的安全、卫生防护装置；应优先采用自动化和防止人员直接接触生产装置的危险部位和物料的设备（作业线），防护装置的设计、制造一般不能留给用户去承担。生产设备应满足《生产设备安全卫生设计总则》GB 5083—1999 和《机械加工设备一般安全要求》GB 12266—1990 的规定以及其他要求。

选用的锅炉、压力容器、起重运输机械等危险性较大的生产设备，必须由持有安全、专业许可证的单位进行设计、制造、检验和安装，并应符合国家标准和有关规定的要求。

(七) 供暖、通风、照明、采光

1. 根据《工业建筑供暖通风与空气调节设计规范》GB 50019—2015 提出供暖、通风与空气调节的常规措施和特殊措施。

2. 根据《建筑照明设计标准》GB 50034—2004 提出常规和特殊照明措施。

3. 根据《建筑采光设计标准》GB 50033—2001 提出采光设计要求。

必要时，根据工艺、建构筑物特点和评价结果，针对存在问题，依据有关标准提出其他对策措施。

第三节 安全管理对策措施

安全管理是以实现生产过程安全为目的的现代化、科学化的管理。其基本任务是按照国家有关安全生产的方针、政策、法律、法规的要求，从本企业实际出发，为构筑企业安全生产的长效机制，规范企业安全生产经营活动，而采取相关的安全管理对策措施，以期科学地、前瞻地、有效地发现、分析和控制生产过程中的危险有害因素，制定相应的安全技术措施和安全管理规章制度，主动防范、控制发生事故和职业病几率，避免和减少有关损失。

安全管理对策措施是通过系列管理手段，将人、设备、物质、环境等涉及安全生产工作的各个环节有机地结合起来，进行整合、完善、优化，以保证企业在生产经营活动全过程的职业安全和健康，使已经采取的安全技术对策措施得到制度上、组织上、管理上的保证。

各类危险危害存在于生产经营活动之中，只要有生产经营活动就存在事故发生的可能性。即使本质安全性能较高的自动化生产装置，也不可能彻底控制、预防所有的危险有害因素和作业人员的失误，必须采取有效的安全管理措施给予保证。因此，安全管理对策措施对于所有生产经营单位都是企业管理的重要组成部分，是保证安全生产必不可少的措施。

一、建立各项安全管理制度

《中华人民共和国安全生产法》第四条规定，生产经营单位必须遵守本法和其他有关安全生产的法律、法规，加强安全生产管理，建立、健全安全生产责任制度，完善安全生产条件，确保安全生产，推进安全生产标准化建设，提高安全生产水平，确保安全生产。

(一) 建立健全企业安全生产责任制

安全生产责任制是生产经营单位各项安全管理制度的核心。建立健全的企业安全生产责任制是企业遵守《中华人民共和国安全生产法》的必需条件，同时也是企业安全管理的需要。

安全生产是关系到生产经营单位全员、全过程的大事，通过建立健全安全生产责任制，把"安全生产，人人有责"从制度上予以确定，从而明确各级人员的安全职责，如单位负责人及其副职、总工程师（或技术总负责人）、车间主任（或部门负责人）、工段长、班组长、车间（或部门）安全员、班组安全员、职工的安全职责等，做到恪尽职守、各负其责。

企业法定代表人是安全生产第一责任人，对本企业的安全生产负全面管理的法定责任，切实做到"谁主管，谁负责"。

企业的各级领导人员和职能部门应在各自的工作范围内，对实现安全、文明生产负责，同时向各自的上级负责。

（二）制定各项安全生产规章制度和操作规程

安全生产规章制度和操作规程是实现企业安全生产的规范，也是防止和控制设备、物质、环境不安全状态和人的不安全行为的必要保证。依据企业自身特点，应建立一系列安全管理制度和安全操作规程，针对不同的控制对象，制定具体的管理制度和规程。生产经营单位一般需制定的安全管理制度有：

1. 规范人的安全管理，如安全教育制度、劳动保护用品管理制度、承包商和供应商管理制度、职业病防治及健康检查制度、职业病报告处理制度、安全生产检查制度、反违章管理制度、消防管理制度、事故事件分析调查处理管理制度、安全生产交接班制度、安全活动日制度、女职工劳动保护规定、劳动管理制度、安全生产奖惩制度等。

2. 规范专业技术的安全管理，如安全技术措施计划制度、危险化学品管理制度、锅炉压力容器管理制度、起重机械及工器具管理制度、危险设备管理制度、安全防护设施管理制度、厂内运输安全管理制度、有毒有害作业管理制度、安全用电管理制度、危险作业审批和监护制度、工艺技术安全生产规程、安全操作规程、检修安全规程、安全生产确认制等。

3. 规范设备与物的安全管理，如设备保养维护检修管理制度、设备缺陷管理制度、特种设备管理制度、绝缘工具管理制度、手持电动工具管理制度、计量及检测设备管理制度、动火作业管理制度、新改扩建项目"三同时"制度等。

4. 规范生产环境的安全管理，如作业场所及装置管理制度、防暑降温及防寒保暖管理制度等。

二、完善安全管理机构和人员配置

生产经营单位应按照《中华人民共和国安全生产法》（以下简称《安全生产法》）的规定，设置安全管理机构，配备安全管理人员。安全管理机构是指生产经营单位中专门负责安全生产监督管理的部门，其工作人员是专职的安全管理人员，其作用是落实国家有关安全生产的法律法规，及据此而制定相应的本企业的安全生产规章制度和操作规程，组织生产经营单位内部各种安全检查活动，开展日常安全检查，及时整改各种事故隐患，监督安全生产责任制的落实等，它是生产经营单位安全生产的重要组织保证。

（一）安全管理机构和人员的配置

《安全生产法》第二十一条规定，矿山、金属冶炼、建筑施工、道路运输单位和危险物品的生产、经营、储存单位，应当设置安全生产管理机构或者配备专职安全生产管理人员。

《安全生产法》还规定，对于从业人员超过100人的其他生产经营单位，应当设置安全生产管理机构或者配备专职安全生产管理人员；从业人员在100人以下的，应当配备专职或者兼职的安全生产管理人员。

(二）安全管理机构以及安全生产管理人员的主要职责

贯彻执行国家安全生产方针、政策、法律、法规、规定、制度和标准，在厂长（经理）和安全生产委员会的领导下开展安全生产管理和监督工作；负责对新员工的厂（矿）级安全教育和员工安全教育、培训、考核工作，组织开展各种安全宣传、教育、培训活动；组织制定、修订本单位安全管理制度和安全技术规程，编制安全技术措施计划，并监督检查执行情况；组织安全大检查，协调和督促有关部门对查出的隐患制订防范措施和整改计划，并检查监督隐患整改工作的完成情况；参加新建、改建、扩建工程及大修、技改技措项目的劳动保护设施"三同时"审查、验收，保证符合安全卫生要求；对锅炉、压力容器等特种设备及各类安全附件进行安全监督检查；依据相关的法律法规要求，委托具有资质的中介机构，做好本企业的安全评价和职业安全健康管理体系认证工作；建立重大危险源的监控体系，制定重大事故应急救援预案等保障安全生产的基础工作；深入现场进行安全监督，检查安全管理制度执行情况，纠正违章，督促并协调解决有关安全生产的重大问题。遇有危及安全生产的紧急情况，有权责令其停止作业，并立即报告企业主管及有关领导；如实负责各类事故汇总、统计上报工作，主管人身伤亡、爆炸事故的调查处理，参加各类事故的调查、处理和工伤认定工作；按照国家有关规定，负责制定职工劳动保护用品、保健食品和防暑降温饮料的发放标准，并监督检查有关部门按规定及时发放和合理使用；综合分析企业安全生产中的突出问题，及时向企业主管及有关领导汇报，并会同有关部门提出改进意见；对企业各部门安全生产工作进行考核评比，对在安全生产中有贡献者或事故责任者，提出奖惩意见；会同工会等有关部门组织开展安全生产竞赛活动，总结交流安全生产先进经验；开展安全技术研究，推广安全生产科研成果、先进技术及现代安全管理方法；监督检查有关安全技术装备的维护保养和管理工作；会同工会组织依靠职工群众（及其家属）参与企业的安全生产监督管理；建立健全安全管理网络，加强安全工作基础建设，做好各种安全台账、记录的管理。定期召开安全专业人员会议，指导基层安全工作。

三、安全培训、教育和考核

生产经营单位的安全教育、培训工作，是提高员工安全意识、安全技术素质、防止发生人员的不安全行为、减少人员的操作失误的重要方法，这是企业安全生产的一项重要的基础工作。通过教育和培训，提高单位管理者及员工安全生产的责任感和自觉性，普及和提高员工的安全技术知识，增强安全操作技能，从而保护自己和他人的安全和健康。《安全生产法》对安全培训、考核和教育进行以下规定：

1. 生产经营单位的主要负责人和安全生产管理人员必须具备与本单位所从事的生产经营活动相应的安全生产知识和管理能力。

危险物品的生产、经营、储存单位以及矿山、建筑施工单位、道路运输企业的主要负责人和安全生产管理人员，应当由有关主管部门对其安全生产知识和管理能力考核合格。该规定明确提出了对生产经营单位的主要负责人和安全生产管理人员的培训要求。

2. 生产经营单位应当对从业人员进行安全生产教育和培训，保证从业人员具备必要的安全生产知识，熟悉有关的安全生产规章制度和安全操作规程，掌握本岗位的安全操作技能，了解事故应急处理措施，知悉自身在安全生产方面的权利和义务。未经安全生产教育和培训合格的从业人员，不得上岗作业。规定了生产经营单位应对从业人员教育的要求。

3. 生产经营单位采用新工艺、新技术、新材料或者使用新设备，必须了解、掌握其安全技术特性，采取有效的安全防护措施，并对从业人员进行专门的安全生产教育和培训。

4. 生产经营单位的特种作业人员必须按照国家有关规定经专门的安全作业培训，取得相应资格，方可上岗作业。规定了特种作业的上岗资格。

5. 从业人员应当接受安全生产教育和培训，掌握本职工作所需的安全生产知识，提高安全生产技能，增强事故预防和应急处理能力。规定了从业人员应有接受安全教育的义务。

（一）安全培训和教育的四个层面

1. 单位主要负责人的安全培训教育。培训的主要内容包括：国家安全生产方针、政策和有关安全生产的法律、法规、规章及标准；安全生产管理基本知识、安全生产技术、安全生产专业知识；重大危险源管理、重大事故防范、应急管理和救援组织以及事故调查处理的有关规定；职业危害及其预防措施；国内外先进的安全生产管理经验；典型事故和应急救援案例分析等。

2. 安全管理人员的安全培训教育。培训的主要内容包括：国家安全生产方针、政策和有关安全生产的法律、法规、规章及标准；安全生产管理、安全生产技术、职业卫生等知识；伤亡事故统计、报告及职业危害的调查处理方法；应急管理、应急预案编制以及应急处置的内容和要求；国内外先进的安全生产管理经验；典型事故和应急救援案例分析等。

3. 从业人员的安全培训教育。从业人员是指除生产经营单位的主要负责人和安全生产管理人员以外，该单位从事生产经营活动的所有人员，包括其他负责人和管理人员、技术人员和各岗位的工人，以及临时聘用的人员。企业应加强对新职工的安全教育、专业培训和考核。新进人员必须经过严格的三级安全教育和专业培训，并经考试合格后方可上岗。对转岗、复工人员，应参照新职工的办法进行培训和考试。当企业采用新工艺、新技术或新设备、新材料进行生产时，应对作业人员进行有针对性的安全生产教育培训。

4. 特种作业人员的安全培训教育。在特种作业人员上岗前，必须按照国家有关规定经专门的安全作业培训，取得特种作业操作资格证书后方可上岗。要选拔具有一定文化程度、操作技能、身体健康和心理素质好的人员从事相关工作，并定期进行考察、考核、调整。重大危险岗位的作业人员还需要进行专门的安全技术训练，有条件的单位最好能对该类作业人员进行身体素质、心理素质、技术素质和职业道德素质的测定，避免由于作业人员因先天性素质缺陷造成的隐患。

对于上述四个层面人员的教育和培训，都要求作业人员具有高度的责任心、缜密的态度，熟悉相应的业务，掌握相关操作技能，具备应急处理能力，有预防火灾、爆炸、中毒等事故和职业危害的知识，应对突发事故具有自救和互救能力。

（二）安全教育方式

1. 入厂教育。新进人员（包括新工人、合同工、临时工、外包工和培训、实习、外单位调入本厂人员等），均须经过厂级、车间（科）级、班组（工段）级三级安全教育；厂内调动（包括车间内调动）及脱岗半年以上的职工，必须对其进行第二级或第三级安全教育，然后进行岗位培训，考试合格，成绩记入"安全作业证"内，方准上岗作业。

厂级教育（第一级），由人力资源劳资部门组织，安全技术、工业卫生与防火（保卫）部门负责。教育内容包括：安全生产的意义，党和国家有关安全生产的方针、政策、法规、规定、制度和标准；一般安全知识，本厂生产特点，重大事故案例；厂规厂纪以及入厂后的安全注意事项，工业卫生和职业病预防等。

车间级教育（第二级），由车间主任负责。教育内容包括：车间生产特点、工艺流程、主要设备的性能；安全技术规程和安全管理制度；主要危险和有害因素、事故教训、预防工伤事故和职业危害的主要措施及事故应急处理措施等。

班组（工段）级教育（第三级），由班组（工段）长负责。教育内容包括：岗位生产任务、特点，主要设备结构原理、操作注意事项；岗位责任制和安全技术规程；事故案例及预防措施；安全装置和工（器）具、个人防护用品、防护器具、消防器材的使用方法等。

临时进入企业参观、短期培训学习的人员，接待部门负责对其进行安全注意事项教育，并指派专人负责带队。

2. 日常教育。各级领导和各部门要对职工进行经常性的安全思想、安全技术和遵章守纪教育，提高劳动者的安全意识和法制观念，定期研究解决职工安全教育中存在的问题。利用各种形式定期开展安全教育培训活动，班组安全活动每周进行一次（即安全活动日）。

在进行大修或重点项目检修以及重大危险性作业（含重点施工项目）时，安全技术部门应督促指导各检修（施工）单位进行检修（施工）前的安全教育。

职工违章及重大事故责任者和工伤人员复工，应由所属单位领导或安全技术部门进行安全教育，并将教育内容记入"安全作业证"内。

3. 特殊教育。特种作业人员应按《特种作业安全技术培训考核管理办法》的要求，进行安全技术培训考核，取得特种作业证后，方可从事特种作业。到期应进行复审，复审合格后，方可继续从事特种作业。

采用新工艺、新技术、新设备、新材料或新产品投产前，应按新的安全操作规程，对岗位作业人员和有关人员进行专门教育，考试合格后，方能进行独立作业。

发生重大事故和恶性未遂事故后，企业主管部门应组织有关人员进行现场教育，吸取事故教训，防止类似事故重复发生。

培训的具体要求、培训内容、培训学时等按照《生产经营单位安全培训规定》（国家安全生产监督管理总局令第 3 号）执行。

（三）安全培训考核

1. 厂级主管人员的安全技术培训和考核，由上级有关部门组织进行。厂级以下的其他管理人员的安全技术考核，由企业人事部门和安全技术部门负责组织进行。考核内容包括：国家有关安全生产的方针、政策、法律、法规、规定、制度和标准；企业各项安全生产管理制度；生产工艺和特点；易燃、易爆、有毒、有害物质的理化性质以及对人体的危害，预防措施和急救处理原则；岗位的安全管理制度和注意事项；安全装置的种类、作用以及管理方法；劳动防护设施、用品、器具以及消防器材的正确使用方法。

2. 职工的安全技术培训和考核，由车间（单位）领导负责组织，工段长具体执行，车间安全员参加。考核内容包括：国家有关安全生产的方针、政策、法律、法规、规定、制度和标准；本车间（岗位）的生产特点以及所接触的易燃、易爆、有毒、有害物质的理化性质，对人体的危害、预防方法和急救处理原则；本车间（岗位）的各项安全生产规程和管理制度；本车间（岗位）安全装置的类型和作用及其维护保养方法；本岗位的劳动保护设施、用品、器具，以及消防器材的正确使用方法；本岗位的工艺流程和开停车安全注意事项等。

3. 安全作业证的发放和管理

安全作业证是职工独立作业的资格凭证，其发放范围限于企业直接从事独立作业的所有人员。安全作业证发给经过岗位教育培训，有一定的生产理论知识，具备安全操作技能，并经考试合格，能独立从事某项生产活动的职工。安全作业证是职工上岗作业的凭证，凡是独立直接从事生产作业的人员，应持证上岗。特种作业人员，除取得特种作业人员操作证外，还应取得本企业的安全作业证。安全作业证应记录安全教育考核以及安全工作奖罚等内容。

四、安全投入与安全设施

建立健全生产经营单位安全生产投入的长效保障机制，从资金和设施装备等物质方面保障安全生产工作正常进行，也是安全管理对策措施的一项内容。主要内容包括满足安全生产条件所必需的安全投入、安全技术措施的制定和安全设施的配备。

（一）安全投入

《安全生产法》第二十条规定，生产经营单位应当具备安全生产条件所必需的资金投入，由生产经营单位的决策机构、主要负责人或者个人经营的投资人予以保证，并对由于安全生产所必需的资金投入不足导致的后果承担责任。

《安全生产法》第二十八条规定，生产经营单位新建、改建、扩建工程项目（以下统称建设项目）的安全设施，必须与主体工程同时设计、同时施工、同时投入生产和使用。安全设施投资应当纳入建设项目概算。

建设项目在可行性研究阶段和初步设计阶段都应该考虑投入用于安全生产的专项资金的预算。生产经营单位为了保证安全资金的有效投入，应编制安全技术措施计划，并对其实施管理，进行安全生产方面的技术改造、增添安全设施和防护设备以及个体防护用品。

（二）安全技术措施计划

1. 计划编制依据。安全技术措施计划编制的主要依据有：国家和地方政府发布的有关安全生产方面的法律、法规、规章及标准；影响安全生产的重大隐患，预防火灾、爆炸、工伤、职业危害等需采取的技术措施；稳定和发展生产所需采取的安全技术措施以及职工提出的合理化建议等。

2. 计划编制范围

以改善劳动条件、减轻劳动强度、预防职业危害为目的的安全卫生设施。如通风、照明、防尘、防毒、防辐射、喷淋冲洗、防寒保暖、防暑降温、空气净化、消除噪声、减振等。以防止火灾、爆炸、工伤等事故为目的的安全技术措施。如安全防护装置、保险装置、联锁装置、报警装置、切断装置、泄压防爆装置、限位制动装置、灭火装置、防雷击和防触电装置等。为防止事故发生和扩大的防范与应急救援的安全技术措施。如抢险救灾的工程设施及器具、警示标志、检测报警仪器、通信联络器材、抢险救灾车辆、围堤、回收装置等。为保证安全生产所需的辅助设施，如淋浴室、更衣室、消毒室、盥洗室、女工卫生室以及工作服洗涤、干燥、消毒等。以安全培训教育、开展安全科学研究和建立与贯彻安全生产法律、法规、规章、标准为目的的安全管理措施。如安全宣传图书、资料、报刊、杂志、音像制品；安全培训教材；安全教育器材、设施；安全标志；劳动保护科研项目；化学品标签和安全技术说明书等。

3. 计划编制及审批

安全技术部门负责编制企业年度安全技术措施计划，报总工程师或主管厂长（经理）审核。安全技术措施计划应包含以下内容：安全技术措施项目；项目的资金；项目负责人；竣工或投产使用日期。企业应在当年安排的财务预算资金中优先保证足够的费用用于安全技术措施项目。安全技术部门应定期检查安全技术措施计划的执行情况，并向主管厂长（经理）或总工程师汇报请示。主管厂长（经理）或总工程师应对安全技术措施项目的实施情况进行检查，并及时召开有关部门参加的会议，协调处理实施中存在的问题，保证安全技术措施项目按期完成。

（三）安全设施配备

生产经营单位应根据企业规模和需要，配备必要的安全管理、检查、事故调查分析、检测检验的用房和检查、检测、通信、录像、照相、计算机、车辆等设施、设备。生产经营单位应根据安全管理的需要，配备必要的人员和管理、检查、检测、培训教育及应急抢救仪器设备与设施，如配备有急救药品的医护室、女工卫生室、供高温作业人员休息的空调室、防止化学事故所配备的防毒面具及淋洗设施等。

五、安全生产监督与检查

安全管理对策措施的动态表现就是监督与检查。通过对国家有关安全生产法律、法规、标准、规范和本单位所制定的各类安全生产规章制度和责任制执行情况的监督与检查，以促进和保证安全教育和培训工作的正常进行，促进和保证安全生产投入的有效实施，促进和保证安全设施、安全技术装备能正常发挥作用，促进和保证对生产全过程进行科学、规范、有序、有效的安全控制和管理。

经常性的检查、监督是完善和加强安全管理的重要手段。通过安全检查，可以发现生产经营单位生产过程中的危险因素，以及控制及管理方法是否有效或失控，以便及时得到整改纠正，及时消除事故隐患，保证安全生产。

安全检查的基本任务是：发现和查明各种危险和隐患，督促整改，监督各项安全规章制度的实施，制止违章指挥、违章作业。安全检查应贯彻领导检查与群众检查相结合、企业自查和上级督察相结合的原则。安全检查应有具体的计划、明确的目的、要求、内容，并制定《安全检查表》。做到边检查、边整改，并及时总结和推广先进经验。检查的形式包括职工自查、对口互查、综合检查、专业检查、季节性检查、节假日检查、夜间抽查和日常检查。

综合检查分为厂、车间、班组三级。各种检查均应编制相应的安全检查表，按检查表的内容逐项检查。

专业检查分别由各专业部门组织进行，每年至少进行两次。检查的重点主要是针对锅炉及压力容器等特种设备、危险化学品、电气装置、机械设备、安全装置、特种防护用品、运输车辆及消防设施、防火、防爆、防尘、防毒等关键装置、重点部位和重要岗位。

季节性检查：春季安全大检查，以防雷、防静电、防解冻、防跑漏为重点；夏季安全大检查，以防暑降温、防台风、防汛为重点；秋季安全大检查，以防火、防冻保暖为重点；冬季安全大检查，以防火、防爆、防煤气中毒、防冻、防凝、防滑为重点。

日常检查分岗位工人自查和管理人员巡回检查两种。生产工人应认真履行岗位安全生产责任制，进行交接班检查和班中巡回检查。各级管理人员应在各自的职权范围内进行检查。

通过安全检查，对查出的隐患应逐项分析研究，并提出整改措施，按"四定"（定措施、定负责人、定资金来源、定完成期限）、"三不推"（凡班组能整改的不推给工段、凡工段能整改的不推给车间、凡车间能整改的不推给厂部）的原则按期完成整改任务。

对严重威胁安全生产的事故隐患，安全管理部门应下达《隐患整改通知书》，其内容应包括隐患内容、整改意见和整改期限，由主管安全的领导签署后发出。隐患所在部门负责人签收后应按期实施整改。对因物质和技术原因暂时不具备整改条件的重大隐患，必须采取有效的应急防范措施，并纳入计划，限期解决或停产。

安全管理部门应对查出的隐患和整改情况，分别建立安全检查和隐患整改台账，对重大隐患及整改情况报生产经营单位负责人。

第四节　事故应急救援预案

一、事故应急救援预案的目的和原则

（一）编制事故应急救援预案的目的

为了在重大事故发生后能及时予以控制，防止重大事故的蔓延，有效地组织抢险和救助，生产经营单位应对已初步认定的危险场所和部位进行重大事故危险源的评估。对所有被认定的重大危险源，应事先进行重大事故后果定量预测，估计在重大事故发生后的状态、人员伤亡情况、房屋及设备破坏和损失程度，以及由于物料的泄漏可能引起的爆炸、火灾、有毒有害物质扩散对生产经营单位及周边地区可能造成危害程度的预测。依据预测，提前制定重大事故应急救援预案，组织、培训抢险队伍和配备救助器材，以便在重大事故发生后，能及时按照预定方案进行救援，在短时间内使事故得到有效控制。

综上所述，制定事故应急救援预案的目的有两个：

第一，采取预防措施使事故控制在局部，消除蔓延条件，防止突发性重大或连锁事故发生；

第二，能在事故发生后迅速有效控制和处理事故，尽量减轻事故对人和财产的影响。

（二）编制事故应急救援预案原则

生产安全是"人—机—环境"系统相互协调，保持最佳"秩序"的状态。事故应急救援预案应由事故的预防和事故发生后损失的控制两个方面构成。

1. 从事故预防的角度制定事故应急救援预案

从事故预防的角度看，事故预防应由技术对策和管理对策共同构成：

（1）技术上采取措施，使"机—环境"系统具有保障安全状态的能力；

（2）通过管理协调"人自身"及"人—机"系统的关系，以实现整个系统的安全。值得注意的是，生产经营单位职工对生产安全所持的态度、人的能力和人的技术水平是决定能否实现事故预防的关键因素，提高人的素质可以提高事故预防和控制的可靠性。采取措施，万一发生事故，也只能在局部，不会蔓延。"提高系统安全保障能力"和"将事故控制在局部"是事故预防的两个关键点。

2. 从事故发生后损失控制的角度制定应急预案

从事故发生后损失控制的角度看，事先对可能发生事故后的状态和后果进行预测并制定救援措施，一旦发生异常情况：

（1）能根据事故应急救援预案及时进行救援处理；

（2）可最大限度地避免突发性重大事故发生；

（3）减轻事故所造成的损失；

（4）同时又能及时地恢复生产。

值得注意的是，事故应急救援预案不能停留在纸上，要经常演练，才能在事故发生时做出快速反应，投入救援。"及时进行救援处理"和"减轻事故所造成的损失"是事故损失控制的两个关键点。

综上所述，制定事故应急救援预案的原则是"以防为主，防救结合"。

二、事故应急预案核心要素

事故应急救援预案是整个应急管理体系的反映，它不仅包括事故发生过程中的应急响应和救援措施，还应包括事故发生前的各种应急准备和事故发生后的紧急恢复，以及预案的管理与更新等。因此，一个完善的应急预案按相应的过程可分为 6 个一级关键要素，包括：方针与原则；应急策划；应急准备；应急响应；现场恢复；预案管理与评审改进。6个一级要素相互之间既相对独立，又紧密联系，从应急的方针、策划、准备、响应、恢复到预案的管理与评审改进，形成了一个有机联系并持续改进的体系结构。根据一级要素中所包括的任务和功能，其中应急策划、应急准备和应急响应 3 个一级关键要素可进一步划分成若干个二级小要素。所有这些要素即构成了城市重大事故应急预案的核心要素。这些要素是重大事故应急预案编制所应当涉及的基本方面，在实际编制时，可根据职能部门的设置和职责分配等具体情况，将要素进行合并或增加，以便于组织编写。

（一）方针与原则

应急救援体系首先应有一个明确的方针和原则来作为指导应急救援工作的纲领。方针与原则反映了应急救援工作的优先方向、政策、范围和总体目标，如保护人员安全优先，防止和控制事故蔓延优先，保护环境优先。此外，方针与原则还应体现事故损失控制、预防为主、常备不懈、统一指挥、高效协调以及持续改进的思想。

（二）应急策划

应急预案是有针对性的，具有明确的对象，其对象可能是某一类或多类可能的重大事故类型。应急预案的制定必须基于对所针对的潜在事故类型有一个全面系统的认识和评价，识别出重要的潜在事故类型、性质、区域、分布及事故后果。同时，根据危险分析的结果，分析应急救援的应急力量和可用资源情况，并提出建设性意见。在进行应急策划时，应当列出国家、地方相关的法律法规，以作为预案的制定、应急工作的依据和授权。应急策划包括危险分析、资源分析以及法律法规要求3个二级要素。

1. 危险分析

危险分析的最终目的是要明确应急的对象（可能存在的重大事故）、事故的性质及其影响范围、后果严重程度等，为应急准备、应急响应和减灾措施提供决策和指导依据。危险分析包括危险识别、脆弱性分析和风险分析。危险分析应依据国家和地方有关的法律法规要求，根据具体情况进行。

危险分析的结果应能提供：地理、人文（包括人口分布）、地质、气象等信息；功能布局（包括重要保护目标）及交通情况；重大危险源分布情况及主要危险物质种类、数量及理化、消防等特性；可能的重大事故种类及对周边的后果分析；特定的时段（如人群高峰时间、度假季节、大型活动等）；可能影响应急救援的不利因素。

2. 资源分析

针对危险分析所确定的主要危险，明确应急救援所需的资源，列出可用的应急力量和资源，包括：各类应急力量的组成及分布情况；各种重要应急设备、物资的准备情况；上级救援机构或周边可用的应急资源。通过资源分析，可为应急资源的规划与配备、与相邻地区签订互助协议和预案编制提供指导。

3. 法律法规要求

有关应急救援的法律法规是开展应急救援工作的重要前提保障。应急策划时，应列出国家、省、地方涉及应急各部门职责要求以及应急预案、应急准备和应急救援的法律法规文件，以作为预案编制和应急救援的依据和授权。

（三）应急准备

应急预案能否在应急救援中成功地发挥作用，不仅仅取决于应急预案自身的完善程度，还取决于应急准备的充分与否。应急准备应当依据应急策划的结果开展，包括各应急组织及其职责权限的明确、应急资源的准备、公众教育、应急人员培训、预案演练和互助协议的签署等。

1. 机构与职责

为保证应急救援工作的反应迅速、协调有序，必须建立完善的应急机构组织体系，包括城市应急管理的领导机构、应急响应中心以及各有关机构部门等。对应急救援中承担任务的所有应急组织，应明确相应的职责、负责人、候补人及联络方式。

2. 应急资源

应急资源的准备是应急救援工作的重要保障，应根据潜在事故的性质和后果分析，合理组建专业和社会救援力量，配备应急救援中所需的消防手段、各种救援机械和设备、监测仪器、堵漏和清消材料、交通工具、个体防护设备、医疗设备和药品、生活保障物资等，并定期检查、维护与更新，保证始终处于完好状态。另外，对应急资源信息应实施有效的管理与更新。

3. 教育、训练与演习

为全面提高应急能力，应急预案应对公众教育、应急训练和演习做出相应的规定，包括其内容、计划、组织与准备、效果评估等。

公众意识和自我保护能力是减少重大事故伤亡不可忽视的一个重要方面。作为应急准备的一项内容，应对公众的日常教育做出规定，尤其是位于重大危险源周边的人群，使他们了解潜在危险的性质和对健康的危害，掌握必要的自救知识，了解预先指定的主要及备用疏散路线和集合地点，了解各种警报的含义和应急救援工作的有关要求。

应急训练的基本内容主要包括基础培训与训练、专业训练、战术训练及其他训练等。基础培训与训练的目的是保证应急人员具备良好的体能、战斗意志和作风，明确各自的职责，熟悉城市潜在重大危险的性质、救援的基本程序和要领，熟练掌握个人防护装备和通信装备的使用等；专业训练关系到应急队伍的实战能力，训练内容主要包括专业常识、堵源技术、抢运和清消及现场急救等技术；战术训练是各项专业技术的综合运用，使各级指挥员和救援人员具备良好的组织指挥能力和应变能力；其他训练应根据实际情况，选择开展如防化、气象、侦检技术、综合训练等项目的训练，以进一步提高救援队伍的救援水平。

预案演习是对应急能力的综合检验。应急演习包括桌面演习和实战模拟演习。组织由应急各方参加的预案训练和演习，使应急人员进入"实战"状态，熟悉各类应急处理和整个应急行动的程序，明确自身的职责，提高协同作战的能力。同时，应对演习的结果进行评估，分析应急预案存在的不足，并予以改进和完善。

4. 互助协议

当有关的应急力量与资源相对薄弱时，应事先寻求与邻近区域签订正式的互助协议，并做好相应的安排，以便在应急救援中及时得到外部救援力量和资源的援助。此外，也应与社会专业技术服务机构、物资供应企业等签署相应的互助协议。

（四）应急响应

应急响应包括应急救援过程中一系列需要明确并实施的核心应急功能和任务，这些核心功能具有一定的独立性，但相互之间又密切联系，构成了应急响应的有机整体。应急响应的核心功能和任务包括：接警与通知，指挥与控制，警报和紧急公告，通信，事态监测与评估，警戒与治安，人群疏散与安置，医疗与卫生，公共关系，应急人员安全，消防和抢险，泄漏物控制。

1. 接警与通知

准确了解事故的性质和规模等初始信息，是决定是否启动应急救援的关键。接警作为应急响应的第一步，必须对接警要求做出明确规定，保证迅速、准确地向报警人员询问事故现场的重要信息。接警人员接受报警后，应按预先确定的通报程序，迅速向有关应急机构、政府及上级部门发出事故通知，以采取相应的行动。

2. 指挥与控制

重大事故的应急救援往往涉及多个救援机构，因此，对应急行动的统一指挥和协调是应急救援有效开展的关键。因此应建立分级响应、统一指挥、协调和决策程序，以便对事故进行初始评估，确认紧急状态，迅速有效地进行应急响应决策，建立现场工作区域，确定重点保护区域和应急行动的优先原则，指挥和协调现场各救援队伍开展救援行动，合理高效地调配和使用应急资源。

3. 警报和紧急公告

当事故可能影响到周边地区，对周边地区的公众可能造成威胁时，应及时启动警报系统，向公众发出警报，同时通过各种途径向公众发出紧急公告，告知事故性质、对健康的影响、自我保护措施、注意事项等，以保证公众能够及时作出自我防护响应。决定实施疏散时，应通过紧急公告确保公众了解疏散的有关信息，如疏散时间、路线、随身携带物、交通工具及目的地等。

该部分应明确在发生重大事故时，如何向受影响的公众发出警报，包括什么时候、谁有权决定启动警报系统、各种警报信号的不同含义、警报系统的协调使用、可使用的警报装置的类型和位置，以及警报装置覆盖的地理区域。如果可能，应指定备用措施。

4. 通信

通信是应急指挥、协调和与外界联系的重要保障，在现场指挥部、应急中心、各应急救援组织、新闻媒体、医院、上级政府和外部救援机构等之间，必须建立畅通的应急通信网络。该部分应说明主要通信系统的来源、使用、维护以及应急组织通信需要的详细情况等，并充分考虑紧急状态下的通信能力和保障，并建立备用的通信系统。

5. 事态监测与评估

事态监测与评估在应急救援和应急恢复决策中具有关键的支持作用。在应急救援过程中必须对事故的发展势态及影响及时进行动态的监测，建立对事故现场及场外进行监测和评估的程序。其中包括：由谁来负责监测与评估活动，监测仪器设备及监测方法，实验室化验及检验支持，监测点的设置，监测点的现场工作及报告程序等。

可能的监测活动包括：事故影响边界，气象条件，对食物、饮用水卫生以及水体、土壤、农作物等的污染，可能的二次反应有害物，爆炸危险性和受损建筑垮塌危险性，以及污染物质滞留区等。

6. 警戒与治安

为保障现场应急救援工作的顺利开展，在事故现场周围建立警戒区域，实施交通管制，维护现场治安秩序是十分必要的。其目的是防止与救援无关的人员进入事故现场，保障救援队伍、物资运输和人群疏散等的交通畅通，并避免发生不必要的伤亡。此外，警戒与治安还应该协助发出警报、现场紧急疏散、人员清点、传达紧急信息、执行指挥机构的通告、协助事故调查等。对危险物质事故，必须列出警戒人员有关个体防护的准备。

7. 人群疏散与安置

人群疏散是减少人员伤亡扩大的关键，也是最彻底的应急响应。应当对疏散的紧急情况和决策、预防性疏散准备、疏散区域、疏散距离、疏散路线、疏散运输工具、安全蔽护场所以及回迁等做出细致的规定和准备，应充分考虑疏散人群的数量、所需要的时间和可利用的时间、风向等环境变化，以及老弱病残等特殊人群的疏散等问题。对已实施临时疏散的人群，要做好临时生活安置，保障必要的水、电、卫生等基本条件。

8. 医疗与卫生

对受伤人员采取及时有效的现场急救以及合理地转送医院进行治疗，是减少事故现场人员伤亡的关键。在该部分应明确针对城市可能的重大事故，为现场急救、伤员运送、治疗及健康监测等所做的准备和安排，包括：可用的急救资源列表，如急救中心、救护车和现场急救人员的数量；医院、职业中毒治疗医院及烧伤等专科医院的列表，如数量、分布、可用病床、治疗能力等；抢救药品、医疗器械、消毒、解毒药品等的城市内、外来源和供给；医疗人员必须了解城市内主要危险对人群造成伤害的类型，并经过相应的培训，掌握对危险化学品受伤害人员进行正确消毒和治疗的方法。

9. 公共关系

重大事故发生后，不可避免地会引起新闻媒体和公众的关注。因此，应将有关事故的信息、影响、救援工作的进展等情况及时向媒体和公众进行统一发布，以消除公众的恐慌心理，控制谣言，避免公众的猜疑和不满。该部分应明确信息发布的审核和批准程序，保证发布信息的统一性；指定新闻发言人，适时举行新闻发布会，准确发布事故信息，澄清事故传言；为公众咨询、接待、安抚受害人员家属做出安排。

10. 应急人员安全

城市重大事故尤其是涉及危险物质的重大事故的应急救援工作危险性极大，必需对应急人员自身的安全问题进行周密的考虑，包括安全预防措施、个体防护等级、现场安全监测等，明确应急人员进出现场和紧急撤离的条件和程序，保证应急人员的安全。

11. 消防和抢险

消防和抢险是应急救援工作的核心内容之一，其目的是为尽快地控制事故的发展，防止事故的蔓延和进一步扩大，从而最终控制住事故，并积极营救事故现场的受害人员。尤其是涉及危险物质的泄漏、火灾事故，其消防和抢险工作的难度和危险性巨大。该部分应对消防和抢险工作的组织、相关消防抢险设施、器材和物资、人员的培训、行动方案以及现场指挥等做好周密的安排和准备。

12. 泄漏物控制

危险物质的泄漏以及灭火用的水由于溶解了有毒蒸气，都可能对环境造成重大影响，同时也会给现场救援工作带来更大的危险，因此必须对危险物质的泄漏物进行控制。该部分应明确可用的收容装备（泵、容器、吸附材料等）、洗消设备（包括喷雾洒水车辆）及洗消物资，并建立洗消物资供应企业的供应情况和通讯名录，保证对泄漏物的及时围堵、收容、清消和妥善处置。

（五）现场恢复

现场恢复也可称为紧急恢复，是指事故被控制住后所进行的短期恢复，从应急过程来说意味着应急救援工作的结束，进入到另一个工作阶段，即将现场恢复到一个基本稳定的状态。大量的经验教训表明，在现场恢复的过程中仍存在潜在的危险，如余烬复燃、受损建筑倒塌等，所以应充分考虑现场恢复过程中可能的危险。该部分主要内容应包括：宣布应急结束的程序；撤离和交接程序；恢复正常状态的程序；现场清理和受影响区域的连续检测；事故调查与后果评价等。

（六）预案管理与评审改进

应急预案是应急救援工作的指导文件，具有法规权威性，所以应当对预案的制定、修改、更新、批准和发布做出明确的管理规定，并保证定期或在应急演习、应急救援后对应急预案进行评审，针对实际情况以及预案中所暴露出的缺陷，不断地更新、完善和改进。

三、事故应急救援预案的编写要求

事故应急救援预案的基本要求包括：事故预防措施的落实、应急处理程序和方法的规定、抢险救援技术保障等。编写或制定事故应急救援预案时，应具体描述意外事故和紧急情况发生时所采取的措施，其基本要求是：

1. 具体描述可能的意外事故和紧急情况及其后果；

2. 确定应急期间负责人及所有人员的职责；

3. 确定应急期间起特殊作用人员（例如：消防员、急救人员、毒物泄漏处置人员）的职责、权限和义务；

4. 规定疏散程序；

5. 明确危险物料的识别和位置及其处置的应急措施；

6. 建立与外部应急机构的联系（消防部门、医院等）；

7. 定期与安全生产监督管理部门、公安部门、保险机构及相邻企业的交流；

8. 做好重要记录和设备等保护（如装置布置图、危险物质数据、联络电话号码等）。

思 考 题

1. 简述安全对策措施的基本要求。

2. 简述选择安全对策措施的基本原则。

3. 提出安全技术对策措施和安全管理对策措施应主要考虑哪几个方面？

4. 事故应急救援预案的核心要素包括哪些？

第七章 安全评价过程控制

第一节 安全评价过程控制概述

一、过程控制的含义

安全评价过程控制是保证安全评价工作质量的一系列文件。安全评价作为一项有目的的行为，必须具备一定的质量水平。

狭义的安全评价质量仅指安全评价项目的操作过程和评价结果对安全生产发挥作用的优劣程度。主要体现在安全评价项目执行过程中技术性、规范性的要求，如对法律法规及标准是否清楚、获取的资料是否确凿、评价是否公正、评价方法使用的是否准确、评价单元划分是否合理、措施建议是否可行等。

广义的安全评价质量以安全评价机构为考察对象，衡量安全评价机构全部工作的优劣程度。主要体现在评价机构在运行中所要达到一定目标的要求，包括评价工作的深度、安全评价机构内部职能部门分工协作、安全评价人员及专家的资格要求和配备、安全评价的信息反馈和综合效益等。

二、过程控制的内容

其内容可划分为"硬件管理"和"软件管理"。

硬件管理：主要指安全评价机构建设的管理，包括安全评价机构内部机构的设置；各职能部门职责的划定、相互间分工协作的关系；安全评价人员及专家的配备等管理。

软件管理：主要指"硬件"运行中的管理，包括项目单位的选定；合同的签署；安全评价资料的收集；安全评价报告的编写；安全评价报告内部评审；安全评价技术档案的管理；安全评价信息的反馈；安全评价人员的培训等一系列管理活动。

三、过程控制的目的和意义

安全评价是安全生产管理的一个重要组成部分，是预测、预防事故的重要手段。

安全评价机构建立过程控制体系的重要意义主要体现在以下几个方面：

1. 强化安全评价质量管理，提高安全评价工作质量水平；

2. 有利于安全评价规范化、法制化及标准化的建设和安全评价事业的发展；

3. 提高了安全评价的质量就能使安全评价在安全生产工作中发挥更有效的作用，确保人民生命安全、生活安定，具有重要的社会效益；

4. 有利于安全评价机构管理层实施系统和透明的管理，学习运用科学的管理思想和方法；

5. 促进安全评价工作的有序进行，使安全评价人员在评价过程中做到各负其责，提高工作效率；

6. 可加强对安全评价人员的培训，促进其工作交流，持续不断地提高其业务技能和工作水平；

7. 提高安全评价机构的市场信誉，在市场竞争中取胜。

四、安全评价机构建立过程控制体系的主要依据

主要依据：管理学原理；国家对安全评价机构的监督管理要求；安全评价机构自身的特点。

安全评价过程控制体系以戴明原理、目标原理和现场改善原理为基础；遵循戴明原则——PDCA 管理模式，基于法制化的管理思想：预防为主、领导承诺、持续改进、过程控制；运用了系统论、控制论、信息论的方法。

第二节　安全评价过程控制体系主要内容与体系文件

一、过程控制体系建立的主要依据

安全评价过程控制体系建立的主要依据有：管理学原理，国家对安全评价机构的监督管理要求和安全评价机构自身的特点。

安全评价过程控制体系以戴明原理、目标原理和现场改善原理为基础，遵循戴明原则——PDCA 管理模式，基于法制化的管理思想：预防为主、领导承诺、持续改进、过程控制，运用系统论、控制论和信息论的方法。

二、过程控制体系的主要内容

（一）安全评价过程控制方针和目标

1. 控制方针

控制方针是评价机构安全评价工作的核心，表明了评价机构从事安全评价工作的发展方向和行动纲领。

2. 控制目标

应针对其内部相关职能和层次，建立并保持文件化的过程控制目标。

（二）机构与职责

（三）人员培训、业务交流

安全评价人员的水平对安全评价的质量起着至关重要的作用。人员培训、业务交流是保持一支高质量的安全评价队伍的必要途径。

安全评价业务培训和能力考核的基本要求：

1. 根据评价人员的作用和职责，确定各类人员所必需的安全评价能力。

2. 制定并保持确保各类人员具备相应能力培训计划。

3. 定期评审培训计划，必要时予以修订，以保证其适宜性和有效性。

4. 在制定和保持培训计划时，其内容应重点针对以下领域：

（1）机构人员的作用与职责培训；

（2）新员工的安全评价知识培训；

（3）针对安全评价的法律、法规、标准和指导性文件的培训；

（4）针对中高层管理者的管理责任和管理方法的培训；

（5）针对分包方、委托方等所需要的培训。

（四）合同评审

（五）安全评价计划编制

（六）编制安全评价报告

（七）安全评价报告内部评审

（八）跟踪服务

（九）档案管理和数据库管理

（十）纠正预防措施

（十一）文件记录

三、过程控制体系的构成及编制

（一）安全评价过程控制体系文件的构成及层次关系

安全评价过程控制体系文件一般分为三个层次：管理手册（一级）、程序文件（二级）、作业文件（三级），其层次关系和内容如图 7-1 和图 7-2 所示。

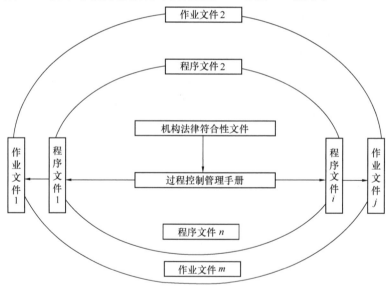

图 7-1 安全评价过程控制体系文件的层次关系

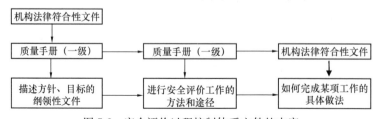

图 7-2 安全评价过程控制体系文件的内容

（二）安全评价过程控制体系文件的编制

1. 安全评价过程控制管理手册的编写

（1）编写手册遵循的原则

1）指令性原则；

2）目的性原则；

3）符合性原则；

4）系统性原则；

5）协调性原则；

6）可行性原则；

7）先进性原则；

8）可检查性原则。

（2）手册的编写程序见图 7-3。

图 7-3　过程控制管理手册编写流程图

（3）管理手册包括的内容

1）安全评价过程控制方针目标；

2）组织结构及安全评价管理工作的职责和权限；

3）描述安全评价机构运行中涉及的重要环节；

4）安全评价过程控制管理手册的审批、管理和修改的规定。

2. 程序文件的编写

程序文件是实施某项活动而规定的方法，安全评价过程控制体系程序文件是指为进行某项活动的途径。

（1）程序文件的编写要求

1）至少应包括体系重要控制环节的程序；

2）每个程序文件在逻辑上都应是独立的，程序文件的数量、内容和格式由机构自行确定；

3）程序文件应结合评价机构的业务范围和实际情况阐述；

4）程序文件应有可操作性和可检查性。

（2）程序文件编写的工作程序，如图 7-4 所示。

3. 作业文件的编写

作业文件是程序文件的支持性文件。作业文件应与程序文件相对应，是对程序文件的补充和细化。

4. 记录的编写

记录是为已完成的活动或达到的结果提供客观证据的文件，它是重要的信息资料，为证实可追溯性以及采取预防措施和纠正措施提供依据。

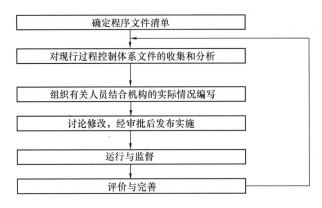

图 7-4　程序文件编写流程图

记录的内容：记录名称；记录编码；记录顺序号；记录内容；记录人员；记录时间；记录单位名称；记录保存期限和保存部门。

第三节　安全评价过程控制体系的建立、运行与持续改进

一、安全评价过程控制体系的建立

（一）建立安全评价过程控制体系时应考虑的因素

1. 管理学原理；
2. 国家对评价机构的监督管理要求；
3. 机构自身的特点。

（二）建立安全评价过程控制体系的原则

1. 领导层真正重视；
2. 员工积极参与；
3. 专家把关。

（三）建立安全评价过程控制体系的步骤

1. 建立安全评价过程控制的方针和目标；
2. 确定实现过程控制目标必需的过程和职责；
3. 确定和提供实现过程控制目标必需的资源；
4. 规定测量评价每个过程的有效性和效率的方法；
5. 应用这些测量方法确定每个过程的有效性和效率；
6. 确定防止不合格并消除产生原因的措施。

二、安全评价过程控制体系的运行和持续改进

安全评价过程控制体系建立和保持示意图如图 7-5 所示。

持续改进是安全评价过程控制体系的一个核心思想，它体现了管理的持续发展的过程。持续改进包括：

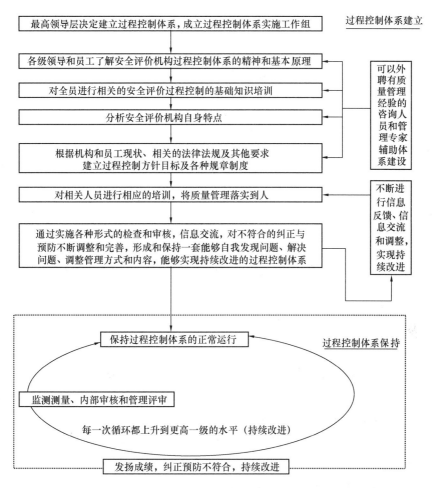

图 7-5　安全评价过程控制体系建立和保持示意图

1. 分析和评价现状，以便识别改进区域；

2. 确定改进目标；

3. 为实现改进目标寻找可能的解决办法；

4. 评价这些解决办法；

5. 实施选定的解决办法；

6. 测量、验证、分析和评价实施的结果以证明这些目标已经实现；

7. 正式采纳更改；

8. 必要时，对结果进行评审，以确定进一步的改进机会。

思　考　题

1. 分析安全评价过程控制的目的和意义。

2. 安全评价过程控制体系的主要内容有哪些？

3. 如何实现安全评价过程控制体系的持续改进？

附　　录

附录一《危险化学品重大危险源辨识》GB 18218—2009（摘录）

一、标准中涉及的术语和定义

（一）危险化学品

具有易燃、易爆、有毒、有害等特性，会对人员、设施、环境造成伤害或损害的化学品。

（二）单元

一个（套）生产装置、设施或场所，或同属一个生产经营单位的且边缘距离小于500m的几个（套）生产装置、设施或场所。

（三）临界量

对于某种或某类危险化学品规定的数量，若单元中的危险化学品数量等于或超过该数量，则该单元定为重大危险源。

（四）危险化学品重大危险源

长期地或临时地生产、加工、使用或储存危险化学品，且危险化学品的数量等于或超过临界量的单元。

二、危险化学品临界量对应表

危险化学品临界量的确定方法如下：

1. 在附表 1-1 范围内的危险化学品，其临界量按附表 1-1 确定；

2. 未在附表 1-1 范围内的危险化学品，依据其危险性，按附表 1-2 确定临界量；若一种危险化学品具有多种危险性，按其中最低的临界量确定。

危险化学品名称及其临界量　　　　　　　　　　　　　　　附表 1-1

序号	类别	危险化学品名称和说明	临界量（t）
1	爆炸品	叠氮化钡	0.5
2		叠氮化铅	0.5
3		雷酸汞	0.5
4		三硝基苯甲醚	5
5		三硝基甲苯	5
6		硝化甘油	1
7		硝化纤维素	10
8		硝酸铵（含可燃物＞0.2%）	5

序号	类别	危险化学品名称和说明	临界量（t）
9	易燃气体	丁二烯	5
10		二甲醚	50
11		甲烷，天然气	50
12		氯乙烯	50
13		氢	5
14		液化石油气（含丙烷、丁烷及其混合物）	50
15		一甲胺	5
16		乙炔	1
17		乙烯	50
18	毒性气体	氨	10
19		二氟化氧	1
20		二氧化氮	1
21		二氧化硫	20
22		氟	1
23		光气	0.3
24		环氧乙烷	10
25		甲醛（含量＞90％）	5
26		磷化氢	1
27		硫化氢	5
28		氯化氢	20
29		氯	5
30		煤气（CO，CO 和 H_2、CH_4 的混合物等）	20
31		砷化三氢（胂）	12
32		锑化氢	1
33		硒化氢	1
34		溴甲烷	10
35	易燃液体	苯	50
36		苯乙烯	500
37		丙酮	500
38		丙烯腈	50
39		二硫化碳	50
40		环己烷	500
41		环氧丙烷	10
42		甲苯	500
43		甲醇	500
44		汽油	200

序号	类别	危险化学品名称和说明	临界量（t）
45	易燃液体	乙醇	500
46		乙醚	10
47		乙酸乙酯	500
48		正己烷	500
49	易于自燃的物质	黄磷	50
50		烷基铝	1
51		戊硼烷	1
52	遇水放出易燃气体的物质	电石	100
53		钾	1
54		钠	10
55	氧化性物质	发烟硫酸	100
56		过氧化钾	20
57		过氧化钠	20
58		氯酸钾	100
59		氯酸钠	100
60		硝酸（发红烟的）	20
61		硝酸（发红烟的除外，含硝酸＞70％）	100
62		硝酸铵（含可燃物≤0.2％）	300
63		硝酸铵基化肥	1000
64	有机过氧化物	过氧乙酸（含量≥60％）	10
65		过氧化甲乙酮（含量≥60％）	10
66	毒性物质	丙酮合氰化氢	20
67		丙烯醛	20
68		氟化氢	1
69		环氧氯丙烷（3氯1，2环氧丙烷）	20
70		环氧溴丙烷（表溴醇）	20
71		甲苯二异氰酸酯	100
72		氯化硫	1
73		氰化氢	1
74		三氧化硫	75
75		烯丙胺	20
76		溴	20
77		乙撑亚胺	20
78		异氰酸甲酯	0.75

未在附表 1-1 中列举的危险化学品类别及其临界量

附表 1-2

类别	危险性分类及说明	临界量（t）
爆炸品	1.1A 项爆炸品	1
	除 1.1A 项外的其他 1.1 项爆炸品	10
	除 1.1 项外的其他爆炸品	50
气体	易燃气体：危险性属于 2.1 项的气体	10
	氧化性气体：危险性属于 2.2 项非易燃无毒气体且次要危险性为 5 类的气体	200
	剧毒气体：危险性属于 2.3 项且急性毒性为类别 1 的毒性气体	5
	有毒气体：危险性属于 2.3 项的其他毒性气体	50
易燃液体	极易燃液体：沸点≤35℃且闪点＜0℃的液体；或保存温度一直在其沸点以上的易燃液体	10
	高度易燃液体：闪点＜23℃的液体（不包括极易燃液体）；液态退敏爆炸品	1000
	易燃液体：23℃≤闪点＜61℃的液体	5000
易燃固体	危险性属于 4.1 项且包装为 I 类的物质	200
易于自燃的物质	危险性属于 4.2 项且包装为 I 或 II 类的物质	200
遇水放出易燃气体的物质	危险性属于 4.3 项且包装为 I 或 II 的物质	200
氧化性物质	危险性属于 5.1 项且包装为 I 类的物质	50
	危险性属于 5.1 项且包装为 II 或 III 类的物质	200
有机过氧化物	危险性属于 5.2 项的物质	50
毒性物质	危险性属于 6.1 项且急性毒性为类别 1 的物质	50
	危险性属于 6.1 项且急性毒性为类别 2 的物质	500

注：以上危险化学品危险性类别及包装类别依据 GB 12268 确定，急性毒性类别依据 GB 20592 确定。

附录二　化学物质的物质系数和特性表

化合物	物质系数 MF	燃烧热 H_c (Btu/lb ×10³)	NFPA 分级			闪点（℉）	沸点（℉）
			健康危险 N (H)	易燃性 N (F)	化学活性 N (R)		
乙醛	24	10.5	3	4	2	—36	69
醋酸	14	5.6	3	2	1	103	244
醋酐	14	7.1	3	2	1	126	282
丙酮	16	12.3	1	3	0	—4	133
丙酮合氰化氢	24	11.2	4	2	2	165	203

化合物	物质系数 MF	燃烧热 H_c (Btu/lb $\times 10^3$)	NFPA 分级			闪点 (°F)	沸点 (°F)
			健康危险 N (H)	易燃性 N (F)	化学活性 N (R)		
乙腈	16	12.6	3	3	0	42	179
乙酰氯	24	2.5	3	3	2	40	124
乙炔	29	20.7	0	4	3	气	−118
乙酰基乙醇氨	14	9.4	1	1	1	355	304~308
过氧化乙酰	40	6.4	1	2	4	—	[4]
乙酰水杨酸[8]	16	8.9	1	1	0	—	—
乙酰基柠檬酸三丁酯	4	10.9	0	1	0	400	343[1]
丙烯醛	19	11.8	4	3	3	−15	127
丙烯酰胺	24	9.5	3	2	2	—	257[1]
丙烯酸	24	7.6	3	2	2	124	286
丙烯腈	24	13.7	4	3	2	32	171
烯丙醇	16	13.7	4	3	1	72	207
烯丙胺	16	15.4	4	3	1	−4	128
烯丙基溴	16	5.9	3	3	1	28	160
烯丙基氯	16	9.7	3	3	1	−20	113
烯丙醚	24	16.0	3	3	2	20	203
氯化铝	24	[2]	3	0	2	—	[3]
氨	4	8.0	3	1	0	气	−28
硝酸铵	29	12.4[7]	0	0	3	—	410
醋酸戊酯	16	14.6	1	3	0	60	300
硝酸戊酯	10	11.5	2	2	0	118	306~316
苯胺	10	15.0	3	2	0	158	364
氯酸钡	14	[2]	2	0	1	—	—
硬脂酸钡	4	8.9	0	1	0	—	—
苯甲醛	10	13.7	2	2	0	148	354
苯	16	17.3	2	3	0	12	176
苯甲酸	14	11.0	2	3	1	250	482
醋酸苄酯	4	12.3	1	1	0	195	417
苄醇	4	13.8	2	1	0	200	403
苄基氯	14	12.6	2	2	1	162	387
过氧化苯甲酰	40	12.0	1	3	4	—	—
双酚 A	14	14.1	2	1	1	175	428
溴	1	0.0	3	0	0	—	138
溴苯	10	8.1	2	2	0	124	313
邻-溴甲苯	10	8.5	2	2	0	174	359

化合物	物质系数 MF	燃烧热 H_c (Btu/lb $\times 10^3$)	NFPA 分级			闪点 (°F)	沸点 (°F)
			健康危险 N (H)	易燃性 N (F)	化学活性 N (R)		
1,3-丁二烯	24	19.2	2	4	2	−105	24
丁烷	21	19.7	1	4	0	−76	31
1-丁醇	16	14.3	1	3	0	84	243
1-丁烯	21	19.5	1	4	0	气	21
醋酸丁酯	16	12.2	1	3	0	72	260
丙烯酸丁酯	24	14.2	2	2	2	103	300
（正）丁胺	16	16.3	3	3	0	10	171
溴代丁烷	16	7.6	2	3	0	65	215
氯丁烷	16	11.4	2	3	0	15	170
2,3-环氧丁烷	24	14.3	2	3	2	5	149
丁基醚	16	16.3	2	3	1	92	288
特丁基过氧化氢	40	11.9	1	4	4	<80 或更高	[9]
硝酸丁酯	29	11.1	1	3	3	97	277
过氧化乙酸特丁酯	40	10.6	2	3	4	<80	[4]
过氧化苯甲酸特丁酯	40	12.2	1	3	4	>190	[4]
过氧化特丁酯	29	14.5	1	3	3	64	176
碳化钙	24	9.1	3	3	2	—	—
硬脂酸钙[6]	4	—	0	1	0	—	—
二硫化碳	21	6.1	3	4	0	−22	115
一氧化碳	21	4.3	3	4	0	气	−313
氯气	1	0.0	4	0	0	气	−29
二氧化氯	40	0.7	3	1	4	气	50
氯乙酰氯	14	2.5	3	0	1	—	223
氯苯	16	10.9	2	3	0	84	270
三氯甲烷	1	1.5	2	0	0	—	143
氯甲基乙基醚	14	5.7	2	1	1	—	—
1-氯-1-硝基乙烷	29	3.5	3	2	3	133	344
邻-氯酚	10	9.2	3	2	0	147	47
三氯硝基甲烷	29	5.8[7]	4	0	3	—	234
2-氯丙烷	21	10.1	2	4	0	−25	95
氯苯乙烯	24	12.5	2	1	2	165	372
氧杂萘邻酮	24	12.0	2	1	2	—	554
异丙基苯	16	18.0	2	3	1	96	306
异丙基过氧化氢	40	13.7	1	2	4	175	[4]
氨基氰	29	7.0	4	1	3	286	500

化合物	物质系数 MF	燃烧热 H_c (Btu/lb $\times 10^3$)	NFPA 分级			闪点 (℉)	沸点 (℉)
			健康危险 N (H)	易燃性 N (F)	化学活性 N (R)		
环丁烷	21	19.1	1	4	0	气	55
环己烷	16	18.7	1	3	0	—4	179
环己醇	10	15.0	1	2	0	154	322
环丙烷	21	21.3	1	4	0	气	—29
DER * 331	14	13.7	1	1	1	485	878
二氯苯	10	8.1	2	2	0	151	357
1,2-二氯乙烯	24	6.9	2	3	2	36～39	140
1,3-二氯丙烯	16	6.0	3	3	0	95	219
2,3-二氯丙烯	16	5.9	2	3	0	59	201
3,5-二氯代水杨酸	24	5.3	0	1	2	—	—
二氯苯乙烯	24	9.3	2	1	2	225	—
过氧化二枯基	29	15.4	0	1	3	—	—
二聚环戊二烯	16	17.9	1	3	1	90	342
柴油	10	18.7	0	2	0	100～130	315
二乙醇胺	4	10.0	1	1	0	342	514
二乙胺	16	16.5	3	3	0	—18	132
间-二乙基苯	10	18.0	2	2	0	133	358
碳酸二乙酯	16	9.1	2	3	1	77	259
二甘醇	4	8.7	1	1	0	255	472
二乙醚	21	14.5	2	4	1	—49	94
二乙基过氧化物	40	12.2	—	4	4	[4]	[4]
二异丁烯	16	19.0	1	3	0	23	214
二异丙基苯	10	17.9	0	2	0	170	401
二甲胺	21	15.2	3	4	0	气	44
2,2-二甲基-1-丙醇	16	14.8	2	3	0	98	237
1,2-二硝基苯	40	7.2	3	1	4	302	606
2,4-二硝基苯酚	40	6.1	3	1	4	—	—
1,4-二恶烷	16	10.5	2	3	1	54	214
二氧戊环	24	9.1	2	3	2	35	165
二苯醚	4	14.9	1	1	0	239	496
二丙二醇	4	10.8	0	1	0	250	449
二特丁基过氧化物	40	14.5	3	2	4	65	231
二乙烯基乙炔	29	18.2	—	3	3	<—4	183
二乙烯基苯	24	17.4	2	2	2	157	392
二乙烯基醚	24	14.5	2	3	2	<—22	102

化合物	物质系数 MF	燃烧热 H_c (Btu/lb $\times 10^3$)	NFPA 分级			闪点 (°F)	沸点 (°F)
			健康危险 N (H)	易燃性 N (F)	化学活性 N (R)		
DOWANOL * DM	10	10.0	2	2	0	197[seta]	381
DOWANOL * EB	10	12.9	1	2	0	150	340
DOWANOL * PM	16	11.1	0	3	0	90[seta]	248
DOWANOL * PnB	10	—	0	2	0	138	338
DOWICIL * 75	24	7.0	2	2	2	—	—
DOWICIL * 200	24	9.3	2	2	2	—	—
DOWFROST *	4	9.1	0	1	0	215[Toc]	370
DOWFROST * HD	1	—	0	0	0	None	—
DOWFROST * 250	1	—	0	0	0	300[seta]	—
DOWTHERM * 4000	4	7.0	1	1	0	252[seta]	—
DOWTHERM * A	4	15.5	2	1	0	232	495
DOWTHERM * G	4	15.5	1	1	0	266[seta]	551
DOWTHERM * HT	4	—	1	1	0	322[Toc]	650
DOWTHERM * J	10	17.8	1	2	0	136[seta]	358
DOWTHERM * LF	4	16.0	1	1	0	240	550～558
DOWTHERM * Q	4	17.3	1	1	0	249[seta]	513
DOWTHERM * SR-1	4	7.0	1	1	0	232	325
DURSBAN *	14	19.8	1	2	1	81～110	—
3-氯-1,2-环氧丙烷乙烷	24	7.2	3	3	2	88	241
烷乙烷	21	20.4	1	4	0	气	−128
乙醇胺	10	9.5	2	2	0	185	339
醋酸乙酯	16	10.1	1	3	0	24	171
丙烯酸乙酯	24	11.0	2	3	2	48	211
乙醇	16	11.5	0	3	0	55	173
乙胺	21	16.3	3	4	0	＜0	62
乙苯	16	17.6	2	3	0	70	277
苯甲酸乙酯	4	12.2	1	1	0	190	414
溴乙烷	4	5.6	2	1	0	None	100
乙基丁基胺	16	17.0	3	3	0	64	232
乙基丁基碳酸脂	14	10.6	2	2	1	122	275
丁酸乙酯	16	12.2	0	3	0	75	248
氯乙烷	21	8.2	1	4	0	−58	54
氯甲酸乙酯	16	5.2	3	3	1	61	203
乙烯	24	20.8	1	4	2	气	−155
碳酸乙酯	14	5.3	2	1	1	290	351

化合物	物质系数 MF	燃烧热 H_c (Btu/lb ×10³)	NFPA 分级			闪点 (℉)	沸点 (℉)
			健康危险 N (H)	易燃性 N (F)	化学活性 N (R)		
乙二胺	10	12.4	3	2	0	110	239
1,2-二氯乙烷	16	4.6	2	3	0	56	181~183
乙二醇	4	7.3	1	1	0	232	387
乙二醇二甲醚	10	11.6	2	2	0	29	174
乙二醇单醋酸酯	4	8.0	0	1	0	215	347
氮丙啶	29	13.0	4	3	3	12	135
环氧乙烷	29	11.7	3	4	3	−4	51
乙醚	21	14.4	2	4	1	−49	94
甲酸乙酯	16	8.7	2	3	0	−4	130
2-乙基己醛	14	16.2	2	2	1	112	325
1,1-二氯乙烷	16	4.5	2	3	0	2	135~138
乙硫醇	21	12.7	2	4	0	<0	95
硝酸乙酯	40	6.4	2	3	4	50	190
乙氧基丙烷	16	15.2	1	3	0	<−4	147
对-乙基甲苯	10	17.7	3	2	0	887	324
氟	40	—	4	0	0	气	−307
氟(代)苯	16	13.4	3	3	0	5	185
甲醛(无水气体)	21	8.0	3	4	0	气	−6
甲醛,液体(37%~56%)	10	—	3	2	0	140~181	206~212
甲酸	10	3.0	3	2	0	122	213
♯1 燃料油	10	18.7	0	2	0	100~162	304~574
♯2 燃料油	10	18.7	0	2	0	162~204	—
♯4 燃料油	10	18.7	0	2	0	142~204	—
♯6 燃料油	10	18.7	0	2	0	150~270	—
呋喃	21	12.6	1	4	1	<32	88
汽油	16	18.8	1	3	0	−45	100~400
甘油	4	6.9	1	1	0	390	340
乙醇腈	14	7.6	1	1	1	—	—
(正)庚烷	16	19.2	1	3	0	25	209
六氯丁二烯	14	2.0	2	1	1	—	—
六氯二苯醚	14	5.5	2	1	1	—	—
己醛	16	15.5	2	3	1	90	268
己烷	16	19.2	1	3	0	−7	156
无水肼	29	7.7	3	3	3	100	236
氢	21	51.6	0	4	0	气	−423
氰化氢	24	10.3	4	4	2	0	79

化合物	物质系数 MF	燃烧热 H_c (Btu/lb $\times 10^3$)	NFPA 分级 健康危险 N (H)	易燃性 N (F)	化学活性 N (R)	闪点 (℉)	沸点 (℉)
过氧化氢(40%~60%)	14	[2]	2	0	1	—	226~237
硫化氢	21	6.5	4	4	0	气	−76
羟胺	29	3.2	2	0	3	[4]	158
2-羟乙基丙烯酸酯	24	8.9	2	1	2	214	410
羟丙基丙烯酸酯	24	10.4	3	1	2	207	410
异丁烷	21	19.4	1	4	0	气	11
异丁醇	16	14.2	1	3	0	82	225
异丁胺	16	16.2	2	3	0	15	150
异丁基氯	16	11.4	2	3	0	<70	156
异戊烷	21	21.0	1	4	0	<−60	82
异戊间二烯	24	18.9	2	4	2	−65	93
异丙醇	16	13.1	1	3	0	53	181
异丙基乙炔	24	—	2	4	2	<19	92
醋酸异丙酯	16	11.4	1	3	0	34	194
异丙胺	21	15.5	3	4	0	−15	93
异丙基氯	21	10.0	2	4	0	−26	95
异丙醚	16	15.6	2	3	1	−28	156
喷气式发动机 燃料 A&A-1	10	21.7	0	2	0	110~150	400~550
喷气式发动机 燃料 B	16	21.7	1	3	0	−10~30	—
煤油	10	18.7	0	2	0	100~162	304~574
十二烷基溴	4	12.9	1	1	0	291	356
十二烷基硫醇	4	16.8	2	1	0	262	289
十二烷基过氧化物	40	15.0	0	1	4	—	—
LORSBAN * 4E	14	3.0	1	2	1	85	165
润滑油	4	19.0	0	1	0	300~450	680
镁	14	10.6	0	1	1	—	2025
马来酸酐	14	5.9	3	1	1	215	395
甲基丙烯酸	24	9.3	3	2	2	171	325
甲烷	21	21.5	1	4	0	气	−258
醋酸甲酯	16	8.5	1	3	0	14	140
甲基乙炔	24	20.0	2	4	2	气	−10
丙烯酸甲酯	24	18.7	3	3	2	27	177
甲醇	16	8.6	1	3	0	52	147
甲胺	21	13.2	3	4	0	气	21
甲基戊基甲酮	10	15.4	1	2	0	102	302

化合物	物质系数 MF	燃烧热 H_c (Btu/lb $\times 10^3$)	NFPA 分级			闪点 (℉)	沸点 (℉)
			健康危险 N (H)	易燃性 N (F)	化学活性 N (R)		
硼酸甲酯	16	—	2	3	1	<80	156
碳酸二甲酯	16	6.2	2	3	1	66	192
甲基纤维素（袋装）	4	6.5	0	1	0	—	—
甲基纤维素粉[8]	16	6.5	0	1	0	—	—
氯甲烷	21	5.5	1	4	0	—50	12
氯醋酸甲酯	14	5.1	2	2	1	135	266
甲基环己烷	16	19.0	2	3	0	25	214
甲基环戊二烯	14	17.4	1	2	1	120	163
二氯甲烷	4	2.3	2	1	0	—	104
甲撑二苯基二异氰酸盐	14	12.6	2	1	1	460	[9]
甲醚	21	12.4	2	4	1	气	—11
甲基乙基甲酮	16	13.5	1	3	0	16	176
甲酸甲酯	21	6.4	2	4	0	—2	89
甲肼	24	10.9	4	3	2	21	190
甲基乙丁基甲酮	16	16.6	2	3	1	64	242
甲硫醇	21	10.0	4	4	0	气	43
甲基丙烯酸甲酯	24	11.9	2	3	2	50	213
2-甲基丙烯醛	24	15.4	3	3	2	35	154
甲基乙烯基甲酮	24	13.4	4	3	2	20	179
石油	4	17.0	0	1	0	380	680
重质灯油	10	17.6	0	2	0	275	480～680
氯苯	16	11.3	2	3	0	84	270
一氨基乙醇	10	9.6	2	2	0	185	339
石脑油	16	18.0	1	3	0	28	212～320
萘	10	16.7	2	2	0	174	424
硝基苯	14	10.4	3	2	1	190	411
硝基联苯	4	12.7	2	1	0	290	626
硝基氯苯	4	7.8	3	1	0	216	457～475
硝基乙烷	29	7.7	1	3	3	82	237
硝化甘油	40	7.8	2	2	4	[4]	[4]
硝基甲烷	40	5.0	1	3	4	95	213
硝基丙烷	24	9.7	1	3	2	75～93	249～269
对-硝基甲苯	14	11.2	3	1	0	223	460
N-SERV*	14	15.0	2	2	1	102	300
（正）辛烷	16	20.5	0	3	0	56	258

化合物	物质系数 MF	燃烧热 H_c (Btu/lb $\times 10^3$)	NFPA 分级			闪点 (℉)	沸点 (℉)
			健康危险 N (H)	易燃性 N (F)	化学活性 N (R)		
辛硫醇	10	16.5	2	2	0	115	318～329
油酸	4	16.8	0	1	0	372	547
氧已环	16	13.7	2	3	1	−4	178
戊烷	21	19.4	1	4	0	<−40	97
过醋酸	40	4.8	3	2	4	105	221
高氯酸	29	[2]	3	0	3	—	66[9]
原油	16	21.3	1	3	0	20～90	—
苯酚	10	13.4	4	2	0	175	358
2-皮考啉	10	15.0	2	2	0	102	262
聚乙烯	10	18.7	—	—	—	NA	NA
发泡聚苯乙烯	16	17.1	—	—	—	NA	NA
聚苯乙烯片料	10	—	—	—	—	NA	NA
钾（金属）	24	—	3	3	2	—	1410
氯酸钾	14	[2]	1	0	1	—	752
硝酸钾	29	[2]	1	0	3	—	752
高氯酸钾	14	—	1	0	1	—	—
过四氧化二钾	14	—	3	0	1	—	[9]
丙醛	16	12.5	2	3	1	−22	120
丙烷	21	19.9	1	4	0	气	−44
1,3-二氨基丙烷	16	13.6	2	3	0	75	276
炔丙醇	29	12.6	4	3	3	97	237～239
炔丙基溴	40	13.7[7]	4	3	4	50	192
丙腈	16	15.0	4	3	1	36	207
醋酸丙酯	16	11.2	1	3	0	55	215
丙醇	16	12.4	1	3	0	74	207
正丙胺	16	15.8	3	3	0	−35	120
丙苯	16	17.3	2	3	0	86	319
1-氯丙烷	16	10.0	2	3	0	<0	115
丙烯	21	19.7	1	4	1	−162	−52
二氯丙烯	16	6.3	2	3	0	60	205
丙二醇	4	9.3	0	1	0	210	370
氧化丙烯	24	13.2	3	4	2	−35	94
n-丙醚	16	15.7	1	3	0	70	194
n-硝酸丙酯	29	7.4	2	3	3	68	230
吡啶	16	5.9	2	3	0	68	240

化合物	物质系数 MF	燃烧热 H_c (Btu/lb $\times 10^3$)	NFPA 分级			闪点 (℉)	沸点 (℉)
			健康危险 N (H)	易燃性 N (F)	化学活性 N (R)		
钠	24	—	3	3	2	—	1619
氯酸钠	24	—	1	0	2	—	[4]
重铬酸钠	14	—	1	0	1	—	[4]
氢化钠	24	—	3	3	2	—	[4]
次硫酸钠	24	—	2	1	2	—	[4]
高氯酸钠	14	—	2	0	1	—	[4]
过氧化钾	14	—	3	0	1	—	[4]
硬脂酸	4	15.9	1	1	0	385	726
苯乙烯	24	17.4	2	3	2	88	293
氯化硫	14	1.8	3	1	1[5]	245	280
二氧化硫	1	0.0	3	0	0	气	14
SYLTHERM * 800	4	12.3	1	1	0	>320[10]	398
SYLTHERM * XLT	10	14.1	1	2	0	108	345
TELONE * 11	16	3.2	2	3	0	83	220
TELONE * -C17	16	2.7	3	3	1	79	200
甲苯	16	17.4	2	3	0	40	232
甲苯-2,4-二异氰酸盐	24	10.6	3	1	2	270	484
三丁胺	20	17.8	3	2	0	145	417
1,2,4-三氯化苯	4	6.2	2	1	0	222	415
1,1,1-三氯乙烷	4	3.1	2	1	0	None	165
三氯乙烯	10	1.7	2	1	0	None	189
1,2,3-三氯丙烷	10	4.3	3	2	0	160	313
三乙醇胺	14	10.1	2	1	1	354	650
三乙基铝	29	16.9	3	4	3	—	365
三乙胺	16	17.8	3	3	0	16	193
三甘醇	4	9.3	1	1	0	350	546
三异丁基铝	29	18.9	3	4	3	32	414
三异丙基苯	4	18.1	0	1	0	207	495
三甲基铝	29	16.5	—	3	3	—	—
三丙胺	10	17.8	2	2	0	105	313
乙烯基醋酸酯	24	9.7	2	3	2	18	163
乙烯基乙炔	29	19.5	2	4	3	气	41
乙烯基烯丙醚	24	15.5	2	3	2	<68	153
乙基烯丁基醚	24	15.4	2	3	2	15	202
氯乙烯	24	8.0	2	4	2	−108	7

化合物	物质系数 MF	燃烧热 H_c (Btu/lb $\times 10^3$)	NFPA 分级			闪点 (°F)	沸点 (°F)
			健康危险 N (H)	易燃性 N (F)	化学活性 N (R)		
4-乙烯基环己烯	24	19.0	0	3	2	61	266
乙烯基·乙基醚	24	14.0	2	4	2	<−50	96
1,1-二氯乙烯	24	4.2	2	4	2	0	86
乙烯基·甲苯	24	17.5	2	2	2	125	334
对二甲苯	16	17.6	2	3	0	77	279
氯酸锌	14	[2]	1	0	1	—	—
硬脂酸锌[8]	4	10.1	0	1	0	530	—

[1] 真空蒸馏；

[2] 具有强氧化性的氧化剂；

[3] 升华；

[4] 加热爆炸；

[5] 在水中分解；

[6] 经过包装的物质的 MF 值；

[7] H_c 相当于 6 倍分解热（H_d）的值；

[8] 作为粉尘进行评价；

[9] 分解；

[10] 在高于 315.6℃下长期使用，闪点可能降至 95℉。

注：燃烧热（H_c）是燃烧所产生的水处于气态时测得的值，当 H_c 以 cal/mol 的形式给出时，可乘以 1800 除以分子量转换成英热单位/磅（Btu/lb，1Btu＝252 卡）。

Seta 为 Seta 闪点测定法（参考 NFPA 321）。

TOC 为特征开杯法，由特征闭杯法测得的其他闪点为 TCC。

None 表示不适合。

参 考 文 献

[1] 周波. 安全评价技术[M]. 北京：国防工业出版社，2012.

[2] 张乃禄. 安全评价技术[M]. 西安：西安电子科技大学出版社，2011.

[3] 刘双跃. 安全评价[M]. 北京：冶金工业出版社，2010.

[4] 王凯全，邵辉，袁雄军. 危险化学品安全评价方法[M]. 北京：中国石化出版社，2005.

[5] 顾祥柏. 石油化工安全分析方法及应用[M]. 北京：化学工业出版社，2001.

[6] 魏新利，李慧萍，王自健. 工业生产过程安全评价[M]. 北京：化学工业出版社，2005.

[7] 刘铁民，张兴凯，刘公智. 安全评价方法应用指南[M]. 北京：化学工业出版社，2005.

[8] 袁昌明，张晓冬，章保东[M]. 安全系统工程. 北京：中国计量出版社，2006.

[9] 国家安全生产监督管理局. 重大危险源申报登记与管理[M]. 2004.

[10] 吴宗之，高进东，魏利军. 危险评价方法及其应用[M]. 北京：冶金工业出版社，2001.

[11] 中国就业培训技术指导中心，中国安全生产协会编. 安全评价常用法律法规[M]. 北京：中国劳动社会保障出版社，2010.

[12] 中国就业培训技术指导中心，中国安全生产协会编. 安全评价师[M]. 北京：中国劳动社会保障出版社，2010.

[13] 蔡凤英，谈宗山，孟赫等. 化工安全工程[M]. 北京：科学出版社，2001.

[14] 吴宗之. 重大危险源辨识与控制[M]. 北京：冶金工业出版社，2001.

[15] 刘荣海，陈网桦，胡毅亭. 安全原理与危险化学品测评技术[M]. 北京：化学工业出版社，2004.

[16] 工业污染事故评价技术手册[M]. 李民权译. 北京：中国环境科学出版社，1992.

[17] [日]难波桂芳. 化工厂安全工程[M]. 北京：化学工业出版社，1986.

[18] 汪元辉. 安全系统工程[M]. 天津：天津大学出版社，1999.

[19] 崔克清. 化工过程安全工程[M]. 北京：化学工业出版社，2002.

[20] 宇德明. 重大危险源的评价及火灾、爆炸事故严重度的若干研究[M]. 北京：北京理工大学出版社，1997.

[21] 饶国宁. 常见工业危险源泄漏及其后果评价研究[M]. 南京：南京理工大学出版社，2004.

[22] 张国顺. 危险源评价与安全生产保障体系[M]. 北京：兵器工业出版社，1999.

[23] 孙连捷等. 安全科学技术百科全书[M]. 北京：中国劳动社会保障出版社，2003.

[24] 蒋军成，郭振龙. 工业装置安全卫生预评价方法[M]. 北京：化学工业出版社，2004.

[25] 孙华山. 安全生产风险管理[M]. 北京：化学工业出版社，2006.

[26] 罗云，樊运晓，马晓春. 风险分析与安全评价[M]. 北京：化学工业出版社，2004.

[27] 夏绍伟等. 系统工程概论[M]. 北京：清华大学出版社，1995.

[28] 谭跃进等. 系统工程原理[M]. 北京：国防科技大学出版社，1999.

[29] 防灾委员会. 定量评价指南[M]. 北京：中国石化出版社，1999.

[30] 全国注册安全工程师执业资格考试辅导教材编审委员会. 安全生产管理知识[M]. 北京：中国大百科全书出版社，2006.

[31] 全国注册安全工程师执业资格考试辅导教材编审委员会. 安全生产技术[M]. 北京：中国大百科全书出版社，2006.

[32] 全国注册安全工程师执业资格考试辅导教材编审委员会. 安全生产法及相关法律知识[M]. 北京：煤炭工业出版社，2005.

[33] 陈宝智等. 安全管理[M]. 天津：天津大学出版社，1999.

[34] 毛海峰. 现代安全管理理论与实务[M]. 北京：首都经济贸易大学出版社，2000.

[35] 冯赵瑞. 安全系统工程[M]. 北京：冶金工业出版社，1993.

[36] 刘铁民等. 地下工程安全评价[M]. 北京：科学出版社，2005.

[37] 王自齐. 化学事故与应急救援[M]. 北京：化学工业出版社，1997.

[38] 赵国辉. 化学突发事故应急[M]. 北京：兵器工业出版社，1996.

[39] 邢娟娟. 职业健康工作实务[M]. 北京：煤炭工业出版社，2002.

[40] 王玉元等. 安全工程师手册[M]. 成都：四川人民出版社，1995.

[41] 吴宵. 安全管理学[M]. 北京：煤炭工业出版社，2002.

[42] 陈宝智. 安全原理[M]. 北京：冶金工业出版社，2002.

[43] 刘铁民. 应急体系建设和应急预案编制[M]. 北京：企业管理出版社，2004.

[44] 何学秋. 安全工程学[M]. 徐州：中国矿业大学出版社，2000.

[45] 周忠元. 化工安全技术管理[M]. 北京：化学工业出版社，2002.

[46] 李涛. 高毒物品作业职业病危害防护实用指南[M]. 北京：化学工业出版社，2004.

[47] 冯肇瑞. 化工安全技术手册[M]. 北京：化学工业出版社，1987.

[48] 陈莹. 工业防火防爆[M]. 北京：中国劳动出版社，1994.

[49] 廖学品. 化工过程危险性分析[M]. 北京：化学工业出版社，2000.

[50] 隋鹏程. 安全原理与事故预测[M]. 北京：冶金工业出版社，1988.

[51] 邢娟娟. 职业危害评价与控制[M]. 北京：航空工业出版社，2005.

[52] 杨有启. 电气安全工程[M]. 北京：首都经济贸易大学出版社，2000.

[53] 李世林. 电气装置和电气设备的电击防护技术[M]. 北京：中国标准出版社，1999.

[54] 杨洒霖. 防火防爆[M]. 北京：北京经济学院出版社，1991.

[55] 时守仁. 电业火灾与防火防爆[M]. 北京：中国电力出版社，2000.

[56] 郑端文. 生产工艺防火[M]. 北京：化学工业出版社，1999.

[57] 孙桂林，袁化临. 起重与机械安全工程学[M]. 北京：北京经济学院出版社，1991.

[58] 吴宗之. 重大事故应急救援系统及预案导论[M]. 北京：冶金工业出版社，2003.

[59] 袁化临. 起重与机械安全[M]. 北京：首都经济贸易大学出版社，2000.

[60] 王福绵. 起重机械技术检验[M]. 北京：学苑出版社，2000.

[61] 唐景山. 建筑安全技术[M]. 北京：化学工业出版社，2002.

[62] 秦春芳. 建筑施工安全技术手册[M]. 北京：中国建筑工业出版社，1991.

[63] 焦辉. 建筑施工安全教育读本[M]. 北京：中国建筑工业出版社，2002.

[64] 金龙哲. 安全科学技术[M]. 北京：化学工业出版社，2004.

[65] 藏吉昌. 安全人机工程学[M]. 北京：化学工业出版社，1996.

[66] 吴宗之. 工业危险辨识与评价[M]. 北京：气象出版社，2000.

[67] 赵铁锤等. 危险化学品安全评价[M]. 北京：中国石化出版社，2003.

[68] 刘俭等. 火力发电厂安全性评价[M]. 北京：中国电力出版社，2001.

[69] 董立斋，巩长春. 工业安全评价理论和方法[M]. 北京：机械工业出版社，1998.

[70] 吴宗之，高进东，张兴凯. 工业危险辨识与评价[M]. 北京：气象出版社，1998.

[71] 刘东明，孙桂林. 安全人机工程学[M]. 北京：中国劳动出版社，1993.

[72] [日]综合安全工程研究所. 故障树分析（FTA）——安全工程学[M]. 姚普译. 北京：机械工业出版社，1989.

［73］刘国财. 安全科学概论［M］. 北京：中国劳动出版社，1996.

［74］国家安全生产监督管理总局. 安全评价·第 3 版［M］. 北京：煤炭工业出版社，2005.

［75］张力. 概率安全评价中人因可靠性分析技术研究［D］. 长沙：湖南大学，2004.

［76］章熙海. 模糊综合评判在网络安全评价中的应用研究［D］. 南京：南京理工大学，2006.

［77］刘辉，孙世梅. 基于改进 LEC 法的公路隧道施工安全评价研究. 现代隧道技术［J］. 2015(1)：32-36，107.

［78］刘辉，张智超，刘强. 基于 PHA-LEC-SCL 法公路隧道施工安全评价研究［J］. 现代隧道技术，2010(5)：26-32，61.

［79］朱渊岳，付学华，李克荣等. 改进 LEC 法在水利水电工程建设期危险源评价中的应用［J］. 中国安全生产科学技术，2009 (4)：51-54.

［80］吴宗之. 易燃、易爆、有毒重大危险源评价方法与控制措施［J］. 中国安全科学学报，1998，8 (2)：57-61.

［81］樊新海，安钢，张传清. 基于马尔科夫链的一种评价方法［J］. 装甲兵工程学院学报，2006，15 (2)：66-69.

［82］付丽华，张瑞芳，陆松，龙胜刚. 火灾事故发展趋势预测方法的应用研究［J］. 火灾科学，2008，17(2)：111-117.

［83］吴宗之. 国外危险评价软件研究进展［J］. 劳动保护科学技术，1994，14(3)：24-29.